큐리어스

CURIOUS

모든 것은 형편없는
질문에서 시작되었다

큐리어스

리처드 도킨스 외 25인 지음 · 존 브록만 엮음 · 이한음 옮김

page2

A Word Of Thanks

이 책을 처음 구상한 것은 크리스마스날 샌타페이에 있을 때였다. 그날 오후 나는 머리 겔만과 이런저런 이야기를 하며 긴 시간을 보냈다. 그는 자신의 어린 시절 이야기를 했다.

몇 달 뒤 케임브리지에서 대니얼 데닛과 함께 식사를 하는 자리에서 이 책의 주제가 튀어나왔다.

책을 내라고 격려해 준 미국의 빈티지북스 발행인 마티 애서와 영국의 조너선케이프 발행인 윌 설킨에게 감사하다. 또 이 책의 가능성을 간파한 내 출판 대리인 맥스 브록만과 사려 깊이 꼼꼼히 편집을 해준 세라 리핀콧에게도 감사를 전한다.

그들은 어떻게 과학자가 되었는가

존 브록만

지난 봄 나는 터프츠 대학교 대니얼 데닛 인지과학 센터가 주최한 강연에 참석했다. 강연자는 수학자 더글러스 호프스태터였다. 강연이 끝난 뒤 나는 케임브리지에서 만찬을 주재했다. 그 자리에는 호프스태터와 데닛, 하버드 심리학자 마크 하우저를 비롯한 몇몇 과학자들이 참석했고 직관, 진화생물학, 인공지능, 인지과학과 신경과학, 음악 지각 등 다양한 주제들에 대해 활발한 대화가 오갔다. 식탁에서 이루어진 대화 중에 최고였다.

그러던 중 마크 하우저가 대니얼 데닛을 향해 물었다. "이런 주제들을 언제부터 생각하기 시작했는지 기억나세요? 몇 살 때였어요? 열의를 갖고 파고들기 시작한 것은 언제부터인가요?" 대니얼 데닛은 여섯 살 때 어떤 어른에게 흥미로운 질문들을 했더니, 철학자가 되면 딱 맞겠다는 말을 들었다고 대답했다. 더글라스 호프스태터는 기억할 수 있는 순간부터 자신이 숫자들을 사랑했으며, 수학을 하고 싶어 한다는 것을 알았다고 했다. 마크 하우저는 자신이 어느 분야에 관심이 있는지를 대학에 들어간 뒤에 알았다고 했다. 하지만 관심을 가진 쪽이 특정 분야였든 전반적인 분야였든 간에, 호기심과 배우고 싶은 열정이 가득한 어린아이였다는 점에서는 모두 같았다. 참석한 손님 한 명은 이렇게 말했다. "모든 것은 아이였을 때 시작되었다".

이 책은 세계 최고의 과학자들이 쓴 26편의 글을 싣고 있다. 이들은 글쓰기를 통해 한때 가공할 정도로 넓었던 과학과 인문학의 거리를 좁히고 있다. 냉철한 머리와 따뜻한 가슴에서 나온 이 글들은 각자의 삶을 담고 있으며 쉽게 읽힌다.

그리고 이 책을 읽는 데는 과학 지식이 전혀 필요 없다!

나는 저자들에게 출발점으로 삼을 수 있는 질문들을 제시했다. "어렸을 때 과학자의 삶을 추구하도록 이끈 어떤 사건이 있었나요? 현재의 연구 분야에 관심을 갖도록 하고 지금과 같은 인물이 되도록 자극을 준 계기가 무엇인가요? 부모님, 친구들, 선생님은 어땠나요? 전환점, 실행, 영향, 깨달음, 사건, 어려움, 갈등, 실수라고 할 만한 것들이 있었까요?"

나는 독자들에게 세상에서 가장 흥미로운 사상가들의 어린 시절은 어땠는지 살펴볼 흥미로운 기회를 제공하고 싶었다. 이 책에는 저자들이 목표에 다가가고 있다고 느낄 때의 흥분이 고스란히 담겨 있어 영감을 준다. 물론 통제하기가 유독 어려운 이 과학자 집단이 내 지침을 그대로 따르지는 않았다는 점은 고백해야

겠다. 어린 시절을 죽 훑은 뒤 대학과 대학원 시절까지 이야기를 끌고 나간 저자들도 있으니 말이다. 하지만 그 이야기들도 귀 기울여 들을 가치가 있다.

이 책의 주제들은 예상을 벗어난다. 놀랄 준비를 하기를.

리처드 도킨스는 『닥터 두리틀』에서 받은 영향을 말하고, 데이비드 버스는 화물차 휴게소에서 일할 때 겪은 인생의 단면들을 이야기한다. 우주와 사랑에 빠진 재너 레빈은 우주 끝으로 여행하는 상상을 나눈다. 니컬러스 험프리는 과학자의 왕가라 할 집안에 태어나서 누린 특권을 깊이 파고든다. 로버트 새폴스키는 브롱크스 동물원을 맴돌며 마운틴고릴라가 되고 싶어 한다. 스티븐 핑커는 이 책의 주제를 뒤집어 놓는다. "어린 시절의 경험이 지금의 우리를 만드는 원인이 아니라, 오히려 지금의 우리가 어린 시절의 경험을 만드는 원인이다." 주디스 리치 해리스는 따돌림과 차별, 외로움을 하나하나 이야기한다.

자연 속에서 자란 저자들도 있다. 팀 화이트는 캘리포니아 남부 시골에서 지낸 시절을 회고하고, 머리 겔만은 뉴욕시를 벌목이 지나치게 이루어진 솔송나무 숲이라고 생각했다는 이야기를 들려준다.

대니얼 데닛, 스티븐 스트로가츠, 도인 파머는 자신의 삶에 변화를 가져다준 스승에 대해 이야기한다. 폴 데이비스와 리 스몰린은 어린 시절에 겪은 이성과의 만남을 떠올린다. 앨리슨 고프닉, 미하이 칙센트미하이, 하워드 가드너, 셰리 터클은 책과 그 속에 담긴 사상의 힘을 다룬다. 메리 캐서린 베이트슨, 프리먼 다이슨, 빌라야누르 라마찬드란은 부모로부터 받은 영향을 말한다. 린 마굴리스, 조지프 르두, 로드니 브룩스, 재런 러니어, 레이 커즈와일은 개념과 실험이 어린 시절에 어떤 영향을 미쳤는지 떠올린다.

최근에 나는 샌타페이에서 대단히 박식한 노벨상 수상자인 입자물리학자 머리 겔만과 이야기를 나누며 오후를 보냈다. 우리는 지난 10년 동안 세상이 어떻게 돌아갔는지를 놓고 두서없이 장시간 이야기를 나누었다. 쿼크에서부터 복잡적응계에 이르기까지 주로 과학적인 주제들에 대해서였다. 나는 그의 어린 시절이 어땠는지 알고 싶었다. 처음에 어떻게 물리학에 관심을 갖게 되었으며, 길고도 탁월한 경력의 출발점이 어땠는지 말이다. 대화를 하던 중에 그는 이야기 하나를 들려주었다.

1951년, 21살의 겔만은 프린스턴 고등 과학 연구소에서 박사후 연구원으로 있었다. 그는 연구실로 가는 길에 알베르트 아인슈타인과 가끔 마주치곤 했다. "우리 아버지는 아인슈타인을 영웅이라고 생각했어요. 하지만 나는 그에게 말을 걸 기회가 많았는데도 일부러 말을 걸지 않았죠. 당시에는 위대한 인물에게 무작정 다가가서 안면을 트려고 하는 사람들을 싫어했거든요." 게다가 당시 겔만은 통일장 이론에만 몰두하던 아인슈타인의 시도를 못마땅하게 여기고 있었다. "만일 그가 전망이 엿보이는 것을 연구하고 있었다면, 그에게 말을 걸 타당한 이유가 있다고 느꼈겠지만, 상황이 그렇지 못했죠." 현재 겔만은 노년의 아인슈타인에게 20세기 초반에 어떤 생각을 했는지 묻지 않았던 것을 깊이 후회하고 있다고 고백했다. "그가 뉴턴 이후로 가장 위대한 물리학을 연구하고 있을 때였는데 말이에요. 그와 대화를 나누는 건 정말 흥미로운 일이었을 텐데요!"

아마 지금 그와 비슷한 특권적인 위치에 있는 사람은 나일 것이다. 세계를 이끄는 과학자들과 이야기를 나눌 수 있고, 이에 더해 그들의 어린 시절 이야기와 세계를 바라보는 관점, 평생 연구할 것을 결정하게 된 개인적인 계기를 글로 쓰라고 꼬드길 수 있으니까. 아인슈타인에게 차마 말을 걸지 못했던 겔만과 달리, 나는 이 멋진 기회를 그냥 흘려보낼 생각이 전혀 없다!

엮은이 존 브록만 John Brockman

존 브록만은 세계적 석학들을 상아탑에서 끌어내, 대중과 호흡하는 베스트셀러 작가로 재탄생시킨 편집자이다. 국제 도서 저작권 대행사인 브록만사의 설립자이자 과학자와 사상가로 이루어진 엣지 포럼의 편집자 겸 발행인이다. 엮은 도서로 『인공지능은 무엇이 되려 하는가』, 『마음의 과학』, 『왜 종교는 과학이 되려 하는가』 등이 있다.

• 차례 •

닥터 두리틀과 다윈

리처드 도킨스Richard Dawkins

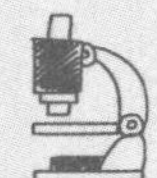

리처드 도킨스는 진화생물학자이자 동물행동학자이며, 『이기적 유전자』라는 공전의 베스트셀러를 쓴, 세계에서 가장 영향력 있는 과학 저술가다. 인간의 유전자(gene)와 같이 '번식'하면서 세대를 이어 전해져 오는 문화 구성 요소인 '밈(meme)' 개념을 처음 제창했다. 물고기를 연구하던 과학자들은 도킨스가 진화과학의 대중적 이해에 공헌한 바를 기려 새로운 어류 속명을 '도킨시아'라고 짓기도 했다. 《프로스펙트》가 전 세계 100여 개국의 독자를 대상으로 실시한 투표에서 '세계 최고의 지성'으로 뽑혔으며 왕립문학원상, 왕립학회 마이클 패러데이상, 인간과학에서의 업적에 수여하는 국제 코스모스상, 키슬러상, 셰익스피어상, 과학에 대한 저술에 수여하는 루이스 토머스상, 영국 갤럭시 도서상 올해의 작가상, 데슈너상, 과학의 대중적 이해를 위한 니렌버그상 등 수많은 상과 명예학위를 받았다.

1941년 케냐 나이로비에서 태어나 영국 옥스퍼드 대학교를 졸업했다. 옥스퍼드 대학교 석좌교수를 지내다 이후 왕립학회와 왕립문학원의 회원이 되었다. '이성과 과학을 위한 리처드 도킨스 재단'을 만들어 대중의 과학적 문해력을 높이기 위한 교육에도 헌신하고 있다. 저서로는 『이기적 유전자』, 『만들어진 신』, 『확장된 표현형』, 『눈먼 시계공』 등이 있다.

어릴 때 동아프리카에서 살았기 때문에 내가 자연사에, 구체적으로는 인간의 진화에 관심을 갖게 되었다는 말을 할 수 있다면 더할 나위 없을 것이다. 하지만 실제로는 그렇지 않았다. 나는 더 나중에야 과학에 입문했다. 책을 통해서다.

내 어린 시절은 거의 전원 생활이나 다름없었다. 일곱 살 때부터 기숙학교에 보내졌기 때문이다. 나는 그런 일(?)을 겪고도 살아남았다. 꽤 잘 헤쳐나갔다는 뜻이다(어린 시절을 헤쳐나오지 못한 비극적인 아이들도 몇몇 있으니까). 그리고 나는 우수한 학업 성적을 바탕으로 드디어 나의 아테네인 옥스퍼드 대학교에 들어갔다(케임브리지 대학교를 졸업한 시인 존 드라이든도 옥스퍼드를 아테네로 여겼다). 가정 생활은 정말로 목가적이었다. 옥스퍼드셔에 가족 농장이 있었으니까. 처음에는 케냐, 그다음에는 니아살랜드(지금의 말라위), 더 나중에는 영국에서 살았지만 늘 마찬가지였다. 우리 집은 부유하진 않았지만, 가난하지도 않았다. 텔레비전이 없긴 했지만, 부모님이 텔레비전 앞에 죽치고 있기보다는 딴 일을 하면서 시간을 보내는 편이 낫다고 나름 타당한 생각을 했기 때문에 없었던 것뿐이다. 대신 집에는 책이 가득했다.

아프리카와 영국의 시골은 내 눈을 자연 세계를 향해 활짝 열어놓고 나를 생물학자로 바꿔놓았어야 마땅하다. 부모님으로부터 자극을 받지 못한 것도 아니었다. 두 분 다 콘월 지방의 절벽 위로 난 길이나 알프스산맥의 풀밭에서 볼 수 있는 야생화들을 줄줄 꿰고 있었다. 아버지는 내 여동생과 나에게 꽤 많은 학명들을 가르쳐주었다. 하지만 안타깝게도 나는 자연사에 전혀 관심이 없었다.

내가 여덟 살 때 키 큰 멋쟁이였던 할아버지가 창밖에서 모이를 주워먹고 있는 푸른박새를 보면서 내게 무슨 새인지 아냐고 물었을 때 느꼈던 굴욕감을 지금도 나는 기억하고 있다. 그 새가 무슨 새인지 몰랐던 나는 창피해서 더듬거리며 답했다. "푸른머리되새 아니에요?" 할아버지는 손자가 무식하다는 사실에 무척 진노했다. 자연과 접하는 것을 좋아하고, 쌍안경을 늘 들고 다니고, 반바지를 즐겨 입고, 제국을 건설하는 데 일조한 가문에 이런 손자가 있다니. 그것은 마치 셰익스피어의 이름을 들어보지 못했다는 말과 같았다. 나는 할아버지의 반응을 절대로 잊을 수 없다. 내가 아닌 아버지를 질책했던 것이다. "맙소사, 존." 아버지는 소심하게 변명했다. "설마 모를라구요." 이처럼 내 동물 애호 정신은 동물들을 지켜보면서 갖게 된 것이 아니며, 학명을 앎으로써 갖게 된 것은 더욱더 아니다. 책을 통해서 얻은 것이었다. 그리고 내가 읽었던 책들은 과학책도 아니었다.

나는 부도덕한 행위를 하듯이 몰래 책을 읽었다. 남들이 '밖에 나가서 신선한 공기를 맡고 있겠지' 여기는 시간에 나는 책을 들고 슬그머니 침실로 들어가곤 했다. 아마도 그런 강박증 성향의 독서가 어린이에게 글을 사랑하는 마음을 새겨놓고, 나중에 글을 잘 쓰도록 하는 데에도 도움을 주는 듯하다. 특히 내가 결국 동물학자가 되도록 인격 형성기에 영향을 미친 것이 바로 이 어린이책이 아니었을까 생각한다. 바로 휴 로프팅이 쓴 『두리틀 박사의 모험』이다. 나는 그 책을 읽고 또 읽었고, 후속편들도 모조리 독파했다. 두리틀 박사는 과학자이자, 세계 최고의 자연학자이자, 무한한 호기심을 지닌 사색가였다. 롤 모델이라는 말이 만들어지기 오래전에 이미 그는 나를 자각시킨 롤 모델이었다.

두리틀 박사는 환자들을 진찰하다가 동물에게로 시선을 돌린 마음씨 좋은 시골 의사였다. 그의 앵무새인 폴리네시아가 그에게 동물의 말을 하는 법을 가르쳐주었고, 이 한 가지 기술이 거의 열두 권에 해당하는 줄거리의 토대가 되었다. 다른 어린이책들(지금의 해리 포터 시리즈를 포함해서)은 초자연적인 힘을 온갖 역경을 극복하는 만병 통치약으로 으레 써먹곤 하지만, 휴 로프팅의 과학 소설에서는 현실과 다른 점이 단 한 가지밖에 없다. '두리틀 박사가 동물의 말을 할 수 있다'는 것이다. 이 단 하나의 차이

에서 모든 이야기가 흘러나왔다. 그는 서아프리카에 있는 판티포 왕국의 우체국장으로 임명되자 철새들을 직원으로 고용해서 세계 최초로 항공 우편 업무를 시작했다. 작은 새들은 편지 한 통씩을 전달했고, 황새들은 소포를 배달했다. 악독한 노예 무역상 데이비 본즈를 따라잡기 위해 배의 속도를 높여야 하는 상황이 닥쳤을 때는 수천 마리의 갈매기들이 나타나 그의 배를 끌기 시작했다. 그 순간 어린이의 상상력도 활짝 날개를 폈다. 노예선이 시야에 나타나자, 제비가 날카로운 눈을 이용해 초현실적인 수준으로 정확하게 대포로 그 배를 겨냥한다. 어떤 남자가 살인죄로 모함을 받자 두리틀 박사는 판사의 개와 대화를 나눔으로써 자신이 동물의 말을 통역할 수 있다는 것을 입증한다. 그 뒤 판사를 설득해서 용의자의 무죄를 입증할 유일한 목격자인 용의자의 불도그를 증인대에 세우도록 했다.

나는 동물과 의사소통하는 것이 반드시 초자연적인 현상이라고 할 수는 없다고 생각했지만, 박사의 적들은 그것이 초자연적인 현상이라고 잘못 생각하는 경우가 흔했다. 한 번은 적들이 두리틀 박사를 굶겨서 굴복시키기 위해 아프리카의 한 동굴에 가둔 적이 있었다. 하지만 두리틀 박사는 더 살이 오르고 말끔해져갔다. 수천 마리의 쥐들이 조금씩 빵 부스러기와 호두 껍질에 담은 물과 씻을 수 있는 비누 조각을 갖다주었기 때문이다. 그 모습을 보고 겁에 질린 적들은 그가 마법을 부린다고 생각했지만, 어린 독자들은 단순하고 합리적인 설명이 있음을 알고 있었다.

이 책에서는 똑같은 교훈이 충분히 이해가 될 정도로 되풀이해서 나타났다. 무언가가 마법처럼 보일 수도 있고 나쁜 녀석들은 그것이 마법이라고 생각하지만, 실은 합리적인 설명이 있다는 것이다. 많은 아이들이 마법 주문이나 요정 할머니나 신이 나타나 도움을 주는 꿈을 꾼다. 하지만 내 꿈은 동물과 이야기를 나누어서 동물에게 부당한 행위를 하는 인간(동물을 사랑하던 어머니와 두리틀 박사에게 영향을 받았을 것이다)에 맞서 싸우도록 하는 것이었다.

두리틀 박사가 내게 깨닫게 해준 것은 현재 우리가 '종차별주의'라고 부르는 것이었다. 그저 우리가 인간이기 때문에 인간이 다른 모든 동물들보다 더 우월하고 더 특별한 대우를 받아야 한다고 무의식적으로 가정하는 것을 말한다. 병원을 습격하고 훌륭한 의사를 살해하는 교조적인 낙태 반대주의자들은 조사해 보면 극단적인 종차별주의자임이 드러난다. 합리적인 기준으로 본다면, 아직 태어나지 않은 태아보다는 다 큰 암소 쪽이 도덕적으로 더 동정을 일으킨다. 낙태 반대주의자들은 임신 중절 수술을 하는 의사를 보며 "죽여라!"라고 소리를 지르다가 집으로 가서 저녁 식사로 스테이크를 먹는다. 두리틀 박사 시리즈를 읽으며 자란 아이라면 그것이 이중 기준이라는 것을 간파한다.

두리틀 박사는 도덕과 철학 말고도 내게 진화 자체는 아니지만 그것을 이해할 토대가 되는 지식을 가르쳤다. 서로 이어져 있는 동물들의 세계에서 인간 종이 독특한 존재가 아니라는 것을 말이다. 찰스 다윈도 똑같은 목표를 향해 대단한 노력을 기울였다. 그의 저서 『인간의 유래』와 『인간과 동물의 감정 표현』은 우리와 우리 사촌들 사이에 입을 벌리고 있는 틈새를 좁히려는 노력의 산물이다.

다윈의 저서 『비글호의 항해』를 읽으면서 나는 다윈과 두리틀이 닮았을 것이라고 상상했다. 두리틀의 중산모자와 프록코트, 배를 잘 몰지 못해 종종 난파당하곤 하는 모습은 그를 다윈과 같은 시대의 사람으로 보이게 했다. 그것만이 아니었다. 자연 사랑, 모든 생물을 배려하는 마음, 막대한 생명과학 지식, 이국적인 곳에서의 놀라운 발견들을 하나하나 노트에 적는 모습도 그랬다. 비글호의 자연학자였던 다윈과 두리틀 박사가 실제로 마주쳤다면, 그들은 의형제를 맺었을 것이 분명하다. 두리틀이 본 몸 양쪽에 뿔 달린 머리가 나 있는 영양인 푸시미풀류나 젊은 다윈이 탐사를 통해 발견한 몇몇 표본들이나 도저히 믿어지지 않기는 매한가지였다. 두리틀이 아프리카에서 골짜기를 건너야 할 상황에 놓이자, 원숭이들이 몰려와서 서로 팔과 다리를 붙들고 살아 있는 다리를 만들었다. 다윈은 그 장면을 즉시 이해했을 것이다. 브라질에서 군대개미들이 똑같은 행동을 하는 것을 관찰한 적이 있기 때문이다. 나중에 다윈은 개미들이 노예를 부리는 놀라운 습성이 있다는 것을 밝혀냈으며, 두리틀과 마찬가지로 그도 인간들의 노예 제도를 맹렬히 증오함으로써 시대를 앞서 나갔다. 노예제야말로 대개 온화한 이 두 자연학자가 격렬하게 분노한 유일한 사례였다.

아동 문학에서 가장 가슴 아픈 장면은 단연 『닥터 두리틀의 우체국』에서 서아프리카 여성인 주자나가 노예 상인에게 붙잡혀간 남편을 찾기 위해 홀로 작은 카누를 타고 바다 한가운데로 나갔다가 결국 지쳐서 노예선을 뒤쫓는 것을 포기하고 노 위에 엎어져서 울먹이다가 발견되는 장면이다. 그녀는 백인들은 모두 노예 무역상 데이비 본즈처럼 사악한 존재가 분명하다고 믿고 처음에는 두리틀 박사에게 아무 말도 하지 않으려 한다. 하지만 두리틀 박사는 그녀를 설득한 다음, 동물 왕국의 분노를 이끌어내서 결국 그 노예선을 따라잡고 그녀의 남편을 구출한다.

역설적인 사실은, 고고한 척하는 공공 도서관 사서들이 휴로프팅을 인종차별주의자로 낙인찍어서 그의 작품을 금서 목록에 올려놓았다는 점이다! 물론 이유는 있을 것이다. 그가 그린 아프리카인들은 엉덩이가 툭 튀어나온 모습을 하고 있다. 졸리긴키 왕국의 후계자이자 요정 이야기의 열렬한 애독자인 붐포 왕자는 자신이 매력적인 왕자라고 생각했지만, 어떤 공주를 입맞춤으로 깨운다면 자신의 검은 얼굴에 공주가 소스라치게 놀랄 것이라고 확신했다. 그래서 그는 두리틀 박사에게 자신의 얼굴을 하얗게 만들어줄 특수한 처방을 해달라고 요청한다. 오늘날의 기준에서 보면 이는 변명의 여지 없이, 그다지 훌륭한 자아 발견이라고 할 수 없다. 현재 기준으로 보면 1920년대의 휴 로프팅은 당연히 인종차별주의자가 되며, 다윈도 물론 빅토리아 시대의 모든 사람들과 마찬가지로 인종차별주의자가 된다. 우리는 점잖은 척하며 검열자가 되기보다는 우리 자신이 받아들인 사회적 관습을 들여다보아야 한다. 우리가 현재 별생각 없이 받아들인 각종 '주의'들 중에 어느 것이 미래 세대의 비난을 받게 될까? 확실한 후보는 종차별주의이며, 이런 측면에서 휴 로프팅은 인종 차별에 무심했다는 과오를 상쇄시키고도 남을 만큼 큰 기여를 했다.

두리틀 박사는 인습을 타파했다는 점에서도 찰스 다윈을 닮았다. 둘 다 기존의 지혜와 지식에 계속 의문을 제기한 과학자들이다. 그것은 자신들의 성격 때문이기도 하며, 그들이 동물을 잘 알고 있다는 점 때문이기도 했다. 권위에 의문을 제기하는 습관은 책이나 교사가 과학자가 되려는 젊은이에게 줄 수 있는 가장 고귀한 재능 중 하나이다. 남들이 말하는 것을 전부 받아들이지 마라. 스스로 생각하라. 나는 어린 시절의 독서를 통해 찰스 다윈을 사랑할 준비가 되었고, 마침내 어른이 되어 독서를 할 때 그가 내 인생에 들어왔다고 믿는다.

면목 없게도 나는 늦게야 다윈주의를 알게 되었다. 적어도 열여섯 살 때 이후인 것은 분명하다. 물론 그보다 더 늦게 안 사람들도 많이 있고, 대다수 사람들은 평생 모르고 지낼 것이다. 기독교 국가에 속한 아이들은 모두 아담과 이브와 6일에 걸친 창조 이야기를 배운다. 일부는 그것이 쓰여 있는 그대로 사실이라고 배운다. 그것은 교육을 모독하는 행위이다. 그것을 우화나 신화라고 배우는 아이들도 있다. 그런 경우에는 별 해가 없긴 하지만, 1859년부터 우리 모두가 접할 수 있는 놀라운 진실이 있었다는 점(진화론을 다룬 다윈의 저서 『종의 기원』이 1859년에 출간되었다-편집자 주)을 생각하면, 우화에 불과한 것을 배운다는 사실이 너무나 실망스럽게 다가온다. 진화를 일곱 살 된 아이에게 가르치면 안 될 이유는 전혀 없다. 그들은 그것을 말끔히 소화할 것이다.

나는 운 좋게도 중등 교육은 온들 학교에서 받게 되었다. 그곳에는 저명한 전직 교장인 F. W. 샌더슨의 영향이 남아 있었다. 그는 그 학교를 영국 최고의 과학 학교로 만들었으며, 그 명성은 지금도 유지되고 있다. 여기 그가 학교 부속 교회에서 한 설교 중 하나가 요약되어 있다. 종교 기관에서 이런 말을 마지막으로 들어본 적이 언제였는가?

> 대단한 과학자들과 대단한 업적이지요. 우주를 통일된 법칙 속에 결합한 뉴턴, 놀라운 수학적 조화를 보여준 라그랑주와 라플라스와 라이프니츠, 전기를 측정한 쿨롱, 패러데이, 옴, 앙페르, 줄, 맥스웰, 헤르츠, 뢴트겐. 다른 과학 분야에 있던 캐번디시, 데이비, 돌턴, 듀어. 그리고 또 다른 분

야에 속해 있던 다윈, 멘델, 파스퇴르, 리스터, 로널드 로스 경이 그렇습니다. 이들과 다른 수많은 사람들, 그리고 이름조차 남지 않은 몇몇 사람들은 시인들이 노래했던 영웅들과 어깨를 나란히 할 만한 위대한 영웅들이자 군인들입니다. 이 목록의 맨 위에는 위대한 뉴턴이 있습니다. 그는 자신을 바닷가에서 조약돌을 줍고 있는 어린아이에 비유했지만, 자신 앞에 아직 탐사되지 않은 드넓은 진리의 바다가 있다는 것을 볼 수 있는 선견지명이 있었던 인물이었죠.

샌더슨이 일으킨 혁신은 내가 온들 학교에 다닐 때까지도 고스란히 남아 있었다. 내게 자극을 준 동물학 교사인 아이언 토머스는 샌더슨을 존경한 나머지 온들 교사로 지원한 사람이었다. 그런 태도는 그의 수업 방식에 고스란히 담겨 있었다. 『본성 대 양육』을 비롯한 탁월한 책들을 쓴 매트 리들리는 영국의 주간지 《스펙테이터》에 쓴 글에서 과학적 미덕을 탁월하게 전달하고 있다. "과학자들은 사실에 관심이 없다. 그들이 좋아하는 것은 무지이다. 그들은 그것을 파헤치고 잡아먹고 공격한다. 그리고 당신이 이런 비유를 좋아할지 모르지만, 그들은 그러면서 계속 더 많은 무지를 발견하고 있다."

최근에 나는 리들리와 그의 아홉 살 된 아들 매튜와 함께 자갈 해변을 산책한 적이 있다. 해변의 자갈들을 보니 샌더슨이 설교 시간에 언급한 뉴턴의 말이 생각났고, 나는 그 인용문을 떠올리려 애썼다. 리들리와 내가 무딘 기억을 헤쳐가면서 뉴턴의 말을 끄집어내려 헛된 노력을 하고 있을 때, 아래쪽에서 작게 웅얼거리는 수줍은 목소리가 들려왔다. 우리는 그 주문 같은 소리를 듣기 위해 걸음을 멈췄다. 주문을 읊은 사람은 어린 매튜였다. 매튜는 뉴턴의 말을 완벽하게 외우고 있었다. "나는 아직 발견되지 않은 거대한 진리의 바다가 내 앞에 놓여 있다는 것을 모른 채, 여기저기서 매끄러운 조약돌이나 예쁜 조개껍데기를 찾는 데 정신이 팔려 있는, 해변에서 노는 어린아이에 불과했던 것 같다." 한 세기 전의 F. W. 샌더슨이라면 소년의 입에서 그런 말이 나오는 것을 당연하게 여겼겠지만, 현재의 학교가 어떤지 알고 있던 나는 깜짝 놀랐다. 이 영상의 시대에 또 한 명의 은밀한 독서광이 있었던 것일까?

　나의 동물학 선생님이었던 아이언 토머스는 시간이 남을 때 내게 과외 지도를 해주었고, 나를 옥스퍼드 대학교로 이끌었다. 나는 그 일이 내 인생의 전환점이었다고 생각한다. 원래 나는 생화학과에 지원했다. 다행히 그쪽에서는 나를 퇴짜놓으면서 대신 동물학을 전공하는 것이 어떻겠냐고 말했다. 옥스퍼드의 동물학과는 거의 문학을 가르치고 있었다. 즉 원래의 연구 문헌을 읽은 뒤 판단을 내리고 평론을 쓰는 식으로 쟁점이 되는 문제들을 다루는 것이 주로 하는 일이었다. 내게 더할 나위 없이 어울리는 분야였다. 나는 다시 책으로 돌아갔고, 세계 최대의 도서관 중 하나를 마음껏 드나들었다.

옥스퍼드의 독특한 개별 지도 방식은 특히 나를 지금의 나로 만드는 데 큰 도움을 주었다. 나는 매주 지도 교수와 일대일로 만났다. 우리는 내가 제출한 평론을 놓고 한 시간 가량 토의를 했다. 나는 지적 천국에 있었다. 일주일 내내 도서관에서 시간을 보내고, 교과서가 아니라 하나의 주제를 상세히 다룬 연구 논문들을 읽은 뒤, 그 특정한 주제에 관해 나름대로 글을 쓰고 있다 보면, 나 자신이 그 주제에 관한 세계적인 권위자로 여겨졌다. 그 얼마나 놀라운 감정인가! 열아홉 살짜리가 그런 대단한 특권을 누릴 수 있다니!

지도 교수님은 자신보다 내가 동물학을 더 철학적인 관점에서 보고 있다는 것을 깨닫고, 내게 그 학과에서 떠오르는 별이었던 아서 케인에게 한 학기 동안 지도를 받도록 주선했다. 케인 박사의 지도는 시험을 잘 보도록 하는 것과 무관했다. 그는 내게 과학사와 과학철학에 관한 책들만을 읽도록 했다. 그것들을 동물학과 연관짓는 것은 오로지 내 몫이었다. 나는 읽은 것들을 관련지으려 시도했고, 그런 시도를 하면서 신이 났다. 그 무렵에 쓴 내 철학적 소품들이 뛰어났다는 말은 하지 않으련다. 그렇지 않았다는 것을 이제는 알기 때문이다. 하지만 그것들을 쓰면서 느끼던 들뜬 기분은 결코 잊지 못할 것이다.

그다음 학기에는 위대한 니콜라스 틴베르헌에게서 지도를 받았다. 그가 노벨상을 받은 지 11년째 되는 해였다. 매주 내게는 틴베르헌의 학생들 중 누군가가 쓴 발표되지 않은 박사 논문을 한 편씩 읽으라는 과제가 주어졌다. 그런 다음에 글을 썼는데, 주로 논문 심사자의 보고서(대학생에게는 꽤 신이 나는 가정이었다)에다가 후속 연구는 어떠해야 한다는 제안, 그 논문이 다룬 주제가 역사적으로 어떻게 변해 왔는지를 조사한 결과, 그 논문이 제기한 철학적 및 이론적 문제들에 관한 의견을 덧붙여 글을 썼다. 틴베르헌이나 나나 이런 과제가 시험 문제를 푸는 데 직접적으로 도움이 될 것이라는 생각은 한 번도 한 적이 없었다. 내 평론들을 읽은 틴베르헌은 대학원에 진학해 본인 밑으로 오라고 이야기했고, 그때부터 나는 진정한 아테네 생활을 시작했다.

그때 이후로 내 경력은 앞서 배운 것들을 확장한 것과 같다. 나는 과학을 계속, 나의 말솜씨를 훈련시키는 논쟁들로 가득한 문학과 흡사한 것으로 여겨왔다. 또 학생들을 지도하면서 나 자신도 단련되었다. 옥스퍼드의 도서관들은 지금도 내 원기를 새롭게 북돋아 주며, 그곳에서 나는 과학 문헌들에 한껏 취한다. 그러다 어쩌다가 보잘것없는 저서를 써서 기여를 하기도 한다. 나는 두리틀 박사와 달리 동물과 이야기를 할 수는 없지만, 그들의 실제 생활을 마법처럼 만드는 요소들을 이해하기 시작하고 있다.

Curious

짝짓기와 진화심리학

데이비드 버스 David M. Buss

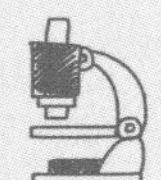

데이비드 버스는 진화심리학자로, 인간의 마음과 행동을 체계적으로 탐구하여 21세기 가장 각광받는 학문으로 자리 잡은 진화심리학의 토대를 세운 대표적 인물이다. 그는 인간의 행동 중에서 특히 '짝짓기'에 연구 초점을 맞추어 짝짓기 전략과 남녀 간 갈등, 지위, 질투, 스토킹 등 다양한 주제에 대해 혁신적이고 논쟁적인 연구 및 저술 활동을 활발히 해왔다. 200편이 넘는 논문을 발표하여 학계의 주목을 받는 동시에, 다양한 저서를 통해 일반 대중에게 진화심리학을 소개하고 있다. 그 연구 성과가 학계와 출판 언론계에서 거듭 인용되어 《로이터》에서 '가장 많이 인용된 연구자'로 선정되기도 했다.

1981년 UC 버클리에서 박사 학위를 받았고, 하버드 대학교에서 4년간 조교수로 근무하다 미시간 대학교에서 11년간 교편을 잡았다. 현재는 오스틴의 텍사스 대학교에서 심리학과 교수로 재직하고 있다. 진화심리학 분야의 대표적 학회인 인간 행동과 진화심리학 학회 의장을 역임한 바 있다. 텍사스 대학교 우수 강의상, 미국 심리학회 훌륭한 과학자상을 받았다. 미국의 심리학 전문학술지 《아메리칸 사이콜로지스트》 자문 위원 및 편집 위원으로 활동했다. 저서로 『이웃집 살인마』, 『욕망의 진화』, 『진화심리학』 등이 있다.

나는 과학자로 살면서 '짝짓기'라는 한 가지 주제에 몰두했다. 이 특이한 주제에 다다르게 된 과정을 하나하나 되짚어 가다 보니 추측이 개입되지 않을 수가 없다. 자신의 과거를 이야기하다 보면 일부러 빼고 더하는 것도 있고 꾸미는 것도 있기 마련이며, 편견 없는 묘사가 아닌 특정 방향으로 기울어질 수밖에 없다. 그 이야기가 화자의 지위와 명성을 전혀 고려하지 않았을 리가 만무하다. 그렇지만 우리가 어떤 식으로 각색을 하든 간에, 그 이야기는 가치가 있다. 소설가 블라디미르 나보코프가 자신의 젊은 시절을 돌이켜보면서 쓴 글이 가슴에 와닿는다.

> 젊은 작가가 미래의 자기 모습일 연로한 작가를 열렬히 사모하는 것은 가장 훌륭한 야심이라고 할 수 있다. 많은 책을 소장한 연로한 작가는 이 사랑에 보답하지 않는다. 설령 그가 거침없이 내뱉는 입과 초롱초롱한 눈망울을 가졌던 때를 떠올리며 회한에 젖는다 하더라도, 그가 젊은 자신, 즉

서투른 도제를 위해 할 수 있는 일은 안타까움에 어깨를 으쓱하는 것밖에 없기 때문이다.

내 어린 시절을 가장 잘 대변하는 것이 바로 '거침없이 내뱉는 입'과 '서투른'이라는 말이다.

우리 집안은 교육을 중요시했지만 나는 어릴 때 공부를 그다지 잘하지 못했다. 인디애나폴리스에서 어린 시절을 보낼 때 사람들은 똑똑한 우리 형이 커서 위대한 과학자가 될 것이라고 생각했다. 형은 고등학교에서 체스, 수학, 논리 경연 대회를 휩쓸었고, A학점만 받았으며, 대학 입학 시험에서도 만점을 받았다. 또 내 여동생은 아주 창의적인 아이여서 어느 분야에서든 대성할 조짐이 엿보였다. 반면에 내 성적은 중간 정도였다. 다만 시력은 아주 좋았다. 그러니 아마 아버지가 제안한 것처럼, 비행기 조종사가 될 수도 있었을 것이다. 중학교에 들어가자 성적은 더 떨어졌고, 고등학교에서는 C+에서 맴돌았다. 그러다 보니 수업도 종종 빼먹게 되었다. 나는 학교에서 얻을 게 아무것도 없다고 여겼다. 어린 시절에 저지른 온갖 미숙한 행동들을 반항아 기질 탓이라고 합리화했고, 지금은 그저 잊는 편이 최선이라고 생각하고 있다. 학교의 지도교사는 그런 내 행동들을 하나하나 열거하더니, 실망스럽다며 머리를 절레절레 흔들었다. "버스, 너는 상담지도를 받아야 해."

나는 그 말에 따랐다. 하지만 효과가 즉시 나타나는 것은 아니었다. 마약 때문에 두 번 체포된 뒤(두 번 다 불기소로 풀려났다), 나는 학교를 중퇴하기로 결심했다. 그 뒤에 처음 지원한 직장에 취직이 되었다. 뉴저지 뉴브런즈윅 외곽에 있는 화물차 휴게소였다. 면접 때 받은 질문은 하나뿐이었다. "야간 근무 가능해?" 나는 하겠다고 대답했다. 그렇게 해서 나는 2교대 야간 근무조가 되었다. 오후 7시부터 오전 7시까지였다. 연료를 넣고, 타이어에 공기를 넣고, 오일을 점검하는 등 꽤 복잡한 일들을 맡았다. 내 선임은 41살 된 흑인이었는데, 사람들은 그를 토니 상사라고 불렀다. 예전에 군대에 있었기 때문인 듯했다. 한가할 때면 토니 상사와 나는 인생에 관해 이런저런 이야기를 나누었는데, 화제가 여자 쪽으로 흐르는 경우도 종종 있었다.

어느 날 밤, 내가 1970년대 초 유행처럼 번진 평화와 사랑의 가치를 놓고 열변을 토하자, 토니 상사는 내 생각이 너무 단순하다면서 같잖다는 투로 말했다.

"데이비드, 언제나 남자가 돈을 쓰게 되어 있어."

"하지만 토니 상사님, 자유연애라는 말 못 들어 보셨나요?"

그는 머리를 절레절레 흔들면서 같은 말만 했다. "언제나 남자가 돈을 쓰게 되어 있어." 나는 말도 안 되는 소리라고 생각했다. 남녀는 평등하며, 사랑과 섹스는 자유롭게 교환되는 것이라고 믿었다. 나는 그에게 이런 자유연애가 요즘의 추세라고 자신

있게 말했다. 하지만 15년이 지난 뒤, 오대양 육대주에 자리한 37곳의 사회에서 인간의 짝짓기를 연구한 끝에 나는 토니 상사의 말이 그리 틀린 것이 아니라는 결론에 이르게 되었다.

또 내가 질투는 정신에 문제가 있고 불안정하며 해방되지 않은 사람들이나 갖는 미숙한 감정이라고 단호히 주장했던 것도 기억이 난다. 나는 내 여자 친구의 육체가 그녀 자신의 것이며, 그녀는 원하는 어느 누구와도 관계를 맺을 수 있고 나는 이에 조금도 구애받지 않을 것이라고 선언했다. 사실 그때 나는 여자 친구가 없었다. 그러다가 일 년 뒤 막상 여자 친구가 생기고 나니 감정이란 것이 내 생각과 다르다는 사실을 깨달았다. 나중에 질투심을 학문적으로 연구해 보니 남성이 상대를 성적으로 독점하려는 강박 관념을 갖고 있다는 것을 확인할 수 있었다. 그 화물차 휴게소에서의 대화에 완벽하게 들어맞는 발견을 한 셈이었다. 즉 성 경험이 없는 남성들은 실제 경험이 있는 남성들보다 상대가 부정을 저질렀다고 가정했을 때 성적 질투심을 덜 느낀다는 것을 말이다.

성행위는 대부분 화물차 휴게소 뒤편에서 이루어졌다. 그곳에는 사장들 몰래 인부 몇 명이 숙식을 했다. 사장들은 문제가 없는지 살펴보기 위해 이따금 휴게소에 들를 뿐이었다. 그곳에서는 값싼 맥주가 기본 음료였다. 인부, 실업자, 양아치, 심지어 토니 상사도 이따금 찾아오는 여자와 짧은 성적 밀회를 갖곤 했다. 직접 본 적은 없었지만, 나는 대가로 돈이 건네졌다는 것을 확신한다. 하얀 캐딜락을 몰고 검은 모자를 눌러쓴 코카인 판매상이 어쩌다 한 번씩 오곤 했지만, 값비싼 마약을 살 만한 돈을 가진 사람은 거의 없었다. 화물차 휴게소 생활은 대부분 이럭저럭 살아가려는 사람들, 어떻게든 하룻밤을 넘기려는 사람들, 조금의 만족감이라도 느낄 수 있다면 무엇이든 움켜쥐려고 애쓰는 사람들로 이루어져 있었다. 그들은 대부분 최저 임금을 받고 있었지만, 나는 그들이 다른 사람들보다 불행했다고는 생각하지 않는다. 화물차 휴게소에서 석 달을 지내자, 10년 넘게 다녔던 공립 학교에서보다 더 많은 것을 배웠다고 느꼈다. 아마 실제로 그랬을 것이다. 하지만 그런 배움을 얻기까지 그만큼 대가를 지불해야 했다. 어느 날 밤에는 술 취한 트럭 운전사가 "도끼로 네 긴 머리카락을 찍어주지"라고 위협했다. 또 어느 날 밤에는 그저 자신이 난폭한 인간임을 보이고 싶을 뿐이었던 젊은 남자에게 몽둥이로 얻어맞았다. 나는 먹고살 수 있는 더 좋은 길이 틀림없이 있을 것이라고 속으로 되뇌었다.

내 인생을 바꿔놓은 것은 두 번의 우연한 사건이었다. 첫 번째는 암스테르담으로 가는 비행기에서 만난 여성이었다. 나는 그곳에 가면 미국과 완전히 결별할 수 있을 것이라는 환상을 품고 있었다. 그녀는 나보다 약간 연상이었고, 생화학 석사 학위를 갖고 있었다. 나는 야간반에 들어가서 막 고등학교 과정을 이수한 상태였다. 그녀는 독일 브레멘에서 자랐고 나는 인디애나폴리스

출신이었다. 하지만 그것은 전혀 장애가 되지 않았다. 우리는 사랑에 빠졌다.

두 번째 우연한 사건은 졸업반에서 상위 10퍼센트에 들지 않은 지원자들을 무작위로 추첨해 입학시키는 방식(그 방식은 다음 해에 없어졌다)을 통해 1971년 내가 오스틴에 있는 텍사스 대학교에 입학한 것이다. 대학에 들어간 뒤, 나는 난생처음으로 수업에 흠뻑 빠졌다. 나는 지질학(생명의 진화)과 천문학(별의 진화) 강의를 들으면서 진화론과 마주쳤다. 나는 지구에 있는 모든 생명체를 포함해 우주의 모든 것이 어떻게 생겨났으며 어떻게 현재의 상태에 도달하게 되었는지를 설명하려는 이론들이 있다는 것을 전혀 모르고 있었다. 그 이론들을 더 알고 싶었다.

두 우연한 사건은 끼워 맞춘 양 서로 딱 들어맞았다. 매일 밤 유전학 연구소에서 근무하는 여자 친구가 집으로 돌아오고 나도 대학에서 돌아오면, 그녀는 내게 그날 배운 것을 하나도 빼놓지 않고 말하게 했다. 배우는 것을 좋아했던 그녀는 나를 부러워했다. 내가 강의를 듣고 있는 시간에 자신은 "초파리의 수를 세고 있다"는 것이 이유였다. 이 덕에 나는 조리 있게 이야기하는 법을 터득했다. 우리 형은 내가 그 뒤로 입을 다문 적이 없다고 으레 말하곤 한다.

대학교 3학년이 되었을 때 나는 과학자가 되고 싶다는 것, 그리고 내가 탐구하고 싶은 분야가 인간의 정신이라는 것을 깨달았다. 그래서 예일 대학교의 유명한 심리학자 칼 호블랜드의 아들인 데이비드 호블랜드의 강의를 들었다. 기말 논문을 쓸 때, 나는 아주 위험한 모험을 하기로 결심했다. 나는 논문의 제목을 「여성에 대한 지배와 접근」으로 잡고서, 남성들은 지위를 추구하려는 강한 동기를 갖는 쪽으로 진화했는데, 그 이유가 우월한 남성들이 여성들에게 성적으로 접근할 수 있는 권리를 획득하기 때문이라는 주장을 펼쳤다. 진화 가설을 제시하려는 어설픈 첫 시도였던 셈이다. 나는 영장류인 개코원숭이에게서 발견한 증거들을 제시했다. 또 일부다처제인 티위족의 풍습을 조사한 자료도 가져왔다. 티위족 추장은 29명의 부인을 거느렸다고 한다. 나는 똑같은 역학 관계가 현대 미국 사회에도 나타난다고 주장했다. 호블랜드 박사는 내게 그 논문을 강의 시간에 발표하라고 했다. 놀랍게도 학생들은 열광적인 찬사를 보냈다. 다음 해에 나는 UC 버클리의 대학원생이 되었다. 그리고 진화론을 이용해서 인간의 짝짓기를 경험적으로 연구하기 시작했다.

그 당시에는 진화심리학이라는 분야 자체가 없었고, 사회과학 분야에서는 진화론을 거의 찾아보기가 어려웠다. 심리학 교수들은 대부분 진화라는 말을 꺼내면 냉담한 반응을 보였고, 동료 대학원생들도 당혹스러워하거나 때로는 조롱 섞인 말을 건네곤 했지만, 나는 홀로 그 연구를 계속했다. 1981년 박사 학위를 받고 하버드 대학교에 조교수 자리를 얻을 때쯤, 나는 진화론으로부터 등을 돌릴 수 있는 방법은 없다는 것을 알았다. 심리학 분야가 아직 그 사실을 깨닫지 못하고 있을 뿐이었다.

지나온 이야기를 이쯤 했으니, 내가 짝짓기의 진화심리학에 왜 그렇게 몰두했는지 충분히 설명이 되지 않았을까? 사소한 이야기를 몇 가지 더 하면 도움이 될지 모르겠다. 어릴 때부터 나는 스스로 여자라면 사족을 못 쓴다는 것을 자각하고 있었다. 일곱 살인가 여덟 살 때, 나는 옆집 여자아이에게 홀딱 반한 적이 있었다. 당시에는 그것이 어떤 감정인지 몰랐지만, 나중에 생각하니 그것은 분명 사랑이었다. 동네에서 술래잡기를 할 때, 술래에게 붙잡힌 사람은 술래가 볼에 뽀뽀를 할 때까지 꼼짝 말고 있어야 한다는 규칙이 있었는데, 그녀가 내 볼에 뽀뽀를 했을 때 나는 묘한 쾌감과 함께 얼굴이 불타는 듯 뜨겁게 달아오르는 것을 느꼈다. 그 느낌은 몇 시간 동안 계속되었다.

* * * * *

어린 시절의 이러한 경험들이 내게 짝짓기를 전공하도록 동기를 부여한 어떤 인과적인 요소가 되었을까? 그럴 가능성은 있지만, 내 경험이 유별난 것 같지는 않다. 물론 모두 추측에 불과하다. 어린 시절의 선호 문제는 과학적으로 밝혀진 것이 거의 없기 때문이다. 자라면서, 나는 또래들 거의 모두가 짝짓기에 홀딱 빠져 있다는 것을 알았다. 학교에 떠도는 가십의 중심에는 늘 짝짓기가 있었다. 유혹하기, 거절하기, 짝을 얻기 위해 경쟁하기, 남의 짝 빼앗기, 짝 바꾸기, 이성 문제로 싸우기 등은 초등학교 6학년이나 중학교 1학년 또는 그 이전부터 우리의 사회생활에 침투해 있었다. 고등학교, 대학교, 대학원, 그 이후까지도 짝짓기에 대한 강박 관념은 내 친구들과 지인들의 사회생활에 늘 깊이 배어 있었다. 즉 나만 짝짓기에 홀딱 빠졌던 것은 아니었다.

진화심리학의 매력에 빠지고 나니, 짝짓기가 자연스러운 것임을 깨닫게 되었다. 진화의 엔진은 번식 성공률의 차이이다. 그리고 짝짓기보다 번식과 더 밀접한 관계에 있는 것은 없다. 다윈 선택은 세밀하게 잘 들어맞는 적응 양상들을 만들어낸다. 그러한 적응 양상이 만들어지는 영역을 하나만 고르라면, 짝짓기일 것이다. 때로는 짝짓기에 비하면 생존도 부차적인 문제가 된다. 실제로 생존 기회를 줄이지만, 짝짓기 성공 기회를 늘려준다는 이유로 진화한 적응 양상들도 있다. 성 선택의 강력한 힘, 서로 대립하면서 함께 진화하는 짝짓기 '군비 경쟁'을 통한 진화 과정의 가속화, 짝짓기와 관련해서 인류가 해결해야 할 온갖 엄청나게 복잡한 문제들을 생각해 보면, 인간의 심리적 적응 양상 중에 짝짓기의 적응 양상만큼 복잡하고 정교하며 수수께끼 같은 것은 없을지 모른다.

하지만 짝짓기를 다룬 이론이나 연구 결과를 찾아 심리학

문헌들을 샅샅이 뒤지기 시작했을 때, 나는 그 분야가 거의 공백이나 다름없다는 것을 깨달았다. 매력을 다룬 단편적인 연구 결과들을 빼면 인간이 짝을 얻기 위해 어떻게 경쟁하는지, 경쟁자를 어떻게 따돌리는지, 매력 신호를 어떻게 발산하는지, 어떤 짝을 선호하는지, 짝을 어떻게 지키는지, 왜 어떤 짝은 버리고 어떤 짝은 끌어안고 있는지 같은 문제들을 과학적으로 연구한 사례가 사실상 하나도 없었다. 그러다 보니 나는 이론적으로 대단히 중요한 영역, 즉 개인적으로는 관심을 끌지만 과학적으로는 거의 알려진 것이 없는 영역을 탐구하는 독특한 위치에 있게 되었다.

이런 모든 요인들이 하나가 되어 내가 지금의 과학적 행로를 택하도록 만들었다는 점은 분명하다. 동료들은 가끔 내게 말한다. 그렇게 재미있는 주제를 연구하며 살다니 행운아라고 말이다. 나도 그렇게 생각한다.

Curious

숫자들 속에서 평안을

미하이 칙센트미하이 Mihaly Csikszentmihalyi

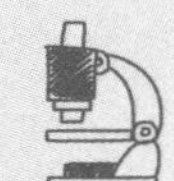

미하이 칙센트미하이는 헝가리계 미국인 심리학자이다. '몰입(flow)' 이론의 창시자로, 오랫동안 인간의 창의성과 행복에 대해 연구해 온 세계적 석학이다. 《뉴욕타임스》에서 칙센트미하이를 '행복에 미친 남자'로 표현했을 정도로, 그는 어떻게 하면 인간의 삶을 더 창의적이고 행복하게 할 수 있을지에 대한 연구에 평생을 바쳤다. 칙센트미하이의 연구에 대한 관심과 적용은 학계는 물론 교육 및 비즈니스 등 다양한 분야에 걸쳐 나타났다.

1934년 이탈리아에서 태어나 이후 22세에 미국으로 이민을 갔다. 시카고 대학교의 심리학, 교육학과 교수를 역임하고, 클레어몬트 대학교 심리학과 및 피터 드러커 경영대학원 석좌교수이자 '삶의 질 연구소' 소장으로 재직했다. 저서로 베스트셀러인 『몰입 flow』, 『몰입의 즐거움』, 『몰입의 경영』, 『십대의 재능은 어떻게 발달하고 어떻게 감소하는가』 등이 있다. 2021년 세상을 떠났다.

나는 헝가리인 부모님 밑에서 태어났다. 출생지는 이탈리아였다. 지금은 미국 시민으로 살고 있지만, 출생지 근처에 있는 재산을 유지하기 위해 크로아티아 여권도 갖고 있다. 좀 혼란스럽다고? 당사자인 나는 어떨지 상상해 보라. 하지만 오랫동안 '주변인'으로 살고 있는 것도 나름대로 장점이 있다. 자신의 삶을 의지할 편안한 문화적 토대가 없다면, 스스로 그것을 만들어내지 않으면 안 되기 때문이다. 좋든 나쁘든 간에, 내 연구와 저술은 뿌리가 없다는 점에 깊이 영향을 받아왔다.

몇 년 전 데카르트의 『방법서설』 첫 몇 쪽을 읽으면서 전율했던 일이 생각난다. 그는 자신이 프랑스의 최고 학교들에서 최고의 교사들에게 가르침을 받았지만, 여행을 시작한 후 프랑스에서 옳은 것이 반드시 독일에서 옳지는 않다는 것과 그 역도 마찬가지라는 것, 그리고 네덜란드에서는 두 나라의 지적 성과들을 경멸하고 있다는 점을 알아차리고 나서야 진정한 깨달음을 얻었다는 이야기를 약간 장황하게 쓰고 있었다. 이런 깨달음을 토대로 그는 첫 번째 원리를 내놓게 되었다. 지식은 들어서 알게 된 것이 아니라 정신의 정연한 활동을 통해 합리적으로 도출한 것에 바탕을 두어야 한다고 말이다(지식의 상대성에 대한 데카르트의 반응과 제1차 세계 대전 이후 서구를 휩쓸었던 절망감에 휘말려 보편적으로 타당한 합리성이라는 개념을 포기한 많은 현대 사회과학자들이 보인 반응이 어떤 차이가 있는지 살펴보는 것도 흥미롭다. 데카르트는 지역색이 짙은 지식을 이해의 장애물이라고 본 반면, 문화 상대주의자들은 그것을 이해의 유일한 수단이라고 본다).

데카르트의 책은 하나의 계시가 되어 나 자신이 어떤 것들을 추구하고 있는지를 이해하게끔 도와주었다. 하지만 그런 문제들을 깊이 파고드는 과정을 통해서 내가 장래 전공하게 될 분야에 관심을 갖게 된 것은 아니었다. 인지과학자 하워드 가드너가 말한 "구체화가 일어나는 순간들" 중 하나는 1948년 7월, 내가 막 열네 살로 접어들 무렵에 일어났다. 당시 나는 로마에 살고 있었는데, 한 우익 극단주의자가 이탈리아 공산당 지도자 팔미로 톨리아티를 저격해 치명상을 입히는 사건이 발생했다. 그 저격은 선거가 얼마 안 남은 시점에 일어났고, 사람들은 이 위기 상황에서 이탈리아의 민주주의가 살아남을 수 있을지 아니면 양쪽 과격파들이 거리로 뛰쳐나와 26년 전 무솔리니가 비슷한 상황에서 정권을 탈취하도록 방치했듯이 새로운 독재자가 출현해 질서를 회복할 것인지를 놓고 논쟁을 벌였다.

하지만 그 십 대 시절에, 정치는 훨씬 더 단순하고 더 친숙한 얼굴로 다가왔다. 나와 친구인 실비오가 악의 없이 장난을 치다가 시작된 사건이었다. 어느 나른한 여름날 오후, 나는 실비오에게 공산당이 정권을 잡으면 네게 피곤한 일이 닥칠 테니까 돌아가는 상황을 잘 지켜보는 편이 좋을 것이라고 경고했다. 실비오가 사는 동네는 공산당원들이 가득했고, 그들은 그의 삼촌 두 명이 신부라는 것을 알고 있었기 때문이다. 실비오는 자기 동네보다 내가 사는 동네에 공산당원들이 더 많고, 우리 아버지가 헝가리로 돌아가지 않는 이유가 조국을 집어삼킨 러시아인들을 싫어하기 때문이라는 것을 그들이 아마 알고 있을 테니까, 공산당이 정권을 잡으면 내가 더 골치 아플 것이라고 지지 않고 대꾸했다. 이렇게 가볍게 시작한 논쟁은 어느새 누가 더 주의를 기울여야 하는지, 누구 동네가 더 붉은색으로 짙게 물들었는지를 놓고 다투는 열띤 논쟁으로 번지고 말았다.

가벼운 조롱으로 시작한 대화가 주먹다짐으로 번지기 직전, 내 머릿속에 우리의 우정을 구할 기발한 생각이 떠올랐다. "잠깐만. 동네 신문 가판대에서 《일 템포》와 《일 메사게로》보다 《루니타》와 《아반티》가 얼마나 더 많이 팔리는지 알면, 어느 동네에 공산주의자가 더 많은지 알 수 있지 않겠어?" 실비오도 동의했다. 공산당과 사회당의 기관지가 기독민주당의 기관지보다 더 많이 팔린다면, 그 주변 지역의 주민들이 정치적으로 좌익 성향이 더

강하다는 의미로 봐도 될 것이다. 제2차 세계 대전 때 겪은 일들이 아직 뇌리에 깊이 남아 있었기에, 신문을 구독했을 때 배달이 제대로 될 것이라고 믿는 사람은 거의 없었다. 그래서 사람들은 가판대에서 신문을 사는 쪽을 더 선호했다. 따라서 가판대 신문 판매량을 파악하면, 사람들이 어떤 신문을 보는지를 충분히 알 수 있을 터였다.

첫 번째 원칙에 동의한 우리는 먼저 실비오네 동네로 가서 가판대들이 어디 있는지 알아둔 다음, 우리 동네로 와서 똑같은 조사를 했다. 그 뒤 우리는 매일 이쪽저쪽 가판대 앞에 죽치고 앉아 사람들이 바쁘게 지나치며 집어가는 신문 부수를 기록했다. 열흘쯤 되자 가판대들을 모두 돌 수 있었고, 주요 일간지들 이름 밑에 수천 개의 기호가 그어져 있었다. 이제 노력의 결과를 파악할 준비가 된 셈이었다.

하지만 어떻게? 우리는 사회과학 중에 우리가 모은 것과 같은 자료들을 평가하는 통계적 방법을 개발하는 분야가 있다는 사실을 전혀 몰랐다. 설문 조사, 여론 조사, 시장 조사 같은 것들이 있다는 사실도 전혀 몰랐다. 우리는 단지 서로가 틀렸다는 것을 증명하고 싶었을 뿐이었다. 처음에는 내가 환호성을 질렀다. 실비오 동네의 가판대들이 우리 동네의 가판대들보다 공산당 쪽 일간지에 훨씬 더 많은 표시가 되어 있다는 것이 명확했다. 내가 옳았던 것이다! 그때 실비오가 말했다.

NEWSSTAND

"아직 안 끝났어. 기독민주당 기관지에도 너희 동네보다 우리 동네에 표시가 더 많이 되어 있잖아. 중요한 것은 총계가 아니라 상대적인 비율이야."

"무슨 소리야? 너희 동네가 우리보다 공산주의자가 더 많이 있다면, 너희 동네가 더 공산당 판이라는 뜻밖에 더 돼?"

"아니지. 우리 동네에 공산당원이 아닌 사람들의 수가 더 많으니까 공산당원의 비율은 줄어드는 거잖아!"

그렇게 우리는 스스로를 방어하다가 통계학의 토대가 되는 원리들 몇 가지를 발견함으로써 통계학을 재발명했고, 숫자를 갖고 사람을 쉽게 속일 수 있다는 것을 정확히 이해하게 되었다. 처음으로 해본 경험 조사가 빚어낸 것은 냉소주의가 아니었다. 반대로 나는 서로 갈등을 빚고 있는 이념적 또는 이기적인 주장들을, 적절한 증거를 통해 실제로 검증할 수 있다는 생각에 한껏 고양되었다. 증거가 미흡할 수도 있고 결과가 흡족할 만큼 명확하지 않을 수도 있겠지만, 그런 과정을 거치는 편이 대다수 어른들이 그렇듯이 자기주장을 뒷받침하기 위해 온갖 속임수를 펼치는 것보다 더 나아 보였다.

그보다 몇 년 전 유럽에서 전쟁이 막바지에 이르고 있을 무렵, 내게는 몇몇 중요한 인물들을 가까이에서 지켜볼 수 있는 기회가 있었다. 그들은 장군, 장관, 판사 및 정부 각 기관의 수장들이었다. 한 마디로 당시의 세상을 움직이고 뒤흔드는 사람들이었다. 정상적인 상황이라면 열 살짜리 소년이 그들의 본모습을 볼 기회가 없었을 것이다. 하지만 전쟁은 공인과 민간인, 노인과 젊은이, 약자와 강자 사이에 통상 있기 마련인 많은 장벽을 제거했다. 우리는 방공호, 즉 호텔 객실, 열차, 공원에 급조된 시설들 속에서 서로 어깨를 부딪히며 지냈다. 벌집이 부서진 말벌들처럼, 그 구체제의 엘리트들은 안락했던 생활 방식으로 다시 돌아가겠다는 헛된 희망을 안고 몸부림치고 있었다.

이런 생활을 하면서 내가 받은 가장 강력한 인상은 어른들 대부분이 실제 무슨 일이 벌어지고 있는지 전혀 모르고 있다는 것이었다. 교육도, 권력도, 소득도, 명성도 자신의 코앞에서 무슨 일이 벌어지고 있는지 이해하는 데 도움이 되지 않는 듯했다. 연합군이 라인강을 건넜다고 하자, 어떤 박식한 사람은 노스트라다무스의 예언서에 나온 구절이 실현되었다고 확신했다. 4세기 전에 쓰인 그 예언서에 1944년 앵글로색슨족 침략자들이 메스와 에센 두 도시를 잇는 선을 한 번 넘었다가 완패를 당할 것이라고 분명히 나와 있다는 것이었다. 누군가가 러시아 군대가 중부 유럽에 위험할 정도로 가까이 진격해 있다고 안절부절못하자, 다른 누군가는 러시아인이 아둔해서 독일군에게 맞설 수 없다는 온갖 이유들을 열거했다. 기본적으로는 그들이 교육을 받지 못한 농노 출신이라는 이야기였다. 사람들은 가장 기발한 이론들을 대단히 진지한 표정을 지으면서 주장하기도 했고, 진실이 무엇인지에 대한 것까지도 제멋대로 조작했다. 온갖 소문들이 걷잡을 수 없이 떠돌아다녔다. 그 엄청난 인식론적 혼란 상태와 비교했을 때, 실비오와 나의 경쟁은 한 줄기 희망과 같았다. 자신이 말하고 있는 것들이 실제로 알고 있는 내용이라니 얼마나 멋진 일인가! 당시에는 인식하지 못했지만, 나는 경험론적 방법을 통해 인간의 경험을 이해한다는 생각에 빠져 있었던 것이다.

하지만 어린 날의 그 깨달음에서 심리학 박사 학위까지 이어진 길은 쭉 뻗은 직선 도로가 아니었다. 두 번째 단계가 찾아온 것은 열일곱 살쯤 되었을 때, 비행접시를 주제로 한 카를 융의 강연을 듣고 나서였다. 당시 나는 스위스에서 스키 휴가를 보내고 있었는데, 비탈의 눈들이 이미 대부분 녹아버려서 휴가를 너무 늦게 왔다고 느끼고 있었다. 융의 강연을 들은 이유는 단순했다. 영화를 보러 갈 돈은 없었고 강연은 공짜였으니까. 나는 융이 누구인지 잘 몰랐고, 심리학도 모호하게밖에 알지 못했다. 하지만 주제가 비행접시라고 하니 재미있을 것 같았다.

그 강연은 하나의 계시였다. 융은 작은 초록 외계인에 관해 이런저런 추측을 하는 대신에, 전후 유럽의 정신 상태를 있는 그대로 설명했다. 낡은 신념 체계가 붕괴함으로써 사람들의 마음속에 혼돈이 생겨났다는 것이다. 한편으로는 불안감이 요동치고, 한편으로는 새 질서에 대한 갈망이 싹텄다. 그는 이런 열망이 사람들로 하여금 하늘에서 회전하는 접시를 보고 있다는 상상을 불러일으킨다고 말했다. 그 접시들은 정신적 조화를 뜻하는 고대의 상징인 만다라를 의미한다는 것이다. 지금이었다면 그다지 내 심금을 울릴 만한 내용이 아니었을 수도 있지만 그 내용이 내가 직접 겪었던 전쟁 경험을 건드렸기에 나는 자세를 바로 하고 강의를 경청했다. 나는 그것이 내가 알지 못했던 과학이라는 것을 깨달았다. 어른들이 그렇게 갈팡질팡하고 있었던 이유를 설명해 줄 수 있는 과학 말이다. 이탈리아로 돌아온 뒤, 나는 구할 수 있는 융의 책들을 모조리 구해 읽었고 그다음에는 프로이트, 아들러, 몇몇 다른 심층심리학자들의 책들을 읽었다.

나중에 나는 미국으로 왔다. 이 낯선 새 과학을 공부하고 싶다는 것이 주된 이유였다. 도착한 나는 미국에서 융과 그 일파를 그다지 과학적이지 않다고 여기고 있다는 것과 내가 거의 알지 못하고 있던 존재인 경험심리학자들이 단결해서 인간의 행동 법칙을 하나하나 찾아내는 일에 몰두하고 있다는 사실을 알고 상당한 충격을 받았다. 그런 다음 내가 처음에 방법론에 심취했다는 기억이 새삼스럽게 떠올랐고, 데카르트 같은 기쁨을 느끼며 통계학에 빠져들었다.

시카고 대학교에서 나는 프리드리히 폰 하이에크를 알게 되었다(그는 1974년 노벨 경제학상을 받았다). 그는 전쟁 이전에 우리 할아버지와 함께 사슴 사냥을 다녔다고 했다. 그는 자기 앞에서는 융 이야기를 꺼내지도 못하게 했다. 그 대신 그는 내게 책을 한 권 쥐어주면서 말했다. “이 책을 읽어봐. 과학자가 되고 싶다면, 그 안에 알아야 할 모든 것이 들어 있을 거야.” 그 책은 그의 친구인 칼 포퍼가 쓴 것으로 『과학적 발견의 논리』라는 제목이 붙어 있었다. 독일어 원문을 더 정확히 옮기자면, 『연구의 논리』였다.

여러 면에서 그 책은 내게 성경과 같은 책이 되었다. 비록 범접하기 어려운 형식 논리학 법칙들로 가득한 후반부는 도저히 이해할 수 없었지만, 처음 100쪽 정도는 과학적 사유가 무엇을 담고 있는지를 명쾌하고 우아하며 설득력 있게 설명하고 있었다. 그 책을 읽고 난 뒤 나는 혼탁한 정신들이 살아가는 안개 낀 습지를 두 번 다시 돌아보지 않았다.

그런데 경험주의와 논리학을 선호하는 태도는 유전인 듯도 싶다. 내 막내아들 크리스가 일곱 살 때쯤 일이다. 우리는 식사를 마친 뒤 다정하게 논쟁을 벌인 적이 있었다. 크리스는 낮에 학교에서 있었던 일을 내게 이야기하다가 말고, 제대로 듣고 있냐고 물었다. 나는 듣고 있었다고 몇 번 우기다가, 안 듣고 있었다고 인정하고 말았다. 그러자 크리스는 당연하다는 듯 그것을 일반화했다. 어른들은 주변 상황에 거의 무심하다고 말이다. 나는 너무나 부당하게 일반화를 했다고 아이를 혼냈고, 그 문제는 끝났다고 생각했다.

하지만 며칠 뒤, 크리스는 내게 자신이 만든 도표를 보라고 했다. 거기에는 ‘어른’, ‘십 대’, ‘아이’라는 세 항목이 적혀 있었고, 각 항목은 '예'와 '아니오'라는 두 항목으로 나뉘어 있었다. 그리고 각 항목 밑에는 기호들이 길게 표시되어 있었다. 그것은 크리스가 방과 후에 한 시간씩 거실 창가에서 거울로 3층 아래 인도를 비추면서 한 실험의 결과를 표시한 것이었다. 크리스는 인도의 한 지점에 사람이 오면, 그 사람의 2미터쯤 앞에 거울로 빛을 비추면서, 그 사람이 15미터쯤 앞 다른 지점에 도착할 때까지 따라가면서 빛을 비추었다. 그 사람이 빛이 어디에서 오는지 살펴보기 시작하면, 크리스는 해당 연령 밑의 '예'라는 항목에 표시를 했고, 알아차리지 못한 것 같으면 '아니오'에 표시했다.

형세가 역전된 판국이라, 할 수 없이 나는 크리스에게 카이제곱 검정 방법을 보여주어야 했다. 그 결과는 '아이'와 '어른'의 '예' 표시 비율의 큰 차이가 1만 번 시도당 한 번 꼴로만 일어날 수 있었다는 것을 명확히 보여주었다. 따라서 아이가 어른보다 정말로 주변 상황을 더 잘 인식하고 있다는 것이 합리적인 결론이었다. 크리스의 주장이 옳았음이 입증되었지만(적어도 부분적으로. 나 역시 그 자료의 의미들로부터 나 자신을 옹호하기 위해 최선을 다했다), 경험적 연구라는 횃불이 다음 세대로 전달된다는 것을 알고 나니 기분이 좋았다.

내 사례와 크리스의 사례를 일반화한다면, 상대, 즉 자신의 친구나 아버지가 틀렸다는 것을 입증하려는 것이 사회과학을 하고자 하는 충동이라고 결론 내릴지도 모르겠다. 아마 그럴지도 모른다. 하지만 그런 충동은 장점을 지니고 있다. 거기에 합리적인 규칙이 수반된다면 어떤 질서가 나타나며, 토론을 무력이나 교활한 말솜씨와 거리를 두게끔 만들기 시작하기 때문이다. 세월이 흐르면서 나는 수, 논리, 통계의 한계도 깨닫게 되었다. 그렇지만 어린 시절의 경험들은 편견, 미신, 불합리함 속으로 빠져드는 성향을 막는 유익한 기질을 심어주었다. 지금 나는 경험적 방법을 대할 때 처칠이 민주주의에 대해 느꼈던 것과 비슷한 감정을 품게 된다. 그것이 결함 있는 체제일지도 모르지만, 다른 대안들은 더욱더 나쁘다고 말이다.

Curious

이 책을 믿지 마라

스티븐 핑커 Steven Pinker

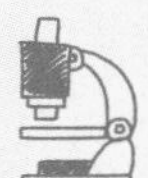

스티븐 핑커는 실험심리학자로 하버드 대학교 교수이다. 인간의 마음과 언어, 본성과 관련한 심도 깊은 연구와 대중 저술 활동으로 전 세계에서 가장 영향력 있는 심리학자이자 인지과학자로 꼽히고 있다. 주요 연구 주제인 시각 인지와 언어 심리학 연구로 미국 심리학 협회, 미국 국립 과학 학술원과 영국 왕립 연구소, 인지 뇌과학 협회, 국제 신경 정신병 학회 등이 주는 상을 받았으며, 《프로스펙트》에서 '세계 100대 사상가', 《타임》에서 '세계에서 가장 영향력 있는 100인', 《포린폴리시》에서 '세계 100대 지식인'에 선정되었다.

1954년 캐나다 몬트리올의 유태인 집안에서 태어났다. 맥길 대학교에서 심리학을 전공하고, 1976년 미국으로 건너가 1979년 하버드 대학교에서 실험심리학으로 박사 학위를 받았다. MIT에서 박사후 과정을 밟고 하버드 대학교와 스탠퍼드 대학교에서 조교수를 지냈으며, 1982년부터 2003년까지 MIT 교수를 역임했고, 2003년부터 지금까지 하버드 대학교 교수로 재직하고 있다. 저서로는 『우리 본성의 선한 천사』, 『언어 본능』, 『마음은 어떻게 작동하는가』 등의 저서가 있으며, 『우리 본성의 선한 천사』는 아마존 최고의 책으로 선정되기도 했다.

나를 과학자가 되게 이끌었던 어린 시절의 영향력을 다루고 있는 이 글에서 읽은 것을 한 단어도 믿지 말기를. 마찬가지로 이 책의 다른 글들에서 읽은 것도 한 단어도 믿지 마라. 실험심리학자에게 내려진 저주 중 하나는 자기 자신의 정신 과정들을 꼼꼼히 따져보는 습관을 지니게 된다는 것이다. 어린 시절에 받은 영향들을 하나하나 곱씹어 보는 행위는 제품 포장지에 붙어 있는 홀로그램만큼이나 착각과 오류를 낳는다. 어린 시절에 받은 영향을 회상한다는 일 자체가 그렇다는 것을 내가 잘 알고 있기에, 그 일을 하라고 하니 처음부터 불안한 마음을 안고 접근할 수밖에 없다.

내가 유년기 회상을 냉소적으로 바라보기 시작한 것은 10년쯤 전부터였다. 한 기자가 내게 이런 질문을 던진 뒤부터다.

"스티븐 제이 굴드는 첫 저서에 "다섯 살 때 티라노사우루스를 보여준 아버지에게 바칩니다"라는 헌사를 썼습니다. 이와 비슷하게 당신의 어린 시절에 평생을 언어 이해에 헌신하도록 만든 계기가 있었습니까?"

나는 멍해졌다. 내 머릿속에서는 '그런 멋진 말을 생각해 내다니 굴드는 정말 천재구나' 하는 생각만이 맴돌았다. 그 기자는 나를 비참한 상황에서 꺼내주려 시도했다. "언어 문제가 언제나 큰 기삿거리가 되는 퀘벡주에서 자라셨죠?" 나는 내심 고마워하면서 중얼거리듯 대답했다. "예, 그렇습니다." 모두 헛소리라는 것을 알면서 말이다. 내가 언어에 관심을 가진 것은 대학원에 들어가서였고, 그것이 내 연구의 중심이 된 것은 종신 교수가 된 다음이었다. 게다가 언어가 퀘벡에서 인종의 표지 역할을 하는 양상은 내가 관심을 가진 언어의 측면들, 즉 문법과 어휘의 동역학과 전혀 관계가 없었다. 하지만 그 순간에는 고개를 끄덕이는 것이 최선이었다. 그 뒤로 나는 그 질문에 대답할 몇 가지 농담을 마련해 두었고, 기분에 따라 그것들을 돌려가며 쓴다. 그중 몇 가지는 이 글에 실려 있다. 하지만 그런 말들이 옳다고는 나 자신도 믿지 않는다.

그 이유 중 첫 번째는 인간의 기억이 오류를 범하기 쉽다는 것이다. 사람들은 TV로 생중계되던 케네디 암살의 순간부터 외계인에게 납치되던 순간에 이르기까지 모든 것들을 '기억한다'. 그러나 기억의 신뢰 불가능성은 심리학 교과 과정의 주된 항목이 되어왔다. 내가 회상에 회의적인 이유는 그것만이 아니다. 설령 사건들을 정확하게 기억한다고 해도, 우리는 우리 삶의 인과적 태피스트리 속에서 그것이 어디에 끼워져 있는지 잘못 파악하기 쉽다.

지금은 고전이 된 1977년 논문에서, 심리학자 리처드 니스벳과 티머시 윌슨은 우리에게 선택을 하게 만든 원인들 중에는 아예 우리의 의식에 들어오지 않은 것들이 많다고 주장했다. 단순한 사례를 하나 들어보자. 사람들 앞에 갖가지 옷들을 한 줄로 죽 늘어놓은 뒤 하나를 고르라고 말하면, 사람들은 가장 오른쪽에 있는 것을 고르는 경향이 있다. 그다음에 그것을 택한 이유들을 말해보라고 하면, "가장 오른쪽에 있어서 골랐다"고 말할 사람은 아무도 없다. 그들은 단지 그 옷의 특징을 말할 뿐이다. 같은 옷들을 다른 순서로 늘어놓은 뒤 같은 실험을 반복해 보지 않으면, 사람들은 좌우 순서 같은 무언의 요인이 자기 행동의 원인이 될 수 있다는 것을 알아차리지 못한다. 그리고 그것이 바로 무엇이 우리에게 영향을 미쳤는가에 관한 기억들이 지닌 주요 문제이다. 우리 중 자기 인생에서 선택의 원인들을 분리해 내는 실험에 참여한 사람은 아무도 없다.

이 보이지 않는 원인들 중 첫 번째는 우리 유전체다. 심리학자 한스 아이젠크가 말한 것처럼, 부모가 자기 아이들에게 가장 큰 영향을 끼치는 때는 임신하는 순간이다. 하지만 일란성 쌍둥이로 태어나자마자 서로 떨어져 자란 사람이나 입양되어 다른 아이와 함께 '실질적인 쌍둥이'로 키워진 사람들 외에는 유전자가 선택에 미친 영향을 파악할 방법이 없다. 상담 칼럼을 쓰는 앤 랜더스와 애비게일 밴 버렌, 혹은 대학 총장인 버나드 셔피로와 해럴드 셔피로 같은 몇몇 유명한 쌍둥이들은 직업 선택이 유전적으로 영향을 받을지도 모른다는 것을 시사한다. 체계적인 연구들은 비록 통계적인 것이긴 해도 그런 영향이 실제로 있다는 것을 입증하고 있다.

사람들은 종종 부모에게 이런저런 영향을 받았다고 말하곤 한다. 아카데미상 수상 연설 같은 자전적인 이야기는 우리에게 친절했던 사람들에게 감사할 기회다. 자신의 부모를 인정하지 않는다면 심한 배은망덕을 저지르는 셈이 될 것이다. 그런데 행동유전학에서는 사람들이 생각하는 것보다 실제 부모가 미치는 영향이 더 적다고 말한다. 이게 두 번째 이유다. 재능과 성격의 대다수 측면에서 볼 때 태어나자마자 떨어져 자란 형제자매들이나 함께 자란 형제자매들이나 그다지 다르지 않으며, 입양되어 자란 형제자매들이 서로 비슷해지지도 않는다. 이는 두 아이가 한 집안에서 자랄 때 공유하고 있던 모든 것들, 즉 부모가 친근하든 서먹하든, 다정하든 냉정하든, 깔끔하든 너저분하든, 세련되든 거칠든 이것들이 현재의 우리를 만드는 데에 장기적으로 거의 또는 전혀 영향을 미치지 않는다는 의미이다.

행동유전학 연구는 어린 시절의 영향에 관한 기억에 세 번째 타격을 가한다. 함께 키워진 일란성 쌍둥이는 유전자 전부와 환경의 대부분을 공유한다. 부모, 집, 학교, 이웃, 또래 집단에 이르기까지. 하지만 그들의 개인 형질들 사이의 상관관계는 50퍼센트를 넘지 않는다. 따라서 일란성 쌍둥이가 서로 무관한 사람들이나, 더 나아가 보통 형제자매들에 비해 훨씬 더 많이 비슷한 것은 분명하지만, 구별할 수 없을 정도는 아니다. 유전과 환경이 아주 똑같다고 해도 결과는 똑같지 않으며, 발달 과정에서 우연이 큰 역할을 하는 것이 분명하다. 자궁에서 뇌가 형성될 때 신경들이 이쪽으로 굽는지 저쪽으로 굽는지, 2층 침대의 위에서 자는지 아래에서 자는지, 머리를 땅에 부딪혔는지, 바이러스에 감염되었는지에 따라 발달 양상이 달라질 수 있다. 그런데 말할 필요도 없겠지만, 그런 요인들을 어린 시절에 받은 중요한 영향이라고 꼽을 사람은 거의 없다.

이렇게 체질적인 요인들(유전자와 우연)이 중요함에도 눈에 보이지 않기에, 사람들은 인격이 형성되는 어린 시절의 일화들을 돌이켜 생각할 때 원인과 결과를 모호하게 흐리는 경향이 있다. 이 책의 저자들 중 한 명은 브롱크스의 거의 알려지지 않은 숲에서 자연을 탐사하는 과정을 따스하게 그리고 있다. 하지만 브롱크스에서 자란 사람이 자연 탐구자가 되기 쉽다고 주장하기는 어려울 것이다. 그보다는 과학적 성향을 지닌 아이들이 어디에 있든 간에 자연을 찾아다닌다는 게 더 옳을 것이다. 즉 기존 통념이 사실은 앞뒤가 바뀐 것일 수도 있다. 어린 시절의 경험이 지금의 우리를 만드는 원인이 아니라, 오히려 지금의 우리가 어린 시절의 경험을 만드는 원인이다.

우리가 어린 시절의 영향을 이야기하게 되는 이유는 서사 장르가 바로 그것을 요구하기 때문이기도 하다. 삶을 고스란히 묘사하면 지루하다는 것은 익히 알려져 있는 사실이다. 가족 촬영 영화, 휴가 때 찍은 사진, 리얼리티 텔레비전 프로그램 등을 생각해 보라. 자기 삶을 글로 써달라는 요청을 받았을 때 우리는 자신의 일화들을 남들이 만족할 만한 줄거리로 편집해서 내놓는 콘텐츠 제공자가 된다. 체호프는 1막에서 관객에게 총을 보여준다면 그들은 그 총이 3막에서 쏘아질 것이라고 짐작한다고 말했다. 총이 3막에서 쏘아질 것임을 알기에 우리는 자신의 삶을 줄거리로 꾸밀 때 그것을 1막에서 관객들에게 보여주고 싶은 유혹을 느낀다.

자전적인 이야기들이 진실과 거리가 먼 이유가 하나 더 있다. 우리는 누구나 좋게 보이고 싶어 한다. 실험을 해본 결과 대다수 사람들은 자신들의 행동을 가장 나아 보이는 방식으로 설명하는 것으로 드러났다. 우리 모두는 사람들이 우리를 편들고, 믿고, 우리에게 권한을 부여하게 유인할 수 있도록, 능력 있고 고귀하며 지조 있고 자제력 있음을 보여주려 한다. 이는 인지 부조화라는 잘 알려진 현상을 설명해 준다. 이 현상은 사람들이 사회적 압력에 휘둘릴 수 있다는 것을 인정하고 싶지 않기 때문에, 짠 임금을 받으면서 지루한 일을 즐긴다고 말하는 것과 같다. 마찬가지로 유명한 밀그램 복종 실험에 참가한 많은 사람은 희생자들이 처벌을 받아 마땅하다고 말했다. 누구도 사디스트나 아첨꾼처럼 보이고 싶어 하지 않기 때문이다. 예전에 법학자 수전 에스트리히의 대담 기사를 읽은 적이 있다. 그녀는 피고측 변호사가 자기 의뢰인에게 경찰과 이야기를 하지 말라고 주장하는 이유를 설명했다. 죄를 지은 의뢰인이 무심코 진실을 드러낼지 모른다는 우려 때문이 아니다. 오히려 죄를 짓지 않은 의뢰인이 자신이 선량하다는 것을 보여주려 애쓰다가 모순된 진술을 하기 때문이라는 것이다. 이런 실수는 검사가 그들의 신뢰성을 논박하는 데 이용될 수 있다.

우리 모두는 자신의 삶이 어떻게 펼쳐졌는지를 설명하는 자기중심적인 이론들을 간직하고 있으며, 사회심리학자인 마이클 로스는 사람들의 회상이 이런 이론들에 오염되어 있음을 보여주는 강력한 사례를 들었다. 기억은 현재 당면한 사정에 맞게 과거를 계속 다시 고쳐 쓰는 오웰적인 것이다(조지 오웰의 소설 『1984』에서 당국은 필요에 따라 역사를 고쳐쓴다-옮긴이 주). 당신이 사람들에게 이를 세게 닦는 것이 건강에 안 좋다는 주장을 설득력 있게 펼친다면 그들은 대부분 생각을 바꿀 뿐 아니라 지금까지 믿어왔던 것을 부정하고, 자신들이 과거에 이를 얼마나 세게 닦았는지를 떠올릴 때 그 추정값까지 재조정할 것이다. 당신이 사람들의 학업 습관을 개선하게 해주겠다며 전혀 쓸모없는 프로그램에 집어넣는다면, 대다수는 이전의 학업 습관이 그다지 좋지 않았다고 반성할 것이다. 사람들은 자신들이 더 나아졌다고 생각하고 싶어 하기 때문에 현재의 방식이 잘못되었다고 부정하기가 어렵기 때문이다. 대다수 사람들은 나이를 먹으면서 세상에 더 잘 적응해 왔다는 잘못된 이론을 받아들이며, 그 결과 25년 전에 스스로 매겼던 적응 수준을 실제보다 더 낮게 잘못 기억한다. 그런 한편으로 대다수 사람들은 나이에 따라 기억력이 쇠퇴하는 것을 실제보다 심각하게 여긴다. 여기서도 그들은 암묵적인 이론들에 자신의 회상을 끼워 맞추며, 60대가 되면 30대에 지녔던 기억력을 과대평가한다.

그렇다면 사람들이 실제로 과학 분야를 택하는 이유가 과연 무엇일까? 나는 진짜 이야기는 이런 식으로 진행되지 않을까 추측한다. 유전자와 우연 덕분에, 과학을 하는 데 필요한 재능과 기질을 부여받고 태어나는 이들이 있다. 자연 세계에 대한 호기심, 기계와 수학에 대한 소질, 육체적 및 사회적 형태의 재미보다 지적 재미를 추구하는 성향 등이 있겠다. 유난히 결핍된 유년기를 보내지 않았다면, 사람들은 현대 사회가 제공하는 잡다한 기회들에 노출되었을 것이고, 여러 선생님, 활동, 책, 모임, 학습 과목, 친구, 취미 등을 접했을 것이다. 그렇다고 해서 환경이 우리를 형성하는 데 중요하지 않다고 주장하는 것은 아니다. 단지 관련된 환경, 즉 문화와 사회는 우리가 암묵적으로 비교 대상으로 삼는 집단에 속한 모든 사람들에게 공통되는 부분이 아주 많으며, 따라서 우리가 어떻게 지금의 자신이 되었는가 하는 이야기에서 그다지 중요한 역할을 하지 않는다고 말하는 것뿐이다.

대개 사춘기에 들어설 무렵에는 과학자나 다른 어떤 사람이 되고 싶다는 생각이 뚜렷하지 않다. 비록 자신들에게 친숙한 몇몇 괜찮아 보이는 직업들 사이에서 이리저리 마음이 쏠리곤 할 수는 있겠지만(균류학자, 보험 설계사, 내분비학자, 회계 감사관, 주택 담보 대출 전문가 등 자신들이 평생 천직으로 삼게 될 직업들을 제대로 알고 있는 아이들이 과연 얼마나 될까?). 대학을 다니면서 그들은 강의나 친구, 학습 모임을 통해 자신에게 맞을 것 같은 생활 방식들을 접한다. 흥분을 불러일으키는 목표를 세운다. 매일매일 하는 지루한 일들도 즐거워진다. 또래들과 관심사, 가치관, 유머 감각을 주고받는다. 임금, 시간, 복지가 어느 정도면 괜찮을지 생각한다. 그들은 대학원과 그 이후의 훈련을 통해 그 분야에 점점 더 전문가가 된다. 이런 이야기는 그다지 재미있지 않겠지만, 나는 이쪽이 더 정확할 것이라고 추측한다.

* * * * *

물론 나도 남들만큼 그럴싸한 이야기를 좋아하며, 스스로 흡족할 만한 이야기를 한 편 들려줄 수도 있다. 나는 몬트리올의 유대인 공동체에서 태어났다. 그 지역에서 영어를 쓰는 소수 집단 중에서도 소수 집단이었다. 그 공동체는 인원이 최대였을 때 약 10만 명 정도였고, 레너드 코언, 윌리엄 섀트너, 모셰 사프디, 에드거 브론프먼, 모트 주커먼, 찰스 크라우트해머, 솔 벨로, 모더카이 리클러 같은 인물들을 배출했다고 자랑한다. 그 공동체는 미국보다 유럽에 더 가까운 세대가 주축이었다. 미국은 1920년대부터 1960년대까지 이민자를 거의 받아들이지 않았고, 캐나다가 홀로코스트, 스탈린, 헝가리 혁명 때의 피난민들을 비롯해 유럽을 탈출한 유대인들에게 그다음 최적의 장소였기 때문이다(내 조부모는 1920년대에 폴란드와 베사라비아에서 이주했다).

나는 그곳을 1930년대의 뉴욕처럼 논쟁적이고 지적인 환경(비록 내 부모님 세대에는 대학이 사치였지만)으로 기억한다. 우리는 "유대인 10명이 모이면, 정당이 11개 만들어진다"는 말을 하곤 했다. 몬트리올은 심리학에 대한 관심을 배양하는 비옥한 토양이었다. 맥길 대학교 심리학과의 D. O. 헤브와 몬트리올 신경학 연구소의 와일더 펜필드가 유명 인사였다. 도시의 길 하나에 나중에 펜필드의 이름이 붙었을 정도였다. 둘 다 소속 기관에서 영향력 있는 연구 과제들을 이끌고 있었고, 이런 환경에서 대단히 많은 인지심리학자와 신경과학자가 배출되었다.

나는 슬기롭게도(?) 부모님을 잘 골라서 태어났다. 두 분 다

언어와 수학에 재능이 있었고 어머니는 사상에, 아버지는 기계 장치에 관심이 많았다. 이민자의 장남이었기에 내가 전문직을 택해야 한다는 것은 기정사실이었다. 실패는 생각도 못할 일이었다. 우리 집에는 책, 잡지, 『월드 북 백과사전』이 가득했다. 나는 그 백과사전을 전부 독파했다. 나는 지금까지도 들춰보곤 하는 조지 가모의 유쾌한 책인 『하나, 둘, 셋, 무한』을 읽었고, 파스퇴르, 리스터, 밴팅, 아인슈타인 같은 과학자들의 전기도 읽었다. 또 타임라이프 출판사에서 매달 발간하는 과학책들을 구독했다. 책 등에는 『전기와 자기』, 『행성』, 『진화』, 『빛과 소리』, 『지구』 같은 제목이 각기 다른 색깔로 쓰여 있었다. 그중에 정말 재미있었던 것은 『정신』에 관한 것이었다. 나는 프로이트, 착시, IQ, 감각 실조, 미로 학습, 조현병 등을 포함해서 그 책의 많은 내용들을 지금도 기억하고 있다.

나의 학교생활은 오늘날의 기준으로 보면 아주 평범했다. 퀘벡은 언어와 종교에 따라 학생들을 나누는 기발한 교육 제도를 갖고 있었고, 가톨릭 신자가 아닌 아이들은 모두 '개신교' 학교에 배정되었다. 학교에서는 하루의 30분을 찬송가와 성경 이야기로 탕진했다. 나는 지금은 불신을 받는, 보고 말하기 방법을 토대로 한 딕과 제인의 기도서를 통해 읽는 법을 배웠고, 새수학(1950~1970년대에 지속된 수학 교육 개혁 운동-편집자 주)과 스키너 방법론을 토대로 한 학습 같은 당시 유행했던 학습 방식에 따라 교육을 받았다. 과학 교육은 빅토리아풍이었다. 그 시대에 교직은 여성들이 맡는 것이라고 여겨졌고, 과학을 싫어하는 젊은 여성들이 주축을 이루었다. 내가 배운 과학이라고는 비버가 댐을 쌓는다는 것, 철이 녹슨다는 것, 따뜻하면 늘어나고 차가우면 수축한다는 것 정도였다. 어느 겨울에 현관에 놓인 우유병이 터졌던 일이 생각나서 교사에게 의문을 제기하자, 그녀는 그런 일은 일어날 수 없다고 말했다. 따뜻한 것은 팽창하고 차가운 것은 수축하니까 말이다.

학교 교육은 교육의 일부분에 불과했고, 어쨌거나 나는 과학을 배웠다. 집에는 과학 책들이 있었고, 뉴스에도 과학이 있었다. 특히 머큐리, 제미니, 아폴로 우주 계획 소식이 강박적일 만치 자주 실렸다. 기차 장난감 안에 있는 회로는 내게 전기가 무엇인지 가르쳐주었다. 도서관의 어느 책에 나온 대로 하다가 실패한 과학 실험은 화학이 무엇인지 가르쳐주었다. 둘둘 감은 전선을 전지와 연결한 뒤 전해질 용액에 담그자, 전선이 전자석처럼 행동하지 않고, 전선의 끝이 구리로 두껍게 뒤덮였다. 나는 곧 구리 도금된 10센트 동전과 니켈 도금된 1페니 동전을 만들어냄으로써 친구들을 놀라게 했다.

심리학자 주디스 리치 해리스는 또래 집단이 아이들의 사회화 과정에 대단히 중요하다는 것을 내게 납득시켰다. 그리고 나는 내 학교 교육에 가장 깊이 영향을 미친 것이 지적인 것을 좋아하는 또래들과 함께 있었다는 것임을 깨달았다. 학군 내 모든 학생의 IQ를 검사해서 가장 높은 점수를 얻은 학생들을 중앙 학교로 모아 2년제 집중 학습을 시키는 제도가 잠시 있었다(지금은 상상도 못할 일이다). 그 학급에서 나는 열두 살 된 비범한 친구 두 명을 사귀었다. 그들은 과학과 다른 온갖 것들에 관심을 보였다. 스티븐 시글러는 아기 때부터 좌익 사상에 물든 학생이었다. 그의 아버지는 공산주의자였고 형도 급진적인 사상을 지닌 학생이었다. 우리는 마르크스, 바쿠닌, 크로포트킨에 관해 끊임없이 토론을 했는데 그 결과 나는 잠시 무정부주의자로 전향했고, 정치와 인간 본성에 관한 문제들에 평생 관심을 갖게 되었다(무정부주의는 인간이 본래 협동적이고 평화 애호적이라고 믿을 때에만 가능하다). 브라이언 레버는 과학적 심리학에 관심이 많은 박식가였다. 그는 내게 아이젠크의 대중서인 『심리학에서의 사실과 허구』를 알려주었고, 맥길 대학교의 헤브가 하는 공개 강연을 듣자고 끌고 갔다. 나는 한 마디도 이해하지 못했다.

나는 유대교 주일학교에도 갔고, 그다음에는 유대인 청년 단체와 여름 캠프에도 참석했다. 히브리어 문법은 복잡하지만 수학적인 아름다움을 지니고 있었다. 'Lifnei(앞에)'가 글자 그대로는 '정면에서'라는 의미이며, 'panim(얼굴)'이라는 단어에서 적절하게 유도될 수 있다는 것을 추론하고서 놀라고 기뻐했던 일이 기억난다. 히브리 문헌학자의 아들인 노엄 촘스키가 현대 히브리어의 형태 음소론 연구로 언어학 분야의 첫 업적을 쌓은 것은 우연의 일치가 아닐지 모른다. 언어는 심층 구조와 일련의 규칙들을 통해 분석되기를 기다리고 있으며, 아마도 바로 이 점이 촘스키에게 그랬듯 내게도 분석 양식에 취미를 갖도록 일깨운 듯하다.

운 좋게도 내가 다닌 주일학교는 교리를 다음 세대로 전달하기 위한 장이 아니라 여러 생각들을 토론하는 장이었다. 토라(유대교의 경전)를 식물성 잉크로 양피지에 새겨야 한다고 말한 교사에게 의문을 제기했던 기억이 난다. 나는 중요한 것이 그 안에 담긴 사상이라면, 토라를 IBM 펀치 카드에 찍어놓을 수도 있지 않냐고 물었다. 아마도 이 일화가 정보를 지닌 물리적 매체가 아니라 정보 자체가 정신적 삶을 이해하는 열쇠라는 내 확신을 가장 처음 언뜻 드러낸 사건일 것이다.

이런 일화들은 어른이 된 내게 언어, 인지, 실험심리학, 인간 본성, 개념과 논리의 세계에 열정을 갖도록 한 유년기 사건들 중 몇 가지에 불과하다. 더 솔직하게 쓰려면, 인격 형성기의 경험들을 그 뒤에 덧붙여야 하겠지만, 초기의 영향들을 이야기하라니 여기까지 하고 끝내기로 하자.

Curious

생각의 주인이자 하인

레이 커즈와일 Ray Kurzweil

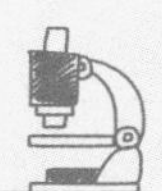

레이 커즈와일은 발명가이자 사업가, 미래학자이다. MIT 컴퓨터공학과에서 학사를 전공했고 현재 영창뮤직 고문과 구글 엔지니어링 이사로 있다. 그는 수많은 발명을 했는데, 모든 서체를 인식할 수 있는 광학 문자 인식 소프트웨어, 맹인을 위해 글자를 음성으로 바꾸어 읽어주는 장치, 글자를 음성으로 합성하는 장치, 그랜드피아노를 비롯한 관현악기들의 소리를 재현할 수 있는 신시사이저, 다량의 어휘를 인식할 수 있는 음성 인식 장치 등을 처음으로 만들어냈다. 또한 선구적인 미래학자로서 지난 20년간 그가 수행한 미래 예측은 굉장한 정확도를 보였다. '특이점'이라는 개념을 대중화한 것으로도 유명하다.

커즈와일은 미국 발명가 명예의 전당에 등재되어 있으며, 미국 기술 훈장, 레멜슨-MIT상(세계에서 가장 권위 있는 혁신 관련 상), 13개의 명예 박사학위를 받았고, 또한 세 명의 미국 대통령으로부터 상을 받기도 했다. 《월스트리트 저널》은 커즈와일을 "지칠 줄 모르는 천재"라 평했고, 《포브스》는 "궁극의 사고 기계"라 불렀다. 《PBS》는 '미국을 만든 16명의 혁신가들' 중 한 사람으로 커즈와일을 꼽았다. 저서로는 『특이점이 온다』, 『영원히 사는 법』, 『마음의 탄생』, 『노화와 질병』 등이 있다.

할아버지는 1950년대 중반에 고향인 유럽을 방문했다가 두 가지 중요한 추억을 새기며 돌아왔다. 하나는 1938년 자신에게 빈을 떠나도록 강요했던 바로 그 오스트리아인들과 독일인들로부터 환대를 받은 것이다. 다른 하나는 레오나르도 다빈치의 원고 몇 편을 직접 손으로 만져볼 좀처럼 없을 기회를 얻은 것이다. 두 이야기 모두 내게 영향을 미쳤지만, 나는 후자를 더 자주 떠올리곤 한다. 할아버지는 경외감을 드러내면서 그 경험을 이야기했다. 마치 신의 작품을 만졌다는 듯이. 그 모습은 어린 시절의 내게 종교처럼 다가왔다. 인간의 창의성과 생각의 힘을 존경하는 마음 말이다.

다섯 살 때 나는 과학자가 되기로 결심했다(이 책의 또 다른 필자인 스티븐 핑커는 어린 시절의 기억에 회의적인 시선을 보내지만, 나는 분명히 기억하고 있다!). '과학자'라는 단어를 쓰긴 했지만, 당시의 내게 그것은 '발명가'를 의미했다. 당시 나는 몇 달 동안 이렉터라는 조립 장난감 세트와 여기저기서 주워 모은 물건들을 이용해서 로켓 우주선을 만드는 일을 하고 있었다. 머릿속에서 구상을 하면서 세상을 초월한 듯한 느낌을 받았던 것이 지금도 기억난다. 나는 모든 사람을 위해 그 구상을 실현시켜야겠다는 생각에 푹 빠져 있었다. 그래서 남는 시간을 모두 쏟아 그 일에 매달렸다.

내가 이 절실한 느낌을 기억하고 있는 것은 그것이 어른이 된 지금의 내가 아주 잘 알고 있는 감정이기 때문이다. 나는 어떤 구상이 떠오르면 금세 그것에 몰두하게 된다. 왜 그러한지는 지금도 알지 못한다. 설명할 철학을 내세울 수는 있다. 그것이 중요한 지식 및 인식과 관련이 있다는 식으로 말이다. 하지만 그런 이론은 사후 합리화에 불과하다. 내 삶에서는 내게 이미 지극히 현실적으로 여겨지고 있는 생각을, 다른 사람들의 현실로도 만들어야 한다는 의무감이 가장 압도적이고 지속적인 현실이다.

그 로켓 우주선은 결코 이륙하지 못했다. 그래서 나는 손수레나 배 같은 더 현실적인 이동 수단 쪽으로 방향을 돌렸다. 내가 만든 손수레는 한 동네 깡패에게 걸려 박살이 났지만, 배는 꽤 잘 나갔다. 끈을 이용하면 해안에서 그 배의 진행 방향을 조종할 수 있었다. 다른 아이들이 어떤 사람이 되고 싶은지 물어볼 때마다 매번 다른 대답을 하고 있을 때, 나는 자신이 앞으로 무엇을 할지 알고 있다고 생각했다. 여덟 살이 되자, 내 발명품들은 더 복잡하고 더 실용적인 것으로 바뀌었다. 장면 전환과 인물들의 등장과 퇴장을 연계시킨 자동 제어 극장, 야구 경기를 하는 장치, 거울을 이용해서 물건이 사라지는 듯이 보이게 만드는 마술 상자 등.

그러던 어느 순간부터, 나는 발명품들이 세상을 바꿀 수 있다는 생각을 갖게 되었다. 이 낙관론은 여덟 살 때 접했던 『톰 스위프트 시리즈』에 영향을 받았다. 그 시리즈는 모두 33권으로 이루어져 있는데(내가 읽기 시작했을 무렵에는 9권까지 나와 있었다), 각 권의 이야기 구조는 똑같았다. 먼저 톰은 끔찍한 곤경에 처한다. 톰과 친구들의 운명, 그리고 때로는 인류 전체의 운명까지 위태로운 상황에 처한다. 그럴 때마다 톰은 자신의 지하 실험실로 가서 어떻게 문제를 해결할지 생각한다. 이야기들은 단순한 교훈을 담고 있다. 제대로 된 생각 속에는 불가능해 보이는 힘겨운 상황을 헤쳐나갈 힘이 언제나 들어 있다는 것이다. 나는 지금도 내 『톰 스위프트 시리즈』를 소중히 여기고 있다(최근 이베이에서 구입한 책들은 어릴 때 읽었던 것과 달라서 아쉽긴 하지만). 아무튼 지금도 나는 그 기본 철학을 철석같이 믿고 있다. 사업, 건강, 인간관계 등에서 어떤 곤란한 상황이 닥치더라도, 그것을 극복하게 해줄 수 있는 착상이 있다고 말이다. 우리는 그 착상을 떠올릴 수 있다. 그리고 떠오른다면 그것을 실행해야 한다.

부모님은 예술가였다. 아버지는 피아노 연주자이자 오케스트라 지휘자였다. 아버지는 유럽의 재능 있는 음악가들이 히틀러를 피해 미국으로 올 수 있도록 도와준 한 부유한 미국 후원자 덕분에 빈에서 빨리 나올 수 있었다. 어머니는 재능 있는 시각 예술가였으며, 지금도 마찬가지다. 나는 예술가 집안에서 태어났으면서 어떻게 일찍부터 과학에 눈을 떴느냐는 질문을 자주 받곤 한다. 하지만 우리 집안에서는 예술과 과학이 서로 별개의 것이 아니었다. 둘 다 지식을 창조하고 단순한 재료로부터 가치 있는 패턴을 만드는 일과 관련이 있으니까.

외할머니는 유럽에서 최초로 화학 박사 학위를 받은 여성들 중 한 명이었다. 외할머니는 유럽에서 강의를 하면서, 19세기에 증조할머니가 젊은 여성들을 가르치기 위해 세운 학교(슈테른 쉴러)도 운영했다. 외할아버지는 의사였는데 지그문트 프로이트의 동료였다(프로이트의 손자인 발터가 내 어머니에게 청혼한 적이 있다). 이모는 심리학자인데, 최근에는 홀로코스트로 뿌리를 잃은 유대인들에 대한 책을 쓰고 있다. 친할아버지는 기술자였고, 숙부는 유럽의 공장들을 자동화하는 정교한 기계들을 만든 재능 있는 발명가였다. 외숙부인 조지 파커는 뛰어난 전기 공학자로서 벨 연구소에 다녔다. 또 다른 외숙부인 프랭크는 대단히 명석한 사람으로 뉴욕에서 변호사로 일했다.

이런 상황이었으니, 집안 사람들이 모이는 자리에서 어린아이가 영리하다는 소리를 듣기란 쉬운 일이 아니었다. 집안에서는 어떤 새로운 개념이 화제에 오르면 격렬하고 활기찬 토론이 이어지곤 했고, 내가 들어본 적도 없는 지식인들이 입에 오르내렸다. 내가 이목을 끌 수 있는 방법은 새로운 착상을 내놓는 것이었다.

그리고 대화에 끼어드는 것 자체가 쉽지 않았으므로, 그 착상을 물질적인 형태로 구현하는 편이 도움이 되었다. 우리 집안에서는 배우고 성취하는 것을 존중했기 때문에, 지식을 구현해 내면 주목을 받았다.

무언가를 만드는 것 외에, 나는 정보를 모으는 데에도 열심이었다. 여섯 살인가 일곱 살 때, 나는 뉴욕《롱아일랜드 트리뷴》에 실리는 과학 칼럼인「앤디에게 물어보세요」를 오려 모았다. 나는 지금도 그 스크랩북을 갖고 있다. 지금은 누렇게 바랜 그 신문 쪼가리들 속에서 앤디는 비행기가 어떻게 날 수 있는지, 태풍의 눈은 왜 고요한지를 설명하고 있다. 내가 가장 아꼈던 물건들 중 하나는 미국의 주들과 전 세계 국가들의 주요 경제 지표와 인구가 나와 있는 카드 한 벌이었다. 열 살 때 나는 주 정부들에 비슷한 정보를 요청하는 편지들을 보냈는데, 온갖 도표들이 소포로 도착했다. 나는 이 자료들을 보석처럼 아꼈다. 나는 정보가 가치 있다는 것을, 즉 그런 자료들 속에서 귀중한 패턴을 찾아낼 수 있으리라는 것을 직감했다.

열두 살 때는 전기 스위치와 전구에 푹 빠졌다. 나는 원형 스위치를 직접 만들었다. 입력선 하나를 열 개의 출력선 중 하나와 연결할 수 있는 다이얼이 달린 것이었다. 그리고 작은 전구들을 출력으로 삼아 다양한 계산을 할 수 있는 회로도 만들었다. 하지만 뭔가 빠져 있다는 생각이 들었다. 스스로 생각하는 시스템을 만들 수가 없었기 때문이다. 그때 조지 삼촌이 벨 연구소에서 남는 계전기를 몇 개 갖다주면서 작동법을 설명해 주었다. 계전기를 이용하면 신호를 받았던 상태를 기억하도록 배선을 할 수 있었다. 그리고 배선 방식을 다르게 하면, 한 계전기로 다른 계전기의 행동을 통제할 수도 있었다.

계전기는 내게 진정한 깨달음을 안겨주었다. 나는 계전기들을 조합하면 기억과 논리 연산을 할 수 있는 대규모 시스템을 만들 수 있다는 것을 즉시 알아차렸다. 계전기를 충분히 많이 연결하면 자체적으로 문제를 분석하는 시스템을 만들 수 있었다. 그것들을 적절히 연결하면, 신호를 중계하는 연쇄 반응을 일으킬 수도 있다.

나는 맨해튼의 커널 거리에 있는 전기용품 상점들을 돌아다니면서(그 상점들은 지금도 남아 있다) 연산 장치들을 만드는 데 필요한 부품들을 사 모으기 시작했다. 수업 시간에는 책상 위에 잘 보이도록 교과서를 펴놓고, 책상 밑에서 점점 더 정교하게 계전기 회로도를 그려 나갔다. 나는 계전기를 토대로 삼아, 미로 찾기 실험용 모형 쥐에 쓰이는 것과 같은 논리 문제를 풀 수 있는 시스템을 만들었다. 계전기 연쇄 반응들을 통해 문제를 푸는 데 걸리는 시간은 묘하게도 생각해서 푸는 데 걸리는 시간과 비슷했다.

계전기를 알게 된 직후에, 나는 컴퓨터가 무엇인지 알게 되었다. 컴퓨터는 소프트웨어 프로그램을 통해 기억과 논리의 힘을 쉽게 통제할 수 있도록 체계화시켰다. 나는 나 자신의 생각과 컴퓨터에 구현되어 있는 것이 비슷하다는 사실에 깜짝 놀랐다.

고등학생일 때에는 플라워앤피프스 애버뉴 병원에서 여름 아르바이트를 했다. 내가 맡은 일은 열 명 남짓한 사람들과 함께 교육 지원 계획에 쓰일 자료들을 통계 분석하는 것이었다. 전자 기계식 계산기들과 종이 일람표를 이용해서 정해진 절차에 따라 통계 검사 자료들을 분산분석하는 일이었다. 나는 병원에 진짜 컴퓨터가, 즉 소형 컴퓨터의 초기 모델인 IBM 1620이 있다는 것을 발견하고는 일이 끝난 뒤에 그것을 써도 좋다는 허락을 받아냈다. 나는 시험 삼아 우리 팀이 하고 있는 것과 똑같은 계산을 할 수 있는 프로그램을 짜보았다. 계산하는 데 몇 주가 걸릴 것이라고 예상되던 분석 결과를 내가 두 시간 만에 끝내서 보고하자 담당자는 깜짝 놀랐다. 그 직후 내 보직은 컴퓨터 프로그래머로 바뀌었고, 나머지 통계 검사 자료를 분석하는 프로그램을 짜는 일을 맡게 되었다. 함께 분석하는 일을 하던 다른 사람들은 그 뒤 어떻게 되었는지 알지 못한다.

서너 주 동안 그 일을 하고 나니, 통계 검사 자료들로부터 질서 있는 패턴을 찾아내는 프로그램을 짜는 일에 싫증이 났다. 그래서 병원 컴퓨터를 이용해서 음악 작품들의 패턴을 찾아내서 그 패턴들을 토대로 음악을 작곡해 보았다.

아버지는 내 자동 작곡 계획에 아주 관심이 많았고, 우리는

컴퓨터가 실제 음악 소리를 낼 수 있을지에 대해 많은 이야기를 나누었다. 아버지는 1960년대에 로버트 무그가 개발한 아날로그 신시사이저에 관심이 있었는데, 디지털 컴퓨터가 아날로그 신시사이저보다 소리를 만드는 일에 더 뛰어날 수 있다고 생각했다. 아버지는 언젠가는 내가 그 개념을 컴퓨터에 적용하게 될 것이라고 예측했다. 내가 실제로 그 일을 하게 된 것은 그로부터 20년이 지난 뒤였다. 부모님은 내가 이런저런 착상을 떠올리도록 도와주었을 뿐 아니라, 그것들을 실현할 때 핵심 사항을 파악하고 우선순위를 정해야 한다는 것도 가르쳐주었다. 그 무렵 아버지는 심각한 심장병을 앓고 있었다. 치료 때문에 경제적, 정서적으로 약해진 상태였음에도 부모님은 내가 점점 더 정교하고 비용이 많이 드는 것들을 만들 수 있도록 계속 지원을 했다.

작곡 실험은 컴퓨터를 패턴 인식에 적용하고자 한 첫 시도였다. 나는 패턴을 인식하는 우리 정신의 과정을 본뜬 모형을 만들겠다는 생각에 열중하게 되었다. 컴퓨터는 논리를 순서대로 적용하는 데 뛰어나다는 것으로 잘 알려져 있다. 하지만 나는 컴퓨터가 현실 세계의 다양한 모습들과 관계들을 파악하는 데 필요한, 예측할 수 없는 과정들도 모방할 수 있다고 확신했다. 주위 사람들이 가끔 비논리적으로 생각하는 것을 보면서, 나는 이런 비합리적이고 자기 조직적인 과정들이 인간 사유의 핵심이라고 확신했다.

나는 인공지능, 패턴 인식, 신경망에 관한 문헌들을 읽기 시작했다. 그것들은 생물의 뉴런이 어떻게 작동하는지를 다루는 단순한 모형들이었다. 나는 MIT의 마빈 민스키와 코넬 대학교의 프랭크 로젠블랫에게 이런 주제들에 대한 내 생각을 담은 편지를 썼다. 민스키는 인공지능 분야의 창시자 중 한 명이었으며, MIT 인공지능 연구소의 공동 설립자이자 신경망 연구의 개척자였다. 프랭크 로젠블랫은 1957년 신경망의 고전적인 형태인 퍼셉트론을 발명했으며, 당시 자기 조직계 연구 분야에서 가장 앞서 있던 사람이었다. 두 사람은 열의가 담긴 답장을 보냈고, 한번 찾아오라며 나를 초청했다. 나는 초대에 응했다. 민스키 교수는 그 뒤 1965년 내가 MIT에 들어갈 때까지 계속 내 정신적 스승 역할을 했고, 현재까지도 가까운 동료이자 친구 관계를 유지하고 있다.

서서히 깨달아갔지만, 나는 고등학생 때 컴퓨터가 인간의 사유를 모사할 수 있으며, 시각 및 청각 현상과 환경까지 모방할 수 있다는 생각을 갖고 있었다. 컴퓨터 기술이 급속하게 발전하고 있으며, 궁극적으로는 우리가 자신의 사유를 재생산하고 자연 세계에서 발견되는 다른 복잡한 과정을 모사할 수 있는 도구를 갖게 되리라는 것이 내게는 벌써 뚜렷이 보였다.

생각의 힘은 지금도 여전히 내 사유와 연구에 활기를 불어넣고 있다. 나는 나 자신이 생각의 하인임을 안다. 그리고 봉사의 대가로 생각은 내게 보답을 한다. 한 예로 나는 20여년 전에 제2

형 당뇨병 진단을 받았다. 아버지가 1970년 젊은 나이에 세상을 떠나게 만든 바로 그 병이었다. 하지만 제대로 된 생각, 의사들이 입을 모아 말하는 조치들과 정반대되는(당시에는 그랬다) 생각을 고집한 끝에 나는 그 병을 사실상 극복했다. 아버지는 힘들이지 않고 생활 방식을 바꿀 수 있는 사람이었다. 젊은 시절에 흡연이 건강에 해롭다는 것을 알게 되자, 하루 만에 담배를 끊을 정도였으니까. 그런 아버지였으니 만약 내가 지금 알고 있는 지식을 알고 있었더라면 아버지는 아마 지금까지 살아 계셨을 것이다.

지난 25년 동안 나는 한 가지 중요한 개념을 이해하게 되었다. 세계를 바꾸는 생각의 힘 자체가 가속되고 있다는 것이다. 사람들은 이런 결론에 쉽게 동의하지만, 그것이 얼마나 심오한 의미를 지니고 있는지 진정으로 이해하는 사람은 극히 드물다. 현재 살고 있는 사람들은 아마도 대부분 죽기 전에, 생각이 먼 옛날부터 내려오던 문제들을 정복하는 모습을 볼 수 있을 것이다. 한 예로 나는 우리가 다가올 수십 년 안에 인간의 노화를 없애고 동시에 신체적 및 정신적 능력을 크게 확장시킬 수 있을 것이라고 확신한다. 이는 엄청난 생각이며, 나는 앞으로 수십 년 동안 그 생각의 주인이자 하인으로 살아갈 것이다.

마운틴고릴라와 나

로버트 새폴스키Robert M. Sapolsky

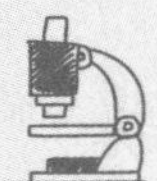

로버트 새폴스키는 신경생리학자이자 영장류학자이다. 스트레스가 뇌의 해마에 있는 신경세포를 파괴한다는 사실을 세계 최초로 입증하며 학계에 큰 반향을 불러일으켰다. 맥아더 재단과 앨프리드 P. 슬론 재단, 국립보건원 등 수십 곳의 정부 기관과 장학재단으로부터 연구 지원을 받았다. 인간을 비롯해 영장류의 스트레스를 연구하는 세계 최고의 신경과학자로 평가받는다.

하버드 대학교에서 생물인류학을 전공한 후 록펠러 대학교에서 신경내분비학으로 박사학위를 받았다. 스탠퍼드 대학교에서 생명과학, 신경과학, 신경외과 등 여러 학과의 교수를 겸직하고 있다. 《뉴욕 타임스》가 "제인 구달에 코미디언을 섞으면, 새폴스키처럼 글을 쓸 것"이라고 했을 만큼, 톡톡 튀는 유머를 장착한 깊이 있는 글쓰기로 유명하다. 《뉴요커》, 《사이언티픽 아메리칸》, 《디스커버》 등 여러 매체에 글을 기고했으며 저서로는 『스트레스』, 『Dr. 영장류 개코원숭이로 살다』, 『행동』 등이 있다.

나는 어떻게 과학자가 되었을까? 이리저리 생각해 보니, 브루클린에서 살던 8살 때 내 넋을 쏙 빼놓은 시트콤 「길리건의 섬」 이야기부터 시작해야 할 것 같다. 그 시트콤은 도저히 어울릴 것 같지 않은 일곱 사람이 어느 날 오후 하와이에서 뱃놀이를 나갔다가 폭풍에 휩쓸리는 바람에 어느 무인도에 표류해 그곳에서 해를 거듭하며 살아가는 이야기였다. 선장, 일등 항해사, 부유한 귀족 부부, 유명한 여배우, 농장 아가씨, 그리고 이름 없이 '교수'라고 불리는 사람이 구성원이었다. 교수는 배에 들고 탄 커다란 여행 가방 속 어딘가에 지금까지 나온 모든 책을 꾸려 넣고 있었고 떠올릴 수 있는 모든 질문에 대답할 수 있었으며, 누구든 위험에 빠지면 과학 장치를 고안해서 구조했다. 교수는 모든 것을 할 수 있었다(섬에서 탈출하는 것만 제외하고).

시트콤의 모든 일화들이 재미있었지만, 정말로 나를 사로잡았던 것은 그가 플란넬 셔츠를 입고 머리를 길게 땋은 예쁜 농장 아가씨인 메리 앤과 모종의 관계가 있는 듯 암시한 상황 설정이었다. 그것은 시트콤 주제가를 듣고서 나 혼자 추측한 것이었다. 주제가에는 이런 구절이 나온다. "길리건과 선장이 있고, 백만장자와 그 부인, 영화배우, 교수와 메리 앤……." 두 사람의 이름이 이어져 있다는 점에 착안한 나는 둘 사이에 틀림없이 뭔가 일이 있었을 것이라고 가정했다. 사춘기도 안 된 시기에 느꼈던 이런 모호한 상황은 온갖 추측들을 낳았다. 그러니 내가 자라서 교수가 되어 외딴 야외 현장으로 나가서 연구를 하고 싶어 한 것도 당연했다.

이제 모든 것이 설명되었을까? 그렇지 않다. 아직 대답해야 할 질문이 두 가지 더 있다. 나는 왜 영장류와 그들의 뇌를 연구하게 된 것일까? 그리고 내가 연구를 할 때 품는 감정들은 어디에서 온 것일까?

나는 절반은 신경생리학자이고 절반은 영장류학자다. 한 해 중 전자로 사는 시간이 더 많다. 스탠퍼드 대학교의 내 연구실에서는 스트레스와 신경 질환의 상호작용을 연구한다. 스트레스 호르몬이 신경계를 어떻게 손상시킬 수 있는지 이해하려 애쓰고 있다. 신경 손상이 일어나면 뉴런들이 살아남을 가능성이 줄어든다. 또 유전자 요법을 이용해 이런 손상으로부터 신경을 구할 방법을 찾고 있지만 아직까지는 이렇다 할 성공을 거두지 못한 상태이다.

한 해의 나머지 시간에는 동아프리카의 세렝게티 평원에서 야생 개코원숭이 무리를 연구하며 보낸다. 그 일을 해온 지도 벌써 25년이 되었다. 나는 매년 그곳으로 가서 똑같은 동물들을 지켜본다. 그 연구는 실험실에서 하는 연구와 짝을 이룬다. 스트레스는 온갖 나쁜 영향들을 끼친다. 그런데 왜 어떤 사람들은 남보다 스트레스를 더 잘 견디는 것일까? 나는 개코원숭이들과 함께 지내면서 그들의 사회 계급, 개성, 다양한 사회관계와 누가 스트레스의 희생자가 되는지 사이에 어떤 관련이 있는지 연구한다.

둘 중 내게 먼저 다가온 것은 영장류학이었다. 여덟 살쯤 되었을 때, 나는 야생에서 원숭이들을 연구하겠다고 결심했다. 그 이전에 공룡에 흠뻑 빠져 있었을 때처럼, 사실 그다지 진지하게 깊이 생각해 내린 결정이라고 할 수는 없었다. 공룡에 정신이 팔려 있었을 무렵, 건축사가로서 고고학 분야 연구도 하고 있던 아버지가 투탕카멘 왕의 무덤으로 나를 데려갔다. 그러면서 내 관심은 공룡의 뼈에서 우리 조상의 뼈 쪽으로 옮겨갔다. 그러다가 브롱크스 동물원과 미국 자연사 박물관을 들락거리기 시작했는데, 그곳에 있는 영장류들은 뼈와 토기 조각들이 줄 수 없는 무언가를 내게 주었다.

역동적이면서 살아 있는 영장류의 존재가 두개골 파편을 보면서 우리 조상을 상상하려 애쓰는 것보다 더 흥미로울 수 있다는 뻔한 이유 때문만이 아니었다. 느낄 수는 있지만 설명할 수는 없는 방식으로 무언가가 내 심금을 울렸다. 나는 외톨이에다 사람들과 마주치기를 싫어했는데, 아마도 어떤 강박 관념에 쉽게 사로잡히는 좀 독특한 아이였던 듯하다. 하지만 그 반응이 왜 그렇게 강렬했는지 지금도 의아스럽다. 그것은 영장류가 흥미로운 존재라는 차원의 것이 아니었다. 영장류들은 어떤 원초적인 방식으로 내게 위안을 주는 듯이 보였다. 야생으로 가서 마운틴고릴라와 함께 살고 싶다는 것이 아니었다. 나는 그들 중 하나가 되고 싶었다. 나는 지금도 영장류를 볼 때마다 아릿한 느낌이 든다. 영장류는 바로 그렇게 나를 사로잡았다.

나는 영장류에 홀딱 빠져들었다. 온갖 곳을 돌아다니며 영장류 사진을 찍어댔고, 돈이 생기면 영장류를 다룬 다큐멘터리 책들을 샀고, 알게 모르게 서서히 학술 문헌들을 접하게 되었다. 나는 아프리카로 현장 조사를 나갈 때를 대비해서 고등학교 때 스와힐리어를 배우기 시작했다. 팬으로서 영장류학자들에게 편지도 썼다. 그들은 지금 대부분 명예 교수가 되어 있는데, 아직도 그 편지를 꽤 상세히 생생하게 기억하는 분들이 있다.

그때는 아직 지적 초점이 맞춰지지 않은 상태였다. 야생으로 가서 밀렵꾼들에 맞서 영장류를 멸종에서 구하는 일을 할 수도 있었다. 영장류 연구소에서 암 치료법을 발견하는 일을 할 수도 있었다. 영장류의 사회적 행동을 연구해 세계 평화를 가져올 발견을 할 수도 있었다. 유인원들이 은밀하게 언어와 종교를 진화시켜 왔다는 것과 히말라야 설인이 진짜 있다는 것을 입증하는 일을 할 수도 있었다. 이 모든 것들이 「길리건의 섬」에서 비롯되었다. 내 결심은 대학에 들어가고 나서야 일관성 있는 형태를 취하게 되었다. 나는 1970년대 중반에 하버드 대학교에 들어가서 생물인류학을 전공하게 되었다. 하버드 생물학과의 유명 인사 중 하나인 에드워드 윌슨이 『사회생물학』을 출간해 그 뒤 수십 년간 이어질 학계의 대폭풍을 불러일으킨 시점이었다. 하버드 영장류학자들은 모두 윌슨의 편이었다. 『사회생물학』의 핵심 주제는 동물들(인간 포함)의 모든 행동을 진화와 다윈 적응도의 산물로 봐야 한다는 것이었다.

하지만 나는 윌슨의 논의에 어딘가 미진한 부분이 있다는 느낌이 계속 들었다. 아마 그 논쟁 자체에 불편함을 느낀 듯했다. 사회생물학은 사실보다는 추정에 더 치우쳐 있어서 우익 색조가 엿보였다. 그랬기에 좌익 쪽에서는 사회생물학을 맹렬하게 비판했다. 그들은 특히 윌슨이 가부장적인 백인 남성 지배 체제를 자연스럽고 생물학적으로 정해진 것이라고 정당화하고 있다면서 비난을 퍼부었다. 나는 심정적으로 그리고 개인적인 성향으로 볼 때, 좌익 비평가들 쪽에 훨씬 더 기울어져 있었다. 내게는 하버드를 중심으로 한 사회생물학계의 지도자들이 대부분 담배와 술을 즐기고 밤새 포커를 치면서 이렇게 저렇게 생각을 가다듬는 미국 남부 출신 인사들처럼 여겨졌다. 그들은 기본적으로 내게 공포의 대상이었다.

내가 순수한 사회생물학적 관점을 받아들이기를 꺼렸던 또 다른 이유는 적어도 그 당시에는 사회생물학이 너무나 신랄하고 일차원적인 것 같았기 때문이다. 당시 학계에서는 사회생물학, 행동주의, 유전학, 지능 검사를 놓고 학자들끼리 눈에 핏발을 세운 채 험악한 논쟁을 벌이고 있었는데, 윌슨 뿐 아니라 리처드 르원틴, B. F. 스키너, 노엄 촘스키, 스티븐 제이 굴드 등 싸움의 헤비급 선수들은 대부분 미국 케임브리지 지역에 있는 사람들이었다. 그들은 서로 주거니 받거니 하면서 논쟁을 벌였다. 그런 열띤 논쟁을 지켜보는 일은 대단히 재미있었고, 논쟁 가득한 분위기가 판을 치다 보니 사람들을 시끄러운 구석에 한데 몰아넣고 권투를 시키는 식이 되어버려서, 미묘한 차이 같은 것은 안중에도 들어오지 않을 지경이 되었다. 이사야 벌린이 말한 고슴도치처럼, 모두가 자기주장만 내세우는 상황이 벌어졌다.

"모든 행동은 진화적 적응도에 뿌리를 두고 있다."

"인간의 행동이 선택을 통해 진화한 것이라고 생각하는 사람들은 정치적 의도를 숨기고 있다."

"환경은 우리 자신을 형성하는 데 그 무엇보다도 중요하다."

"지능 지수는 대체로 유전된다." 기타 등등.

나는 지도 교수에게서 피난처를 발견했다. 멜 코너는 당시 조교수였는데, 나는 아마 그 어느 누구보다도 그분에게서 지적 영향을 많이 받았을 것이다. 그는 논쟁자들이 하나같이 자기주장만 펼치는 데 신물을 냈으며, 그 대안으로 여러 분야를 아우르는 대단히 미묘한 방식을 탐구하고 있었다. 우리 자신을 형성하는 것이 진화와 생태임은 분명하다. 하지만 우리는 신경과학과 내분비학, 발달생리학과 철학, 그리고 넉넉하게 생각해서 문학까지도 고려할 필요가 있다. 서로 논쟁을 벌이고 있는 거물들 중에 그를 주목한 사람은 아무도 없었다. 이유는 단순했다. 그는 완전히 정립된 이론을 내놓았다가는 또 한 차례의 진흙탕 싸움이 벌어질까 걱정스러워서, 거의 병적이라고 할 정도로 자신의 생각을 배배 꼬아놓았기 때문이었다.

이 접근 방식이 어쩐지 내 마음에 들었다. 그것이 대단히 흡족하고 올바른 방식인 양 여겨졌다. 그 방식은 그 뒤로 계속 나와 함께해 왔다. 그런 까닭에 나는 지금 여러 학문 분야를 뒤섞은 소위 '짬뽕' 분야에서 연구를 하고 있다. 나는 동물행동학자이기도 하고, 사회생물학자이기도 하고, 내분비학자이기도 하고, 심리학자이기도 하며, 가끔은 사회학자나 경제학자가 하는 연구를 하고 있는 자신을 발견하기도 한다. 그리고 연구실에서는 내분비학, 신경과학, 분자생물학을 임상적인 측면과 결합시킨 복합적인 연구를 한다.

연구가 제대로 될 때면 아주 유용한 잡종이 나온다. 하지만 제대로 되지 않을 때는 멋모르고 얇은 얼음 위에서 스케이트를 타고 있는 듯한 느낌이 든다. 그리고 연구를 하면서 때로 나는 정체성에 혼란을 느끼고 내가 정말 과학자인가 하는 의심을 품기도 한다. 나는 운동화를 신고 현장을 돌아다니는 생물학자일까, 아니면 연구실에 박혀 있는 과학자일까? 나는 동물들을 보호하고 있을까, 죽이고 있을까? 내가 가장 관심을 갖는 분야는 기초 과학일까, 인간의 질병 분야일까? 내가 아프리카의 개코원숭이에게 매달려 있는 이유는 좋은 자료를 얻기 위해서일까, 그들을 사랑하기 때문일까? 나는 이런 질문들 중 어느 것에도 명확한 해답을 갖고 있지 않다.

그러면 이제 내가 일을 할 때 품곤 하는 감정이 어디에서 비롯된 것인지 살펴보자. 내 정서와 과학은 아주 긴밀하게 연결되어 있다. 나는 과학에 진지한 열의를 갖고 있다. 다른 사람들이 무엇을 발견했는지, 내가 어떤 발견을 하고 있는지, 내가 이해할 수 없는 것이 무엇인지 깊이 생각한다. 나는 사람들에게 도움을 줄 만한 과학적 돌파구를 마련할 수 있기를 간절히 원한다. 그리고 나는 사회의 반진보 세력이나 옹졸한 종교인들과 맞서 싸우기 위한 무기로서, 과학이 반드시 필요하다고 본다.

나는 과학의 이런 측면을 놓고 많은 생각을 하며, 관련해서 글을 쓰고 강연도 한다. 당연히 지겨울 때도 있다. 내가 이런 확고부동한 세속주의를 갖게 된 것은 사춘기 때였다. 나는 정통파 유대교 집안에서 자랐다. 우리 집에서는 고기와 우유 제품을 따로 분리해 버렸고, 유대 율법에 어긋나게 조리된 음식들은 통째로 화분 밑에 파묻었다. 어린 시절 내내 나는 이 관습을 정말로 철저히 지켰다.

어쩐 일인지 나는 이런 율법과 영장류를 좋아하는 내 성향 사이에 모순이 전혀 없다고 생각했다. 진화와 종교는 별개의 영역에 속한다고 보았다. 마운틴고릴라인 동시에 유대 학교 학생일 수도 있었다. 기본적으로 종교는 시키는 대로 하고 의식을 치르는 것이 다였다.

문제가 생기기 시작한 것은 열세 살 때부터였다. 유월절 축제 때, 처음으로 나는 출애굽기 이야기에 내재된 모순들을 깊이 생각하기 시작했다. '말들은 왜 익사해야 했을까? 맨 처음 태어난 아이들이 도대체 왜 죽어야 했을까?' 같은 일반적인 의문과는 달랐다. 나는 자유 의지와 결단력이라는 문제를 붙들고 씨름하고 있었다.

> 모세가 파라오에게 말한다. "내 백성을 보내주시오."
>
> 파라오는 거절한다. 그러자 재앙들이 연달아 일어난다.
>
> 마침내 파라오가 말한다. "손들었어. 가버려!"
>
> 그러자 신이 파라오로 하여금 마음을 모질게 먹게 했다.

그래서 파라오는 자신의 결정을 철회하게 되었고, 그 결과 다시 천벌을 받는다. 신이 파라오의 마음을 모질게 만들었다면,

책임은 누구에게 있을까? 그리고 왜 파라오가 신의 분노를 받아야 하는 것일까? 게다가 이집트의 소들까지 말이다. 이런 생각들이 나를 괴롭혔다. 또 나는 탈무드에 실린 '사람들에게 나쁜 일이 닥친다면 그들이 그럴 만한 짓을 했기 때문'이라는 말과 주석들을 붙들고도 씨름했다. 그것이 홀로코스트에서 가까스로 살아남은 동족들에게 가르쳐야 할 끔찍한 교훈이란 말인가?

하지만 정말로 나로 하여금 골머리를 싸매게 만든 것은 고대 예루살렘 성전에서 만들어진 오래된 한 가지 규칙이었다. 랍비는 내게 소인증인 사람이나 장애인은 성직자가 될 수 없다고 가르쳤다.

나는 물었다. "그게 무슨 소리예요?" 당시 나는 뼈 질환 때문에 다리에 교정기를 달고 있었고, 그 때문에 동네 불량배들에게 날마다 시달리고 있었다.

"뭐? 무슨 말인지 모르겠니? 그런 흠을 가진 사람이 사원을 관리한다는 것은 신을 모욕하는 짓이야." 랍비가 대답했다.

나는 하늘이 무너지는 듯한 충격을 받았다. 누가 장애인이 될지 결정하는 것은 신이지 않는가. 자신이 그런 식으로 창조해 놓고 그것에 모욕을 당한다니 될 법이나 한 말인가? 신 자신이 장애인으로 만들어놓고서 장애인을 처벌하다니 가당키나 한 일인가? 도대체 일 처리를 어떻게 하는 것일까? 나는 대단히 흥분했고, 머릿속은 온통 뒤죽박죽이 되었다. 저녁때가 되자 흥분이

가시면서 평생 겪어보지 못했던 배신감과 분노가 밀려왔다. 마침내 분노가 가라앉자, 나는 저녁 기도 시간에 조금 전까지 비난을 퍼부었던 신을 찬양하는 기도를 올렸다. 하지만 마음속에 모순을 지닌 채 오래 버틸 수 있을 리가 만무했다. 이틀 뒤 나는 한밤중에 갑자기 잠에서 깨어났다. 냉엄한 현실을 깨달은 것이다. 신은 없다. 다 헛소리였다.

그 뒤로 나는 종교를 갖지 않았다. 어떤 것이든 간에 영적인 것을 포용할 수 있는 여력 자체가 없었으니까. 나는 사랑하고, 아이를 키우고, 왜 우리가 여기 있는가를 깊이 연구하는 등 온갖 활동들을 하며, 내 삶의 모든 측면들을 오로지 자연과학의 맥락 속에서 바라본다. 내가 볼 때, 신이라는 시계공은 없다. 위로부터 주입되는 의지도, 목적도, 생물학적 계의 복잡성을 통해 출현하는 것 이외의 그 어떤 초월적인 원인도 없다. 이것은 결코 냉정한 관점이 아니다. 나는 열세 살이었을 때와 마찬가지로 지금도 감정이 대단히 풍부하며, 과학과 감수성 사이에 그 어떤 모순도 발견하지 못했다. 그뿐 아니라 나는 과학이 종교의 정서적 대체물이라고 믿지 않는다. 다만 내가 볼 때, 과학은 종교적 세계관을 불가능하게 만들어왔다.

아이 때가 아니라,
아이처럼 느꼈을 때

대니얼 데닛 Daniel C. Dennett

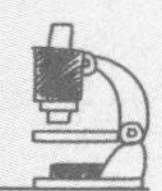

대니얼 데닛은 철학자이자 인지과학자로, 터프츠 대학교의 인지 과학 센터 소장 겸 철학 교수로 있다. 이 시대 가장 독창적인 사상가로 정평이 난 그는 심리철학, 인지과학, 생물철학의 선구자로서 마음·종교·인공지능 연구에 심대한 영향을 끼쳤다. 마빈 민스키는 그를 '버트런드 러셀 이후 가장 위대한 철학자'라고 평하기도 했다. 데닛은 리처드 도킨스의 밈 이론을 자신의 지향계 이론에 결합하여 의식·종교·인공지능 등에 흥미로운 철학 이론을 발전시켜 왔다.

1942년 미국 보스턴에서 태어났으며 아버지를 따라 어린 시절의 일부를 레바논에서 보냈다. 하버드 대학교 철학과를 졸업했고 옥스퍼드 대학교에서 철학 박사 학위를 받았다. 2012년, 학문적 공헌을 인정받아 네덜란드의 에라스무스상을 수상하기도 했다. 저서로는 『의식의 수수께끼를 풀다』, 『박테리아에서 바흐까지, 그리고 다시 박테리아로』, 『의식이라는 꿈』 등이 있다.

어릴 때 나는 많은 모험을 했다. 하지만 그 모험들 중 과학의 주변인 생활이라는 내 미래의 모습과 관련지을 만한 것은 아무것도 없다. 나의 수많은 정신적 스승들 가운데 과학자는 한 명도 없었고, 대학원에 들어갈 때까지도 나는 과학의 동방 박사를 전혀 만나지 못했다. 나는 역사학자와 영어 교사와 의사가 득실거리는 집안에서 태어났고, 따라서 나 역시도 인문학 분야의 일을 할 것이라고 여겨졌다. 아버지는 하버드 대학교의 역사학자였는데, 이슬람 역사의 전문가였으며 아랍어를 유창하게 했다. 아버지는 제2차 세계 대전 때 국가를 위해 자신의 재능을 사용했다. 아버지는 OSS 베이루트 본부의 비밀 요원으로 활약했는데, 미국 공사관의 문화 담당관이라는 위장 직업 덕분에 화려한 외교관 생활을 했다.

네 살짜리 중에 가젤 영양을 반려동물로 키운 아이는 거의 없겠지만, 나는 잠시 가젤 영양을 키운 적이 있다. 나는 그 동물에게 당시 내가 좋아하던 소설 주인공인 바바라는 이름을 붙여주었다. 바바는 베두인족의 어느 세력가가 준 선물로, 아주 넓고 높은 울타리로 둘러싸인 우리 집 정원을 뛰어다녔다. 나는 언젠가 아버지와 함께 사막으로 갔다가 누군가에게 양쪽 귓불에 구멍을 뚫린 채 돌아온 적이 있었는데, 아마 그 사람이었을 것이다. 내 금발이 베두인족에게는 한 번도 보지 못했던 경이로운 모습이었던 듯했다. 그러니 그런 특별한 대우를 받고도 남았다. 어머니는 질겁하면서 내 귓불에 끼워진 실들을 즉시 빼냈다. 하지만 내 귀에는 칼날을 댄 작은 상처가 지금도 남아 있다.

우리 집에는 아이들을 돌봐주던 메리라는 젊은 미국 여성이 있었다. 그녀는 내게 크레용을 주면서 그림을 그려보라고 부추기곤 했다. 운전기사도 있었다. 그는 멋쟁이 레바논 청년이었는데, 별로 운전을 할 일이 없었던 터라 내가 이런저런 것들을 만들고 있으면 와서 도와주곤 했다. 이를테면 작은 나무 탁자나 의자, 연 같은 것들이었다. 그는 세믈란의 언덕 위에서 나와 누나에게 연을 날리는 법을 가르쳐주었다. 베이루트가 너무 더워서 지내기 힘들어지는 여름에 가던 곳이었다. 아버지는 '교육 훈련'(즉 임무)을 맡지 않을 때는 친구들과 지인들, AUB(베이루트의 미국 대학)의 동료들, 영국과 프랑스 외교관들, 국외 추방자들이 모이는 떠들썩한 모임을 열곤 했다. 나는 다른 방식의 삶이 있다는 것을 알지 못했기에, 이런 모든 생활들이 대단히 이질적이고 짜릿한 사건들이었다는 것을 세월이 한참 지나서야 깨달았다. 나는 AUB의 교무과가 운영하는 유치원에 들어갔다. 그곳에서 또래들과 함께 아랍어와 프랑스어로 대화를 나누었고, 학교에 다니는지 묻는 부모님의 친구들에게 이렇게 대답해서 웃음을 짓게 했다. “그럼요. AUB에 다녀요.”

아버지는 1947년 타고 있던 비행기가 에티오피아의 산맥에 충돌하는 바람에 사망했다. 내 나이 다섯 살 때였다. 아버지가 돌아가신 지 몇 주 뒤 베이루트에서 여동생 샬럿 데닛이 태어났다. 샬럿은 지금 아버지가 OSS에서 한 활약상과 1940년대에 석유 쟁탈전이 벌어지고 있을 무렵의 중동 상황을 다룬 책을 쓰고 있다. 정보공개법과 늙은 공작원들의 회고를 통해 아버지의 죽음을 샅샅이 파고든 동생 덕분에, 나는 최근에야 세세한 이야기들을 알게 되었다.

아버지가 돌아가신 뒤, 어머니는 식구들을 데리고 매사추세츠로 돌아갔다. 그리고 교과서 출판사 진앤컴퍼니에서 고등학교 사회 과목 교과서를 편집하는 일을 얻었다. 어머니는 베이루트의 아메리카 커뮤니티 스쿨에서 교편을 잡기 전 고향인 미네소타에서 영어 교사로 있었다. 그래서 이해하기 쉽게 문장을 다듬는 법을 잘 알고 있었다. 어머니는 거의 매일같이 집에 돌아와 저자가 어쩌고저쩌고하며 푸념을 늘어놓곤 했다. 어느 큰 대학의 역사 교수 이름이 주로 등장했는데, 어머니는 한숨이 나올 정도로 맥빠지고 난삽한 그의 글을 수정해서 어머니 자신의 강인하고 명쾌한 문장으로 바꿔놓곤 했다. 저자들은 하나같이 어머니에게 고마워했고, 때로는 어머니에게 큰 빚을 졌다며 당혹스러울 정도로 감사를 표하기도 했다. 그들 중에는 인세로 부자가 된 사람들도 있었다(당시에도 역사나 사회 과목 교과서는 큰 주에서 채택되면 노다지가 되었다). 하지만 어머니가 받은 선물이라고는 그저 버번 위스키 몇 병이나 우리들이 갖고 놀 장난감 몇 점이 전부였다.

어머니가 매일 보스턴으로 출퇴근하면서 생계를 떠맡고 있는 동안, 우리가 쿠키라고 불렀던 약간 나이가 든 가정부(그녀는 처음에 그 이름을 싫어했는데, 요리보다 훨씬 더 많은 일을 했기 때문이다)가 어머니 역할을 대신했다. 그녀는 매일 규율과 애정으로 우리를 돌보았다. 그녀와 어머니는 가끔 견해 차이를 보이곤 했는데, 우리들은 저녁 식사 때 벌어지는 둘의 대화에 신이 나서 끼어들곤 했다. 우리의 저녁 식사 때는 규칙이 하나 있었다. 식사 도중에는 『월드 북』이나 다른 참고 문헌에서 논쟁에 관련된 내용을 찾아볼 때 외에는 자리를 떠서는 안 된다는 것이었다. 하지만 참고할 일은 자주 있었다.

우리 집은 책과 잡지로 가득했고, 나는 방과 후에 책을 읽지 않을 때에는 내 지하 작업실에서 무언가를 설계하거나 만들거나 뜯어고치곤 했다. 나는 조각하고 설계하는 데 필요한 자질구레한 도구들뿐 아니라, 이렉터 조립 장난감 세트 몇 종류와 언젠가는 손댈 기이한 기계 부품들이 들어 있는 거대한 상자를 갖고 있었다. 나는 이렉터 세트에 딸려 있는 도면과 안내서는 거들떠보지도 않았다. 내 스스로 독창적인 모양을 생각해서 조립하는 쪽을 더 좋아했다. 나는 다섯 살 때부터 분해하고 고치는 일에 열중했지만, 기술자가 되고 싶냐는 질문은 한 번도 받아본 적이 없었다. 우리 집안에서 기술자란 사자 조련사만큼 관계가 먼 분야로 여겨졌기 때문이다.

아버지는 공작원이 되어 베이루트로 떠나기 전날, 죽마고우인 셔먼 러셀에게 자신에게 무슨 일이 일어나면 '루스와 아이들'을 돌보겠다는 약속을 억지로 받아냈다. 평생 독신으로 살았던 셔먼은 자신의 약속을 지켰다. 그는 우리가 미국으로 이사할 때 도움을 주었고, 우리가 살 집도 알아봐 주었다. 그 뒤로도 그는 오랜 세월 아버지의 대리 역할을 했으며, 나는 어머니에게 언제 그와 재혼할 것인지 물어서 어머니를 당혹스럽게 만들곤 했다.

나는 이 기인을 흠모했다. 그는 온갖 특별한 재주와 취미를 지니고 있었다. 그는 여우 사냥에 열광하는 승마 선수였고, 아일랜드의 몰리 큐잭 부인 밑에서 사냥개 관리인 생활을 한 적도 있었다. 그는 '여우 사냥꾼의 분홍빛 의상'을 입고 안장을 들고서 보스턴의 로건 공항에서 섀넌행 비행기를 타곤 했다. 기이할 정도로 멋을 부리고 남이 어떻게 보든 전혀 개의치 않는 사람이었던 그는 집안에서 나오는 돈으로 아주 검소하게 살았으며, 정식으로 봉급을 받는 직업을 가진 적이 한 번도 없었다. 그는 매일 사람들을 도왔다. 그는 급할 때 언제나 의지할 수 있는 마을의 기둥이었다. 셔먼은 크리스마스 아침이면 내가 새로운 전기 기차를 조립하거나 새로 받은 이렉터 세트로 진짜 기발한 것을 만들어내는 것을 도와주곤 했지만, 사실 그가 내게 가르쳐준 것은 별로 없었다. 어느 크리스마스 아침, 그와 내가 거실 카펫 위에서 커다란 도개교를 조립하는 일에 몰두하고 있을 때, 함께 왔던 그의 늙은 어머니가 우리 어머니를 향해 말했다. "내 어린 아들과 당신의 어린 아들이 함께 크리스마스를 보낼 수 있다니 정말 멋지네요!"

나는 매년 뉴햄프셔로 여름 캠프를 갔는데, 열네 살 때쯤에는 드럼과 비브라폰을 연주하는 캠프 지도 교사인 에드와 딕 링컨의 마력에 홀려 재즈에 빠져들었다. 나는 피아노 교사들을 찾아다녔고, 그러다가 그 분야의 주요 생업 도구인 재즈와 대중가요 악보 1000곡을 모은 해적판 악보집을 살 수 있는 곳을 알아냈다(거래는 주로 탁자 밑에서 이루어졌다). 그 해적판은 불법이었지만 각 재즈 피아니스트 특유의 조, 화음, 선율을 배우는 데에는 아주 도움이 되었다. 그 악보집을 얼마나 자주 펼쳐보았던지, 묶는 고리를 끼우는 구멍 주위를 몇 년마다 풀칠해 보강하느라 나중에는 거의 400쪽 분량의 책만큼 두툼해졌다.

내 꿈은 우수에 젖은 미셸 파이퍼 같은 여성이 내 어깨에 기대어 있고, 나는 그녀를 위해 기막히게 달콤하고 몽롱한 발라드를 연주하는 한량이 되는 것이었다(1950년대 중반이었으니, 사실 내 환상 속의 이상적인 여성은 도리스 데이에 더 가까웠을 것이다). 고등학교 내내 그리고 대학 1학년 때까지, 나는 이곳저곳 소규모 재즈 악단에서 연주를 했고, 소규모 밴드와 합창단에 불려가 반주도 많이 했다. 하지만 결국 내 음악적 재능을 전문가 수준까지 끌어올리기는 어렵다는 것을 깨달았다.

그 대신 위대한 화가가 되었을 수도 있지 않았을까. 나는 이글스카우트였는데, 스카우트 대장인 폴 버터워스는 선 그리는 솜씨가 뛰어난 직업 화가였다. 나는 스카우트 분대의 등사판 주간 신문에 만화를 그렸는데, 그의 선을 흉내 내 보았지만 성공하지 못했다. 나는 선은 형편없지만 착상이 뛰어난 시사만화가인 개리 트루도에 더 가까웠다. 폴은 어느 날 내게 이렇게 말했다. “대니, 너는 착상이 아주 좋아. 그게 미술의 요체야.” 그의 말은 그 뒤로 계속 내 머릿속에 맴돌았다.

아마 내 영웅이었던 헨리 무어나 콘스탄틴 브랑쿠시 같은 조각가가 되었을지도 모른다. 조각가들은 원하는 모양이 나올 때까지 선을 야금야금 깎아낸다. 나는 캠프 지도 교사인 갤런드 세이어 덕분에 여름 캠프에서 조각하는 법도 배웠다. 그는 애팔라치아 출신으로, 피리를 잘 불었고 비범한 기술자이기도 했다. 곧 내 공구함에는 갖가지 조각칼들과 온갖 조각 도구들이 추가되었다. 나는 부드러운 돌, 금속판, 다른 재료들로 범위를 계속 넓혀나갔다. 나는 고등학교와 대학 내내 조각을 했으며, 대학 2학년을 마친 1961년에는 로마에 있는 피에트로 콘사그라의 조각실에서 일종의 도제 역할을 했다. 콘사그라는 베니스 비엔날레에서 수상을 한 지 얼마 안 된 상태였고, 로마에서 왕성한 활동을 하고 있는 조각가 집단을 이끌고 있었다. 그중에 바살델라 형제, 아프로와 미르코, 아르날도 포모도로가 기억에 남는다.

나는 로마의 생활 양식에 반했지만, 다소 위축되고 화가 나기도 했다. 당시 로마는 영화 촬영의 도시였고, 나는 영화 「달콤한 인생」에 묘사된 군중들에 떠밀려 변두리를 방황하고 있었다. 어느 날 저녁 식사 때 나는 페데리코 펠리니와 인사를 나누었다. 나는 그의 이름을 한 번도 들어본 적이 없었다. "하시는 일이 뭐죠?" 내가 묻자 그는 "영화 감독입니다"라고 대답했다. 아, 그래요. 여름이 끝날 무렵 대학으로 돌아가기 위해 로마를 떠날 때, 나는 이 퇴폐적이고 고생스러운 도시에 두 번 다시 오지 않겠다고 맹세했다. 하지만 몇 년 뒤 나는 옥스퍼드 학위 논문을 쓰는 동안 여름을 보낼 곳을 찾아 아내와 함께 이탈리아 남쪽으로 차를 몰고 있었다. 로마가 우리를 손짓하고 있었고 우리는 그곳에 머물렀다. 하지만 그 전 해에 아테네에서 여름을 보내면서 커다란 대리석 덩어리를 얻어 매일 아침 조금씩 깎던 때와 달리, 이제 내게 조각은 그냥 취미 생활이 되었고 나는 철학자가 되기 위해 애쓰고 있었다.

윈체스터 고등학교 1학년 때, 나는 하버드 교대에서 온 교사 실습생이 영감을 불어넣으면서 생생하게 가르치는 놀라운 고대사 과목을 두 학기에 걸쳐 들은 적이 있었다. 나는 몰입해서 플라톤에 관한 기말 보고서를 썼고, 로댕의 생각하는 사람 그림을 표지에 그려 넣었다. 나름대로는 아주 깊이 있는 글이라고 생각했지만, 사실 내가 읽은 글 중 단어 하나도 제대로 이해하지 못한 상태에서 쓴 글이었다. 사실 더 중요한 것은 당시 내가 캐서린 라귀디아와 마이클 그린바움 덕택에(지금 어디 계신지 모르겠지만 감사를 드린다) 교육자가 내게 맞는 직업임을 깨달았다는 것이다. 남은 문제는 어떤 분야를 택할 것인가였다. 나는 고등학교의 남은 2년을 필립 엑스터 아카데미에서 보냈고, 그곳에서 놀라울 정도로 농축된 지적 잡탕 속에 잠겨 있었다. 그곳은 축구팀 주장보다 문학지 편집장이 더 대우를 받는 곳이었다. 학생들은 지정된 도서 목록에 없는 책들을 읽었고, 나는 쓰는(쓰고 쓰고 또 쓰는) 법을 배웠다. 나는 3학년 때 전설적인 조지 베넷의 창의적인 작문반에 들어갔고, 성능 좋은 올리베티 레테라 타자기로 수천 쪽의 글을 썼다. 하지만 그 글들 중 아직 철학적이라고 말할 만한 것은 없었다. 아마도 나는 소설가가 될 것 같았다.

나는 교육자가 되리라는 것을 알았지만, 과학 교육자가 아니라는 것은 분명했다. 고등학교 첫 화학 실습 때, 우리는 분젠 버너를 사용해서 유리관을 구부리는 법을 배웠다. 나는 막 구부린 아주 뜨거운 유리를 교사에게 건네주었고, 그는 바로 그 구부린

곳을 손으로 움켜쥐는 실수를 저지르고 말았다. 9학년 때의 생물학 교사는 축구 코치이기도 했는데, 그는 대합, 개구리, 환형동물의 컬러 해부도를 우리에게 주고서, 신체 각 부분의 명칭을 모두 옮겨 적도록 시켰다. 또 계, 목, 강, 문, 속, 종이라는 생물 분류 체계의 기초 사항도 배웠다. 왜 그것들이 이런 틀에 박힌 계층 체계를 이루는지는 전혀 듣지 못했다. 그것은 언뜻 보기에 듀이의 십진법 체계를 생물에 적용한 것과 다름없었다. 그다음은 전화번호부를 외우는 것일까? 그것이 생물학이라면, 아무나 할 수 있었을 것이다.

그렇긴 했어도 나는 열두 살 무렵부터 《사이언티픽 아메리칸》을 몇 년 동안 구독했고 매달 열심히 탐독했다. 대개는 도표와 그림을 보고 그 설명만 읽었을 뿐이다. 나는 과학 개념들을 좋아했지만, 과학자가 되겠다는 생각은 한 번도 하지 않았다. 과학 탐구와 관련이 있을지도 모르는 개념을 진지하게 고려하기 시작한 것은 옥스퍼드 대학원에 들어가서였다. 따라서 나는 독학자, 아니 더 정확히 말하면 세계 최고의 과학자들을 비롯해서 내 흥미를 끄는 모든 분야의 학자들로부터 비공식적인 개인 지도를 오랜 기간 받는 혜택을 입은 사람이다. 운이 좋았던 것이다. 하지만 나는 아이 때 과학과 사랑에 빠진 것이 아니었다. 아이처럼 느꼈을 때 사랑에 빠진 것이다. 내가 더 자라면 어떻게 될지 궁금하다.

Curious

뇌 속의 총알

조지프 르두 Joseph LeDoux

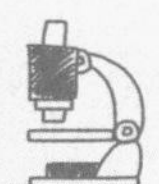

조지프 르두는 세계적인 신경과학자로 뉴욕 대학교 신경과학·심리학 교수이다. 미국 국립 과학 아카데미 회원이기도 하다. 르두는 기억과 정서에 관련된 동물, 인간의 뇌 작동을 밝혀내는 데 초점을 맞추었으며 공포반응과 관련된 편도체의 역할, 뇌에서의 변화를 연구했다. 특히 파블로프 조건화를 이용해 편도체가 뇌의 '두려움 중추'라는 것을 밝힌 연구로 유명하다. 위협에 대한 편도체에서의 처리 과정에 대한 그의 연구는 불안장애를 이해하는 기초를 마련했다.

2005년 뉴욕대를 대표하는 석학이자 학문의 경계를 넘어선 최고의 학자에게 부여하는 명예로운 칭호인 '유니버시티 프로페서'에 임명되었으며, 뉴욕 대학교 감정뇌연구소 소장, 막스플랑크언어·음악·감정연구소 부소장도 맡고 있다. 미국철학협회로부터 칼 스펜서 래쉴리상, 인지과학분야 피센 국제상, IPSEN 재단의 장 루이스 시노레상, 미국심리학회 과학 특별공로상 등 많은 상을 받았다. 한편, 2004년부터 뉴욕대 교수·박사·대학원생들과 함께 마음과 뇌를 노래하는 포크록 밴드 '아미그달로이드(편도체)'를 결성해 리드싱어이자 작사·작곡가로도 활동하고 있다. 저서로는 『시냅스와 자아』, 『불안』, 『우리 인간의 아주 깊은 역사』 등이 있다.

아이였을 때 나는 과학에 별 관심이 없었다. 자신이 무엇을 하고 싶은지 모든 아이들이 알고 있는 것은 아니다. 나도 무엇을 하고 싶은지 전혀 모르는 아이 중 하나였다. 나는 프랑스에서 이민온 후손들이 사는 루이지애나의 유니스라는 작은 마을에서 태어나 성장했다. 아버지를 비롯해서 내가 자라면서 본 어른들은 대부분 카우보이였다. 그런데 지금 나는 뇌 연구를 하고 있다. 나는 뇌가 어떤 식으로 기억과 감정을 만들어내는지를 연구한다. 그렇다면 나는 어떻게 과학자가 된 것일까?

아버지는 십 대 때 황소 등에 올라타는 로데오 선수였지만, 결국 도축업을 직업으로 삼게 되었다. 고기를 다루는 일에서 벗어날 수 있는 기회가 생기기만 하면 아버지는 마을 외곽의 우리 농장에 있는 말을 돌보거나 타고 달리곤 했다. 아버지는 말들에게 소 떼를 몰도록 훈련시켰고, 주말에는 말 경주를 시켰다. 아버지의 뒤에는 언제나 온갖 연령대의 사람들이 줄줄 따라다녔다. 그중에는 카우보이들도 있었고, 카우보이가 되는 비결을 배우려는 사람들도 있었다. 아버지는 크게 실망했겠지만 나는 카우보이가 되고 싶은 마음이 없었다. 싫지는 않았지만 그저 별로 끌리지 않았을 뿐이었다. 말에 가까이 가지 않는 아이였던 나는 어머니와 많은 시간을 보냈다. 어머니는 집안일을 끝내고 나면 이모들을 방문하거나 낚시를 하러 갔다(나도 그편이 더 좋았다).

어린 시절에 겪었던 일이 나를 뇌 연구라는 직업을 택하도록 만들어준 계기가 되었다. 그 일은 토요일 아침마다 일어났다. 아버지는 나를 카우보이로 만들려고 애쓰는 것 외에, 내게 도축업자가 되는 법을 가르치기 위해 온 정성을 다 쏟았다. 때가 되면 내게 사업을 물려주기 위해서였다. 토요일 아침 해가 뜨기 전에 침대에서 기어나와 고기를 썰라는 것이 과연 어린아이가 흥미를 느낄 만한 일인지 생각해 보라. 단 하나 마음에 들었던 것은 그 엉뚱한 시간에 멀리까지 걸어갈 필요가 없었다는 점이다. 우리는 시장의 위층에 살았으니까. 토요일 아침이면 나는 안쪽 방에서 서너 명의 사람들과 함께 일을 했다. 그들은 대개 밤새 술에 절어 여자 꽁무니를 쫓아다니는 그저 그런 인물들이었다(아니면 그저 내게 그런 식으로 말한 것뿐일지도 모른다). 어쨌든 나는 그들의 이야기를 들으면서 이것저것 배웠고, 도축 일에서도 배울 것이 있었다.

고기를 자르는 것 외에도 나는 중요한 일을 두 가지 더 맡고 있었다. 하나는 돼지 족발을 씻는 일이었다. 그런 다음 자전거로 동네를 돌면서 하나에 5센트씩 받고 팔았다. 그 노동의 대가로 나는 야구 카드를 사 모을 수 있었다. 또 하나는 소의 뇌를 씻는 일이었다. 이제 감을 잡았을 것이다!

뇌는 젤리 같은 느낌을 주는 부드럽고 걸쭉한 덩어리이다. 하지만 그것을 만지려면 먼저 겉을 싸고 있는 단단한 막을 제거해야 한다. 막은 뇌 표면과 붙어 있으며, 감촉이 거친 스타킹 같다. 그 막은 뇌를 보호하는 역할을 아주 잘하고 있어서 벗겨내기가 쉽지 않다. 하지만 인내심을 발휘하면 막을 뇌에서 벗겨낼 수 있다. 그러면 울퉁불퉁한 젤리 덩어리가 드러난다. 이제 그 덩어리 속으로 손가락을 넣어 더듬으면서 박힌 총알을 꺼내야 한다. 아마 지금도 그렇겠지만(확신하지는 못한다), 당시에는 머리에 총을 쏴서 소를 도축했다. 소비자들이 고기 맛을 음미하다가 납작한 총알을 씹으면 기분이 좋을 리가 없으므로, 총알을 제거하는 일은 아주 중요했다.

손가락을 뇌 속으로 집어넣고 움직일 때는 감정을 억제하고 초연함을 보일 필요가 있다. 소의 뇌가 소의 정신이 담긴 곳이라는 생각은 버리고 그냥 고깃덩어리를 만지고 있다고 생각해야 한다. 뇌에서 총알을 빼내는 것을 그냥 췌장 같은 것에서 총알을 빼내는 것으로 생각하면 별문제가 없다. 정육점의 싱크대에서는 어느 장기든 별반 차이가 없다. 하지만 각 장기는 도축업자의 정신에 각기 다른 영향을 미칠 수 있다. 적어도 내 정신에는 그랬다. 나는 총알이 뇌를 파고드는 순간 소가 어떤 생각을 했을까 하는

상상이 떠오르는 것을 억누를 수 없었다. 소의 눈앞에서 생명의 불꽃이 반짝거렸을까? 사후 세계를 떠올렸을까?

토요일 이른 아침에 이렇게 소의 죽음을 생각하곤 했던 것은 내가 어린 철학자였기 때문이 아니라, 당시 내가 가톨릭 신앙에 깊이 몰두해 있었던 데서 비롯되었다. 루이지애나 남부의 사람들은 대부분 독실한 가톨릭 신자이며, 내 부모님도 예외가 아니었다. 나는 수녀들이 운영하는 학교에 다녔다. 그들이 그릇에 가득 담아 먹인 신학을 흡수한 나는 사제로서의 삶이 나를 위해 준비되어 있는 인생이라고 확신했다. 잠시나마 그렇다고 믿었던 와중에 내 뇌 속에서 뭔가 중요한 일이 일어났다. 사춘기가 도래한 것이다!

내 열정은 종교에서 십 대 소년들을 흥분시키는 두 가지 대상으로 옮겨갔다. 여자아이들과 기타였다. 그 무렵부터 내게는 한 가지 목표가 생겼다. 고향 유니스에서 탈출하자! 나는 대학이 그 해답이라고 확신했다. 하지만 내가 대학에 들어갈 나이가 되자, 루이지애나 주립대학교가 유니스에 분교를 설립하고 말았다. 내가 청소년기에 이룬 주요 업적 중 하나는 내가 분교가 아니라 배튼루지에 있는 본교로 가서 더 좋은 교육을 받는 편이 낫다고 부모님을 설득한 것이었다. 부모님은 경영학을 전공할 것과 은행가가 되어 유니스에 돌아올 것, 두 가지를 약속하면 보내주겠다고 했다. 필사적이었던 그때의 나는 약속을 했다.

나는 경영학을 전공으로 삼았지만, 전혀 흥미를 느끼지 못했다. 당시는 1960년대였고, 네이더의 소비자 운동이 절정에 달해 있었다. 경제는 악이었다. 소비자들은 보호되어야 했다. 그래서 나는 소비자 심리와 마케팅을 연구했다. 나는 그것으로 학위를 땄지만, 군인이 되어 베트남으로 가고 싶지 않았기에 대학원에 들어가서 마케팅으로 석사 학위까지 받았다. 뇌 연구에서 점점 더 멀어지고 있는 듯이 보일지 모르겠다. 하지만 스스로도 모르는 상태에서, 나는 평생 직업으로 삼을 것을 향해 착실히 나아가고 있었다.

마케팅과 소비자 행동을 연구하는 동안, 나는 심리학 과목들을 듣기 시작했고, 결국 심리학을 부전공으로 택하게 되었다. 내가 들은 과목 중에 '학습과 동기의 심리학'이 있었다. 루이지애나 주립대학교의 생물심리학자이자 저명한 뇌과학자 로버트 톰슨의 강의였다. 톰슨은 자신의 우상이자 정신적 스승인 생물심리학의 아버지 칼 래슐리가 이루지 못한 것을 해내기 위해 애쓰고 있었다. 생쥐의 뇌에서 기억을 담당하는 부위를 밝혀내는 일이었다. 톰슨과 그의 연구에 흥미를 느낀 나는 자원해서 그의 연구실로 들어갔다. 그는 내게 생물심리학 박사 과정에 지원하라고 권했다. 그의 도움으로 나는 스토니 브룩에 있는 뉴욕 주립대학교에서 심리학 박사 학위를 받았다.

박사 학위 지도 교수였던(그리고 현재 절친한 친구가 된) 마이클

가자니가의 도움과 권고로 나는 간질 치료를 위해 뇌를 절단하는 수술을 받았던 환자들을 박사 논문 주제로 삼게 되었다. 현재의 직업을 향해 중요한 한 발을 내딛게 된 것이다. 나는 환자들의 대뇌 좌우가 단절되어 있다는 점을 이용해서, 그들에게 뇌의 한쪽 반구가 다른 쪽 반구의 감정, 생각, 행동, 의식 경험에 관해 어떻게 느끼는지에 관한 질문들을 했다. 이 연구를 통해서 나는 감정이 어떻게 처리되고 어떻게 의식의 바깥에 있는 기억의 형태로 저장되는지에 관심을 갖게 되었다. 나는 지금도 그 주제를 연구하고 있다. 그 뒤 코넬 의학 센터의 지금은 고인이 된 도널드 라이스의 신경생물학 연구실에서 박사후 연구원으로 일하면서 나는 해부학, 생리학, 뇌화학 등 신경과학자가 되는 데 필요한 기술들을 실습을 통해 습득했다. 라이스 또한 위대한 스승이었고, 나는 그에게서 많은 것을 배웠다.

과학을 업으로 삼고 싶어하는 젊은이들에게 굳이 내가 걸어온 길을 권할 생각은 없다. 그 길에는 직접 부딪히면서 배워야 할 것이 많았다. 하지만 그 대단히 흥미로운 모험을, 운 좋게도 나는 잘 헤쳐나왔다. 자기 자신을 찾는 일은 아무리 늦게라도 할 수 있다. 40년이 지난 지금도 나는 기타에서 나 자신을 찾으려 애쓰고 있으니까.

지구에서 가장 성공한 생명체

린 마굴리스Lynn Margulis

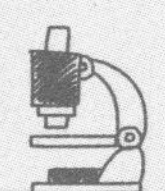

린 마굴리스는 진화생물학자로서, 공생 진화라는 개념을 상징하는 인물이다. 세계적인 천문학자 칼 세이건의 아내이기도 하다. 마굴리스는 세포 생물학과 미생물의 진화 연구, 지구 시스템 과학의 발전에 많은 기여를 했으며 공생 진화론 같은 충격적인 가설로 생물학계를 놀라게 했다. 1999년 클린턴 대통령으로부터 국가과학자 메달을 수여받고, 2008년에는 영국의 린네학회로부터 다윈-왈레스 메달을 수상하는 등 지칠 줄 모르는 연구로 19개의 상을 수상했으며 수많은 국제학술 강연, 100종이 넘는 논문과 더불어 10권이 넘는 책을 펴냈다. 영국의 대기과학자 제임스 러브록의 가이아 이론에 공헌한 바 또한 크다.

메사추세츠 애머스트 대학교 지구과학과 교수를 지냈고 NASA(미국항공우주국) 우주과학국의 지구생물학과 화학 진화에 관한 상임위원회의 의장을 역임하였으며, NASA의 지구생물학에 관한 실험들을 지도했다. 저서로는 『섹스란 무엇인가』, 『생명이란 무엇인가』, 『마이크로코스모스』, 『과학자처럼 사고하기』, 『공생자 행성』 등이 있다. 2011년에 세상을 떠났다.

부모의 말다툼과 심하면 주먹다짐, 그리고 여자아이를 넷이나 더 낳은 성적 열정에 취해 내지르는 소리까지 간간이 들려오는 환경에서 살아남기 위해, 나는 다양한 탈출구를 마련했다. 때로는 창피해서 친구들을 피해 아버지의 검은 테일핀 캐딜락 뒷좌석에 숨었다. 아름다웠던 어머니는 늘 자질구레한 일들을 걱정하는 성격이었는데, 아버지는 개의치 않고 원대한 야심을 추구했다. 아버지는 "변호사들은 거의가 도둑이고 거짓말쟁이야"라며 변호사 일을 그만두더니, 건설 회사를 하나 구입하고 컨트리클럽에 가입했다. 그 뒤 내가 십 대를 보낼 동안 사회적 신분 상승 욕구를 영원히 접고는, 벼락부자 생활 대신에 음악을 애호하는 보헤미안들 및 초창기 히피들과 어울렸다.

내가 다섯 살 때 우리는 시카고의 사우스사이드로 이사했는데, 나는 그때부터 교통 체증이 심한 사우스쇼어 도로에서 엉망인 집 앞 인도에까지 펼쳐진 시원한 한 뙈기의 풀밭에 누워 있곤 했다. 장엄한 미시간호가 눈에 들어오는 그 자그마한 초록빛 자연에서, 나는 풀밭에 뿌려놓은 설탕 조각을 따라 일사불란하게 움직이는 개미들과 돌 밑에 숨어 있는 쥐며느리들을 살펴보곤 했다. 풀밭에 배를 깔고 엎드린 채, 나는 자기중심적인 신분 상승 욕구가 강렬한 집안 분위기에서 자연으로 탈출할 계획을 꾸미곤 했다.

열 살 때는 위스콘신 호숫가를 거닐다가 그곳에서 열리는 여름 캠프를 보았다. 그 뒤로 해마다 그 캠프에 참가했다. 열두 살 때, 열일곱 살 된 한 캠프 지도 교사가 아메바 이야기를 하기 시작했을 때 나는 과학에 푹 빠져들었다. 그녀는 아메바를 "기이한 동물"이라고 불렀다. 언제나 남녀 관계에 관심이 많았던 나는 이렇게 물었다.

"암컷과 수컷을 어떻게 구별해요?"

"구별할 수 없어. 아메바는 단세포야. 성별이 없어."

"그럼 어떻게 번식해요?"

"반으로 갈라지는 거지."

반으로 갈라진다고? 그녀는 어떻게 그런 것을 알았을까? 어떻게 그렇게 갈라질 수가 있지? 다치지는 않을까? 하지만 그녀가 대답을 한 순간, 나는 내 자연 사랑이 탐구를 통해 확대될 수 있다는 것을 즉시 깨달았다. 나 자신의 운명을 통제할 수 있다는 느낌은 시카고에 있는 집에 돌아왔을 때 엉망인 주변 상황을 무시할 수 있고, 그런 한편으로 거기에서 무언가 배울 수도 있다는 역설적인 대안과 함께 다가왔다. 그녀는 말했다. "아메바를 보려면 현미경이 있어야 해." 나는 남자 친구 없는 그 기이한 생물을 내가 관찰할 수도 있지 않을까 생각했다.

아들 없는 집안의 장녀였기에, 아마도 나는 아버지가 가장 아끼는 딸이었을 것이다. 비록 나는 영광스러운 미국 정신을 대변하는 것들인 뒷담화와 출세 지향 성향, 정치 이야기와 파티, 골프와 캐시미어 스웨터로 대변되는 부모님의 세계를 경멸했지만, 그럼에도 아버지의 '하면 된다'는 태도를 받아들였다. 나는 아버지로부터 근면성과 쉴 새 없이 떠들 수 있는 힘을 물려받은 듯했다. 비록 에너지 활용 능력이 미토콘드리아를 통해 모계 유전된다는 것(적어도 포유동물에서는)을 나중에 깨달았지만 말이다. 나중에 내 연구 대상이 된 바로 그 세포 소기관이다. 어머니로부터 물려받은 세포 소기관들도 왕성한 활동을 했지만, 훨씬 더 조용한 방식을 취했다.

어머니는 매력적이고 사랑스러웠지만, 조용하고 시름에 찬 가정주부였다. 부모님은 두 분 다 담배를 피웠고 술도 마음껏 마셨다. 거기다가 아버지는 바람까지 피웠다. 바람을 피우며 다니는 아버지를 보면서 괴로워하던 어머니는 아버지의 바람 자체보다 친구들과 친척들이 그 사실을 알게 될까 봐 더 걱정했다. 어머니는 아버지 이외의 사람에게는 별 관심이 없었고, 오로지 아버지가 전부였다. 어머니는 아버지가 집에 있기를 바랐지만, 아버지는 모임에 나가는 쪽을 더 좋아했다. 그 결과 집안은 뒤죽박죽이 되었고, 어린 동생들을 돌보는 책임이 상당 부분 내게 떠맡겨졌다. 나는 어머니가 귀에 못이 박히도록 가르치던 것을 아주 일찌감치 배웠다. 원하는 것이 있으면, 직접 해라.

우리 집은 가난하지 않았다. 우리가 살았던 3층짜리 공동 주택은 아버지 소유였고, 위험 요인이 많은 시카고 사우스사이드에 살았긴 해도 우리는 여러 가지 면에서 혜택 받은 아이들이었다. 아버지는 성실한 부양자였고 어머니는 뛰어난 요리사였다. 우리는 많은 사람들을 사귀었고 때때로 일꾼들을 부리기도 했다. 하지만 부모님은 사회생활과 그에 따르는 자질구레한 일들 때문에 너무 정신이 없었기에 우리 자매들은 홀로 남겨질 때가 많았다. 나는 가족 연극을 제작하고 감독을 맡았다. 주연은 내가 독차지했다. 우리는 각종 파이프들이 지나가는 어두컴컴한 건물 지하실에서 파이프들 위로 이불보를 드리워 무대의 막으로 삼고, 가족 연극들을 공연했다. 나는 연습을 할 때 동생들에게 빨리빨리 움직이라고 재촉하곤 했다. 나는 성미가 급했고, 잡담을 싫어했고, 지식을 갈구했고, 욕심 많고, 대장 행세를 했고, 조숙했다. 나는 늘 진지한 학생이었고, 온갖 종류의 아르바이트를 했다. 어쩌다가 잠시 짬이 날 때는 시와 공상에 빠지곤 했다. 일기든 글이든, 시 형식이든 대화 형식이든 간에 나는 그날 일어난 일을 쓰지 않으면 뭔가 빠진 듯한 느낌을 받았다.

진부한 말이지만, 나는 너무 빨리 자랐다. 나는 책임감이라는 어른의 세계에 일찍 뛰어들었다. 그런 한편으로 연장된 유년기를 즐기기도 했다. 즉 자연 사랑, 야외와 현미경 아래 놓여 있는 것들에 대한 관심, 자극적인 토론을 통해 샘솟는 호기심은 내 인생에서 결코 떠난 적이 없었다.

어느 날 나는 부모님의 집을 떠나 학습이라는 매혹의 땅으로 탈출을 감행했다. 하이드파크 고등학교의 공포 체제가 너무나 싫었던 나는 시카고 대학교가 종교와 인종에 상관없이 열네 살 이상이면 시험 점수에 따라 대학에 입학시키는 평등 정책을 채택했다는 것을 알자마자 그곳에 입학했다. 당시 내 나이 열네 살이었다. 부모님에게 허락도 받지 않았고, 10학년도 끝내지 않은 상태였다. 이 일로 나는 스스로 나서면 더 많은 것을 할 수 있다고 더 굳게 믿게 되었다. 스스로 알아서 하겠다는 내 태도에 어머니는 깜짝 놀랐지만, 아버지는 은근히 나를 격려했다.

나를 과학으로 전향시킨 요인이 두 가지 있었다. 하나는 시카고 대학교였고, 다른 하나는 나중에 내 남편이 된 칼 세이건이었다.

시카고 대학교는 독특했고, 자연과학 2라는 과목을 학문적인 지표로 삼고 있었다. 오늘날 대부분의 고등 교육 기관과 달리, 시험은 선택 사항이었다. 그 원칙은 모든 강의와 실험 과목에 적용되었다. 한 강의의 수강 인원은 최대 20명으로 제한되어 있었다. 중요한 것은 6월에 6~9시간에 걸쳐 치르는 최종 시험들뿐이었다. 머리를 쥐어짜야 하는 이 엄격하고 힘겨운 시험은 10월에 강의가 시작된 지 8개월 뒤에 치러졌다. 그 시험만 치르면 학점을 딸 수 있었다. 시카고 대학교에는 독특한 점이 또 하나 있었는데, 교과서가 없고 대신 위대한 학자들의 저서를 직접 읽게 했다는 것이었다. 자연과학 2에서는 유전이라는 커다란 의문을 풀고자 시도한 찰스 다윈, 그레고어 멘델, 한스 슈페만, 아우구스트 바이스만, J. B. S. 홀데인, 수얼 라이트, 줄리언 헉슬리의 저서를 읽었다. 이곳에는 '세대들은 어떻게 연결될까? 한 생물에서 다음 세대로 전달되는 것은 어떤 특성을 지닐까? 인간이란 무엇인가? 생명이란 무엇인가? 우주의 특성에는 무엇이 있을까?' 같은 도발적인 질문들이 펼쳐져 있었다. 실험 도구들과 위대한 과학 저술가들의 작품들 곁에는 과학적 탐구의 본질을 다루는 철학 과목들이 든든하게 버티고 있었다.

나를 가장 매혹시킨 것은 유전학이었다. 내가 연구를 시작할 당시에는 모든 사람들, 심지어 생물학자들까지도 여전히 성과 번식이 나란히 간다고 가정하고 있었다. 세월이 흘러 박사후 연구원이 되었을 때, 나는 민물에서 헤엄치는 초록빛 미생물인 유글레나의 성행위를 관찰하기 위해 실험실에서 유글레나를 배양하면서 자세히 살펴보는 일을 맡았다. 하지만 나는 그들의 성행위를 관찰하지 못했다. 그들은 성행위를 하지 않기 때문이다. 과학계에 널리 퍼진 신화를 규명하는 데 실패한 이런 사례들을 통해서 나는 당시 상상했던 유전학이라는 영역에 무언가 잘못된 부분이 있음을 간파했다.

번식이 언제나 성을 전제로 하는 것은 아니다. 성은 변이를 일으키지 않을 수도 있다. 그다지 아는 것이 없었던 내 캠프 지도교사는 번식하는 미생물들의 기이한 성생활(아메바 같은 무성 생식 등)에 관해 학계의 가정보다 진실에 더 가까이 가 있었다. 나중에 나는 또다른 종류의 미생물인 나팔벌레는 짝을 지었다가 떨어지면 예외 없이 죽는다는 것을 발견했다. 짝짓기하는 당사자 모두가 성별이 없는 그들의 성행위는 36시간 동안 지속된다. 그런 행위는 필연적으로 양쪽 모두에게 치명적이었다.

또한 나는 섬모가 나 있는 또 다른 미생물인 짚신벌레는 표면에 나 있는 커다란 반점을 제거해도 살 수 있다는 것을 알게 되었다. 섬모라고 하는 채찍 같은 부속 기관들은 독특한 패턴을 이루고 있는데, 그것들은 짚신벌레 몸의 이쪽에서 떼어내 저쪽에 붙일 수도 있다. 이런 외과 수술을 한 짚신벌레들은 번식을 할 때 이식된 형태를 그대로 자손에게 물려주었다! 자연과학 2에서 받은 자료를 통해, 나는 마음의 귀로 생명을 '돌연변이, 번식, 그리고 돌연변이의 번식'이라고 정의하는 허먼 멀러의 목소리를 들었다. 그리고 나팔벌레를 해부하는 밴스 타터, "생물학은 진화 관점에서 보지 않으면 아무것도 이해되지 않는다"라고 말하는 테오

도시우스 도브잔스키, 염색체들이 어떻게 초파리의 성체 체형을 만드는지 이해하려 애쓰던 A. H. 스터트번트의 목소리도. 나는 권위를 토대로 한 논리보다 좋은 자료와 관찰이라는 현실에 늘 더 깊은 인상을 받았다.

당시에는 모든 동식물에서 세포의 핵만이 유전을 담당하는 곳이고, 핵 안에 있는 염색체가 모든 중요한 유전자들을 지니고 있다는 것이 확고한 정설이었다. 하지만 외과 수술을 통해 생긴 패턴을 고스란히 재현하는 짚신벌레가 보여주는 것과 같은 흥미로운 단서들은 우리 같은 몇몇 연구자들에게 핵이 유전 정보의 유일한 보고가 아닐지도 모른다는 추측을 불러일으켰다. 식물 세포에서 초록빛을 띠는 부분인 엽록체도 핵 바깥에서 만들어진다. 헤엄을 치는 또 다른 초록빛 미생물인 클라미도모나스는 세포 내에서 산소를 이용해 에너지를 생산하는 부위인 미토콘드리아가 수컷에게서 유전되지만, 그 소기관은 수컷의 핵이 아니라 핵 바깥에 있는 수컷의 미토콘드리아에서 나온다.

세균이 막으로 둘러싸인 핵을 지니고 있지 않다는 사실도 점점 명백해지고 있었다. 대신에 세균들은 막에 결합하지 않은 아주 긴 실 모양의 DNA를 지니고 있었고, 그 DNA는 간혹 세포 내에서 긴 원을 이루기도 했다. 비록 복제와 유전에서 DNA가 어떤 역할을 하는지 밝혀진 뒤로 핵이 중심이라는 생각이 원리로 자리 잡았지만, 나와 같은 호기심 많은 관찰자들, 권위 있는 저자들의 글을 읽고 스스로 생각하도록 격려와 훈련을 받은 사람들은 흥미로운 예외 사례들에 관심을 쏟았다.

* * * * *

칼 세이건을 만났을 때 나는 열여섯 살이었고, 그는 나보다 거의 5살 연상이었다. 키가 크고, 좀 얼빠진 듯한 매력을 지녔고, 흑갈색 머리카락을 제멋대로 헝클어트린 채 다니던 그는 나를 사로잡았다. 어느 날 나는 에크하르트 홀의 계단을 뛰어올라가다가 말 그대로 그에게 돌진했다. "네가 린이지?" 그가 물었다. "칼 세이건, 맞지?" 내가 대꾸했다. 그는 자신이 회장을 맡고 있던 천문학 동아리 모임에 나를 초대했다. 그는 벌써 자동차를 갖고 있었다. 자그마한 초록 쉐보레였다. 그는 매일 아침 일찍 우리 집으로 와서 나를 태워주겠다고 제안했다. 별에 관심이 있는 과학자들이 으레 그렇듯이 아침에 일어나는 것을 끔찍이 싫어했음에도 말이다.

당시 그는 물리학을 전공하는 대학원생이었고, 성층권 연구를 시작하려 하고 있었다. 그 나이의 젊은이들이 으레 그렇듯이 우리는 서로에게 끌렸다. 게다가 그의 과학 사랑에는 전염성이 있었고 나는 그의 열정에 사로잡혔다. 그는 어렸을 때부터 야심만만했고, 지식을 사랑하는 마음과 자신감을 타고났다. 그런 태도는 내 감정을 상하게 할 때도 있었지만 내게 자극을 주기도 했다. 그가 다른 행성에 있는 생명체들을 추측하고 외계 문명과의 의사소통 수단을 생각하고 있을 때, 나는 상대적으로 작고 초라한 곳인 지구와 미생물들에게 관심을 가졌다. 나는 진화가 실제로 어떻게 이루어지고 있는지를 알려줄 최고의 단서들을 제공할 분야가 유전학이라고 늘 생각하고 있었다.

그 원칙을 마음에 새긴 채, 나는 1957년 9월 스푸트니크가 발사되기 전날 세이건과 함께 위스콘신 북부로 갔다. 그는 천문학 대학원생 자격으로, 지니버 호 근처에 있는 시카고 대학교 윌리엄 베이 천문대에서 일했다. 석사 과정에 진학할 생각이었던 나는 110킬로미터쯤 떨어진 곳에서 생명과학을 연구하기에 이상적인 곳을 발견했다. 매디슨에 있는 위스콘신 대학교였다. 러시아인들이 미국보다 앞서 인공위성을 발사했다는 사실과 그것이 불러일으킨 정치적 위기감은 과학 재원 확보와 연구에 우호적인 분위기를 만들어냈다. 젊은 과학자인 우리 두 사람은 국가와 시대가 빚어낸 과학적 흥분 상태에 흠뻑 취했다. 우리는 생명의 기원(우주와 미생물 양쪽 차원에서 벌어지는 과정)과 행성의 대기 기체 조성 문제라는 동일한 관심사를 가지고 있었다. 훗날 명확해졌지만, 지구의 대기 기체들은 수많은 미생물들과 다른 생명체들이 만들어내기도 하고 제거하기도 해왔다.

매디슨에서는 지도 교수인 제임스 크로 곁에서 유전학과 집단유전학을 공부했다. 나는 유전학은 아주 좋아했지만, 집단유전학은 '적응도', '돌연변이 부하', '선택 계수' 같은 신다윈주의 개념들에 집착하느라 살아 있는 생물들의 실제 집단들이 상호작용하고 진화하는 방식들을 제대로 묘사하지 못한다고 느꼈다. 살아 있는 세포들이 가득한 활기찬 물속을 직접 들여다보는 쪽을 더 좋아했던 나는 핵 바깥에 있는 세포 소기관들에도 여전히 흥미를 느꼈다. 미토콘드리아와 색소체는 핵 없이 스스로 번식을 했고, 체세포 분열 때 나눠지지도 않았고, 체세포 분열도 하지 않았다. 오히려 그것들은 세균처럼 '이분법'으로 번식했다. 비록 세포가 동물과 식물 몸의 기본 단위, 즉 단일체로 여겨지긴 했지만, 관찰 결과들은 핵을 지닌 세포들이 단지 핵만 지니고 있지 않다는 것을 보여주었다. 그 안에는 스스로의 일정표에 따라 번식을 할 수 있는 세균만한 존재들이 살고 있었다. 미토콘드리아와 엽록체는 세포의 다른 부분들에 대해 일종의 반역을 하고 있는 듯하다. 그것들은 사실 다소 분리된, 다른 유전 체제에 속한 것이 아닐까? 그리고 실제로 그렇다는 것이 드러났다.

세포의 변방에 관심을 갖다 보니 생물학의 변방에 관심을 가진 이들이 쓴 문헌들을 찾아 읽게 되었다. 그런 문헌들을 통해서 나는 선배들이 있다는 것을 알게 되었다. 악평을 듣고 무시된 미국의 이반 월린이나, 진지하게 논의되었으나 러시아 내에서만 알려진 콘스탄틴 메레즈코프스키가 그랬다. 그들은 세포 소기관들이 더 큰 세포에 갇힌 세균에서 진화한 것이라고 추정했다. 그들은 진화상 독자적으로 유래했기에 세포의 다른 부분들과 맞지 않는 번식 일정표를 고집하는 경향이 있고, 세균처럼 번식을 했다.

이는 핵 바깥의 유전에 관한 수많은 관찰 결과들을 하나로 묶는 개념이었다. 세균 공생체와 실제 세포 소기관의 차이는 거의 없다고 할 정도로 아주 작았을 수도 있었다. 세균이 먹히거나 침입함으로써 시작된 관계가 오랜 기간 진화를 거치면서 영속적인 공생 관계로 굳어졌을 수도 있었다. 이것은 포식이나 감염이 아니라, 각기 다른 종들 사이에 이루어진 일종의 영구적인 짝짓기에 해당하는 사례였다. 그 뒤로 영원히 함께 살았다는 미생물판 동화이다.

그 동화는 사실이다. 우리 몸의 각 세포는 아메바와 흡사하다. 하지만 산소를 소비하는 부위인 미토콘드리아는 세균에서 유래한 것이다. 댈하우지 대학교의 생화학 교수 마이클 그레이 연구진은 1983년까지 진핵세포의 조상이 하나가 아니라는 것을 입증하는 확실한 정보들을 모았다. 식물 세포 및 클라미도모나스와 유글레나 같은 초록빛 조류의 세포는 또 다른 세균, 이번에는 광합성을 하는 남조류를 합병시킴으로써 진화했다. 이런 동맹관계는 세대마다 자연선택을 거치며, 다윈의 이론에 반하지 않는다. 오히려 그것들은 생명의 진화에서 종간 삶, 즉 공생의 힘을 보여준다.

논쟁의 여지가 있긴 하지만, 지구에서 가장 성공한 생명체는 망원경을 만들어 별을 바라보는 인간 남녀가 아니다. 포유동물의 수를 적다고 느끼게 할 만큼 우글거리는 곤충들도 아니다. 그것은 수가 훨씬 더 많다. 예전에는 세균이었다가 지금은 식물과 동물의 세포 속에 갇힌 세포 소기관들이 바로 그것이다. 과거에 자유 생활을 하던 이 미생물들은 세포핵 바깥에서 산소를 받아들이고 빛을 수확하고 증식하는 기능을 하면서, 미토콘드리아와 엽록체의 에너지를 세포에 제공한다.

고대 자연학자들은 키메라, 인어, 히포그리프, 스핑크스 등 어류, 파충류, 조류, 포유동물의 신체 부위들을 조합한 혼합 동물들이 있을 것이라고 추정했다. 그 뒤로 이루어진 세계 탐사와 과학적 관찰을 통해서 용과 켄타우로스와 그 친족들은 환상이었음이 드러났다. 그런데 그 상상의 생물들보다 훨씬 더 놀라운 사실이 있다. 바로 우리 자신의 몸이 잡종이라는 것이다. 우리 각각은 어떤 기계보다 더 다양하고 정밀한 능력들이 조화롭게 모인 야생 생물들의 집합, 즉 나노 짐승들의 거대한 덩어리이다. 칼 세이건이 바란 것처럼 우주 다른 곳에서 생명체가 발견된다면, 그것도 혼합 유전을 구현한 공생성 잡종일 가능성이 높다. 그리고 그들과 우리가 만나면, 우리는 공생 진화의 계단을 한 걸음 더 올라가게 될지도 모른다.

가상 현실 속 모험이 현실이 되다

재런 러니어 Jaron Lanier

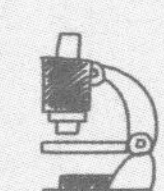

재런 러니어는 컴퓨터 과학자로, '가상 현실(virtual reality)'이라는 명칭을 처음으로 고안하고 상용화한 인물이다. 1985년 VPL 리서치 사를 설립, 머리에 쓰는 디스플레이를 이용해 네트워크로 연결된 여러 사람이 가상 세계를 탐험하는 첫 프로그램과 최초의 '아바타'를 개발하고 의료 수술 시뮬레이션 같은 가상 현실 응용 프로그램을 최초로 도입했다. 차세대 전산망 '인터넷2'의 연구와 개발에 관여했으며, 카네기 멜런 대학의 왓슨상과 뉴저지 공과대학의 명예박사 학위, 전기·전자 기술자 협회의 평생 공로상을 받았다. 2014년 《프로스펙트》와 《포린 폴리시》가 공동 선정한 '세계 100대 지성'에 꼽히기도 했다.

열네 살에 뉴멕시코 주립대학교에 입학해 공부했으며 현재는 다트머스 대학교 방문교수, UC 버클리 학제간 상주 학자, 마이크로소프트 학제간 과학자로 재직하고 있다. 미래의 정보기술이 나아가야 할 방향을 제시하는 실리콘밸리의 선지자이자 구루로 인정받고 있으며 음악가이자 작가, 시각예술가, 영화감독으로서의 경력도 이어가고 있다. 저서로 『미래는 누구의 것인가』, 『디지털 휴머니즘』, 『지금 당장 당신의 SNS 계정을 삭제해야 할 10가지 이유』 등이 있으며 『가상 현실의 탄생』은 《월스트리트 저널》, 《이코노미스트》에서 2017년 최고의 책으로 선정됐다.

내가 어린 시절을 제대로 기억하고 있는 것이라면, 나는 현실 세계를 유독 늦게 발견한 셈이 된다. 나의 가장 이른 시기의 기억들은 강렬한 주관적인 요소들로 채워져 있고, 그 너머에 외부의 자연 세계가 존재할지 모른다는 암시는 희미하게밖에 존재하지 않았다.

이 말을 곧바로 알아듣지 못하는 사람들에게 이런 정신 상태가 어떤 것인지 전달하는 일이 대단히 어렵다는 사실에 나는 끊임없이 놀란다. 당신이 한밤중에 보름달 밑에서 뉴멕시코의 높은 산등성이를 걷고 있다고 상상해 보라. 아래 계곡에는 새로 쌓인 눈이 푸르스름하게 빛나고 있다. 도중에 두 동료 사이에 대화가 오간다. 한 명은 낭만적인 사람이고 다른 한 명은 무미건조하고 분석적인 성격이다. 낭만적인 사람은 이렇게 말할 것이다. "정말 마법의 세계에 온 것 같지 않아?" 다른 사람은 이렇게 말할 것이다. "밤치고는 가시도가 높아. 하지만 좀 춥네." 어린 시절에 나는 '가시도'라는 실용적인 개념조차 인식하지 못할 정도로, 꽤나 낭만적이었다. 마법적인 경험이 다른 모든 것을 거의 배제시킬 정도로 완벽하게 압도하고 있었기 때문이다. 내 초기 경험은 형상보다는 운치가, 연관성보다는 감각질이 지배했다. 나는 때때로 이를 짧게 '무드(mood)'라고 압축해서 말하곤 한다. 누군가의 기분이 아니라 장소의 분위기를 가리키는 말이다.

부모님은 외아들인 나를 외지고 가혹한 곳에서 키우겠다며 1960년대에 뉴욕시를 떠나기로 결심했다. 부모님이 찾은 곳은 리오그란데 강을 사이에 두고 멕시코와 뉴멕시코주, 텍사스주가 맞닿아 있는 곳이었다. 당시 개척되지 않은 오지나 다름없었던 그곳은 미국의 일부라고 보기조차 어려웠다. 가난했고 무법지대에 가까웠으며, 미국의 다른 지역들과 거의 무관하다시피 한 곳이었다. 아홉 살 때 내 인생은 한순간을 경계로 명확히 달라졌다. 교통사고로 어머니가 돌아가셨을 때다. 어머니는 홀로코스트에서는 살아남았지만, 미국의 안락함과 편의를 누리기 위해 벌인 기묘한 거래에서는 살아남지 못했다.

어머니가 돌아가시기 전에, 나는 매일 아침 국경을 넘어 멕시코 후아레스에 있는 초등학교로 갔다. 아이들은 아즈텍 신화에 나오는 환상적인 그림들이 그려진 종이로 교과서를 쌌다. 안개에 휘감긴 듯한 흐릿한 기억 속에서, 내가 처음으로 완전히 현실이라고 느꼈던 곳을 찾아냈던 일을 떠올릴 수 있다. C. S. 루이스의 나니아 이야기에 나오는 옷장의 뒷벽처럼, 그곳은 숨겨진 작은 문을 통해 자신의 드넓은 세계를 열어보였다. 그 문은 쓸쓸한 학교 건물의 낮은 책장에 놓여 있던 낡은 미술책 속에 있었다. 바로 히에로니무스 보스의 삼면화 「세속적인 쾌락의 동산」이었다.

내 주위의 먼지로 덮인 초라한 물리적 환경은 현실이 아니었지만 「세속적인 쾌락의 동산」은 현실이었다. 바흐의 음악, 특히 토카타와 푸가 D단조를 들으면서 그림을 응시할 때면 더 그랬다. 그리고 초콜릿을 먹으면서 그 두 가지를 함께 하면 더욱더 그랬다. 놀랍게도 멕시코의 그 학교에는 이 모든 것들이 있었다. 내가 '육체성(physicality)'을 발견한 것이 바로 이때였다. 내가 말하고자 하는 것은 황홀경이 아니다. 내가 발견한 것은 물리적 세계와 대개 그것을 모호하게 만드는 압도적인 분위기가 서로 불화를 빚지 않고 하나로 연결된 사례였다.

육체성과 나는 어렵고 힘겨운 구혼 기간을 가졌다. 어머니가 돌아가시고 나는 오랫동안 바깥 세계와 단절된 채 살았다. 나는 한 해의 상당히 많은 시간을 주변 상황과 동떨어진 채 연달아 찾아오는 감염성 질환에 걸려 병원에서 외롭게 지내야 했다. 이 끔찍한 기간은 인생을 바꾼 두 번의 결정적인 사건을 거치면서 끝이 났다. 두 번의 사건이란 병원 침대에서 책을 읽다가 내 상황에 딱 맞는 말을 발견한 순간을 뜻했다. 하나는 "삶을 선택하라"는 유대교의 훈계였다. 나는 이 지엄한 명령이 다양한 차원에 적용된다는 것을 깨닫고 충격을 받았다. 물론 거기에는 논리적 근거가 있었다. 누가 어떤 선택을 하든 간에 죽음은 곧 닥칠 것이므로, 삶을 선택한다는 것은 적어도 합리적인 생각인 듯했다. 그리고 그렇게 따져보는 행위를 통해 의구심을 받아들일 수 있으며 그럼으로써 행복해질 수 있다는 의미였다. 더 깊은 차원에서 그 말은 내 안에 있던 감수성을 일깨웠다. '너는 선택을 할 수 있어!' 의지의 가능성을 인식한 나는 내 정신 상태에 또 다른 이원론적 구성 요소를 채택하여 주관성과 강렬한 무드를 결합시켰다. 이 비육체적인 현상은 색다른 것이었다. 그것이 다른 사람들이 결국 발견하게 될 자연 세계로 나를 다시 데려갈 수 있었다.

두 번째로 감명을 받은 책은 초기 뉴올리언스의 관악기 연주자의 일대기로, 어릴 때 호흡기가 약해 고생했지만 클라리넷을 부는 연습을 통해 지병을 극복했다는 이야기였다. 나는 호른을 불어서 병을 이겨보겠다고 결심했다. 그 방법은 효과가 있었다! 곧 나는 새로운 악기를 모으고 배우는 일에 푹 빠지게 되었으며, 그 몰입은 지금까지도 이어지고 있다. 나는 여러 번 이사를 다녔지만, 내 집은 언제나 악기들로 가득한 숲 같았다. 그렇게 이사를 다니는 것은 삶이 아니라 무드를 선택하는 방식이었다. 이것이 어린 시절 마법의 문이었던 보스의 그림과 마찬가지로 육체성과 상관이 있을 뿐 아니라, 나 자신의 몸과 나 자신의 선택을 통해 이끌어낸 경이로운 주관적 경험의 샘이었다.

퇴원한 뒤에는 엘파소에 있는 초등학교로 전학을 갔다. 학교

수영장에서 백인 아이들이 한 멕시코계 아이를 물속에 처박아 익사시켰던, 도저히 믿고 싶지 않은 일이 벌어졌던 기억이 난다. 어른들은 그 사건을 그저 사고로 여겼다. 내 기억에 그 학교는 인종차별주의와 폭력이 난무하는 곳이었다. 어른들이나 아이들이나 다 똑같았다. 다른 사람들과 접촉하거나 친구를 사귈 생각조차도 못할 곳이었고, 낯선 사람들은 보기만 해도 위험한 존재였다. 이런 두려움을 갖게 된 것이 직접 겪은 일들 때문만은 아니었다. 나는 어머니로부터 어떤 망상증을 물려받은 것이 아닐까 한다. 어머니는 나치 유럽에서 겪은 일들을 가족의 삶 속에 새겨놓았다.

나는 이런 정신 상태를 극복할 방안을 찾아야 한다는 것을 깨닫지는 못했지만, 우리가 살던 지역이 온갖 사람들이 뒤섞여 있던 곳이라 나는 필연적으로 온갖 부류의 사람들과 접하게 되었고, 그러면서 서서히 그중 일부와 좋은 관계를 맺게 되었다. 한 예로 블리스 군부대에 있는 한 젊은 군인은 내게 전자공학을 접할 수 있게 해주었다. 나는 테레민이라는 초기 전자 악기를 다룬 기사를 읽고 나서 그것을 만드는 법을 알아냈다. 테레민은 안테나 가까이에 손을 가져다 댄 채 허공에서 움직여 연주하는 악기였다. 아무것도 건드리지 않은 채 연주하다 보면, 마치 가상 세계와 접촉하고 있는 것 같은 느낌이 든다(훨씬 뒤에 가상 현실을 연구할 때, 나는 그 악기의 발명가인 레온 테레민을 만나게 되었다. 그는 90대의 노인이 되어 있었는데, 내가 어떤 연구를 하는지 말해주자 흥분해서 마치 엔진이 진동하듯이 몸을 덜덜 떨어대기 시작했다).

또 나는 리사주 파형이라는 투명한 발광 영상들에도 흠뻑 빠졌다. 그것은 음악 신호와 오실로스코프(전기 현상을 눈으로 관찰하게 만드는 장치-편집자 주)를 이용해 만들 수 있는데, 나는 텔레비전을 이용해서 엉성한 리사주(서로 수직인 방향으로 진동하는 단진동을 합성했을 때 그 궤도가 그리는 그림-편집자 주) 관측기를 만들어냈다. 열한 살 때, 핼러윈이 얼마 남지 않았을 무렵에 나는 한 가지 계획을 세웠다. 내가 고안한 기묘한 전자 장치들로 환상적인 유령의 집을 만들어 친구로 사귈 만한 또래들을 끌어들인다는 계획이었다! 나는 우리 집의 작은 현관 주변에 널빤지들을 매달아 놓은 뒤, 오래된 확대기를 이용해서 텔레비전에 나오는 리사주 파형이 그 널빤지로 투영되도록 했다. 해가 저물자 영상이 밝게 빛나기 시작했고, 나는 환상적으로 춤추는 무늬들의 한가운데 서서 흥분을 만끽했다. 보이지 않는 실들이 꼭두각시를 움직이듯이, 손님이 오면 그 움직임이 테레민 안테나 주변에 영향을 미쳐 파형이 달라지도록 되어 있었다. 나는 내게 신비로운 존재였던 여자아이들이 그걸 보고서 마음에 들어 할 것이라고 기대했다. 나는 그 유령의 집에 대단히 흡족했지만, 손님은 아무도 없었다. 이웃집을 방문하러 돌아다니는 아이들이 그것을 피했기 때문이다. 나는 내 상상과 자유의 왕국 안에서 아이들이 왔다가 그것을 피해, 그리고 나를 피해 떠나는 모습을 지켜보았다. 나는 아이들이 겁에 질렸을 것이라는 생각은 하지 못했다. 당시에는 그들이 가학적인 존재들로 보였으니 말이다.

아버지와 나는 경제적으로 몹시 쪼들리고 있었다. 닷컴과 주식 투자 열기가 판을 치기 수십 년 전인 그 당시에 벌써 장거리 투자를 하곤 했던 어머니가 우리 집안의 생계를 책임지고 있던 사람이었기 때문이다. 결국 우리 두 사람은 뉴멕시코 남부의 가난하고 황량한 지역으로 이사했다. 뉴멕시코의 학교들은 텍사스의 학교들보다 험악한 분위기가 약간 덜했지만, 내가 그 안에서 제대로 인간관계를 맺기 어려웠다는 점에서는 매한가지였다. 나는 아주 괴짜에 속했다. 병원에 있다가 세상으로 나온 탓에 좀 얼떨떨한 상태였다. 사실 경멸이 아닌 다른 반응을 이끌어낼 수 있는 비밀 암호가 무엇인지 전혀 감을 잡지 못한 상태였다. 나는 서서히 그리고 신중하게 대인 관계를 맺는 기술을 터득해야 했다.

어느 날 저녁, 지역 전화망에 문제가 생겼다. 수화기를 들기만 하면 모든 사람의 말소리가 한꺼번에 들려왔다. 멀리서 또는 가까이에서 들려오던 수백 명의 목소리가 떠돌던 그 전화 속이 내가 경험한 최초의 사회적 가상 공간이었다.

학교 운동장에서 우월한 힘을 발휘한 아이를 중심으로 『파리 대왕』을 고스란히 본뜬 듯한 내밀한 사회가 형성되는 것처럼, 그 즉시 전화망 속에서 아이들의 사회가 형성되었다. 전화 속의 아이들은 서로에게 호기심을 가졌고, 서로 호의적이었다. 나는 그들과 대화를 나눌 수 있었다. 하지만 다음날 아침 학교에 갔을 때, 무슨 일이 있었는지 아무도 입을 열지 않았다. 나는 주위를 둘러보면서 전날 밤에 누가 나와 이야기를 나누었을지 추측해 보았다. 매체가 우리를 다른 식으로 이어주었다면, 이 무례한 아이들이 갑자기 개과천선해서 사려 깊은 사람들이 될 수 있을까?

사막에 사는 사람들은 대부분 자신이 속한 집단의 구성원들에게만 보이는 현상들이 있다고 굳게 믿고 있는 듯했다. 아메리카 원주민, 기독교 복음주의자, 가톨릭 신자 등 여러 집단들 외에 그 지역에는 비행접시를 믿는 문화가 형성되어 있었다. 아이들은 추락한 비행접시의 잔해를 학교로 가져와서 토론 학습을 했고, 교사들만 빼고 그것들이 진짜임을 의심하는 사람은 아무도 없었다. 우리는 세계 최대의 미사일 시험 기지 옆에서 살았고, 하늘에서는 계속해서 별별 잔해들이 떨어졌다. 나는 비행접시를 결코 믿지 않았지만, 비행접시 이야기가 나오면 뿌듯해 하는 동네 사람들과 하나가 되어가고 있다는 것을 알았다. 믿음은 사람들을 하나로 묶는 듯했으며, 나는 그 속에 뿌리를 내리면 다른 아이들이 나를 받아들여 줄 것이라는 헛된 희망을 품었다.

아버지는 언젠가부터 심리 현상에 관심을 갖게 되었다. 그 결과 우리는 기묘한 사람들과 사귀게 되었다. 심령술사들 중에는 우리보다 더 기이한 사람들도 있었는데, 그중에는 카를로스 카스타네다에게 영감을 준 신비주의 전통의 본고장인 멕시코 코퍼캐

니언 지역에서 온 샤먼도 한 명 있었다. 그는 한쪽 눈에 마노석으로 된 의안을 끼고 있었고 온몸에 띠를 칭칭 감고 다녔다. 초자연현상에 열광하는 사람들과 함께 있을 때면 나는 동료애를 느꼈지만, 한편으로 왠지 불편하기도 했다. 확실하지 않지만, 이용당하고 있다는 느낌을 받았던 것이다. 의안을 낀 샤먼 같은 사람들이 어머니의 혼령과 접촉을 했다고 주장할 때마다 나는 격한 분노를 느꼈다. 마치 다른 사람의 약점을 이용하는 것 같았다. 학교 운동장에 모이는 살벌한 아이들은 적어도 정직하다고 믿을 수 있었다. 반면에 친절한 사람들은 비열할 수 있었다. 그것은 어렵게 터득한 교훈이었다.

우리 지역은 독특한 곳이었다. 근처의 무기 연구소들에서 일하고 있는 뛰어난 공학자들이 교육 수준이 낮은 사막 지역의 사람들과 뒤섞여 살고 있었으니까. 한편으로 나는 전문 기술자들의 사회가 있다는 것을 알고 나니 대단히 안심이 되었다. 그들은 심령술사들과 마찬가지로 나 같은 괴짜 아이들을 환영했다. 게다가 나 같은 아이를 이용해 먹을 생각도 하지 않았다. 우리와 가까운 이웃 중에는 클라이드 톰보라는 멋진 중년 남성이 있었다. 그는 젊었을 때 명왕성을 발견한 사람이었다. 내가 그를 알았을 무렵에, 그는 화이트샌즈 미사일 기지에서 광학 감지 장치 연구를 이끌고 있었다. 그의 집 뒤뜰에는 눈이 휘둥그레질 정도로 거대한 망원경들이 있었고, 그는 내가 그것들을 만지작거리도록 허락했다. 나는 그가 보여준 구상성단의 모습을 결코 잊지 못할 것이다. 그 성단은 세상에 있는 다른 모든 것들처럼 바로 내 눈앞에 실제로 존재하는 것으로서, 나와 같은 물리적 대상으로서, 내 친구로서, 생생한 삼차원 형상으로서 다가왔다. 나는 우주에 속해 있다는 느낌을 받았다(말이 난 김에 덧붙이자면, 나는 명왕성이 행성에서 제외된 것에 상당한 안타까움을 느낀다. 정상적인 행성들과 다른 그 기이한 궤도는 세상과 잘 어울리지 못하는 아이들을 고무시키곤 했다).

열네 살 때, 나는 고등학생도 들을 수 있는 지역 대학의 화학반에 들어갔다. 관련 서류가 미비했지만 모른 척했다. 그래서 나는 고등학교를 졸업하지 못한 상태로 계속 대학을 다니게 되었다. 나를 죽일 것만 같은 두려운 환경에서 벗어나기 위한 방편이었다. 나는 대학에서 배우는 것들에 전율을 느꼈다. 여전히 사교성이 떨어지던 나는 길 가던 사람을 아무나 붙잡고서 가장 최근에 배운 놀라운 지식을 떠들어대는 나쁜 습관을 갖고 있었다("아벨군에서 이런 기묘한 패턴이 나온다는 거 알아요? 알고 싶지 않아요?").

하지만 전문가 세계에 깊이 빠져들면 들수록, 뭔가 부족한 것이 있음을 느끼게 되었다. 거기에는 내가 처음 사귄 친구이자 내 인격 형성에 가장 큰 도움을 주었던 친구인 '무드'가 빠져 있었다. 나는 전에는 두려움과 외로움을 마주쳤지만, 이번에는 무미건조함과 맞닥뜨리고 있었다. 나는 수학과 건물의 컴컴한 방에서 종이 상자 안에 담긴 반딧불이처럼 최면을 걸듯이 화려한 색색의 무늬를 만들어내는 컴퓨터 화면을 바라보면서 밤을 새우곤 했다. 건물은 콘크리트로 지어졌고 삭막했다. 공학 세계나 수학 세계나 똑같이 삭막해 보였다. 나는 이제 내가 처음으로 사귄 진짜 친구들인 괴짜들이 내가 그들과 어떤 공통점을 찾기 위해 일부 내보였던 압도적인 무드의 복잡한 미로를 경험하지 못할 수도 있다는 걱정이 들었다. 지금까지도 나는 그런 상황에 놓여 있다.

나는 어른이 된 뒤 전문가로서 한 모험적인 연구들이 어린 시절의 모험들과 대단히 흡사하다는 것을 알고 놀란다. 가상 현실 연구실은 내가 어린 시절에 꾸민 유령의 집을 확대한 것과 비슷하다. 몸의 움직임과 기타 사소한 변화들까지 알아차리는 감지기들, 시각과 청각과 다른 감각 신호들을 즉시 재생하는 기이한 삼차원 영상 장치들. 나는 언젠가는, 설령 내가 죽어 없어진 뒤인 먼 미래일지라도 내 유령의 집 혹은 따스했던 고장 난 전화망과 비슷한 것을 만들 수 있을 것이라는 희망에서 1980년대에 가상 현실을 연구했다. 아마 우리 후손들은 사람들의 견해를 가장 잘 이끌어내는 가상 광장을 설계하는 법을 알게 될 것이다. 내가 어른이 된 뒤에 인터넷이 등장했다. 그것은 축복이자 저주이긴 해도 지금까지는 내 낙관주의를 강화하고 있다.

내가 가장 바라는 것은 모든 아이들이 가상 현실 내에서 자신의 '유령의 집'을 쉽게 만들 수 있고, 다른 아이들이 거기에서 달아나는 것이 아니라 그것을 이해하게 될 날이 왔으면 하는 것이다. 나는 가상 세계들을 상호 소통의 수단으로 만들어줄, 언어와 같은 기본적인 새로운 표현 방식이 있을 것이라고 믿는다. 하지만 그것은 이 글에서 다룰 내용은 아니다. 여기서 말하고 싶은 것은 내가 이전 시대에 비해 미래의 아이들이 자신들의 내면에 놓여 있는 것을 다른 사람들과 더 잘 공유할 수 있다고 느끼게 도와줄 기술을 개발하고 싶다는 것이다. 나는 소셜 비디오게임들이 급속히 진화하는 것을 기대 섞인 눈으로 바라보고 있다.

나는 기술 문명의 무미건조함에 여전히 불편함을 느낀다. 내가 직면한 딜레마는 그것이 내가 어릴 때 겪었던 것과 똑같다는 것이다. 주관성, 운치, '무드'의 세계에 공감하는 사람들은 정반대 입장을 취하고 있는 신앙 공동체 속으로 들어가는 경향이 있다. 의안을 낀 샤먼은 아마도 나와 마찬가지로 대단히 낭만적인 사람이었겠지만, 그는 나를 배제시키고, 심지어 나를 착취하는 것들을 믿었다. 공학자들과 과학자들의 세계는 경쟁이 심하고 때로는 잔혹하기까지 할 수도 있지만, 모든 구성원이 물리적 세계라는 같은 장소에서 살아간다는 것을 전혀 의심하지 않는다. 그 세계에서는 누구든 과학자나 공학자가 될 동등한 권리를 지니고 있다. 과학과 기술이 오로지 서구의 것이라고 여겨진다는 것은 서글프고 김빠지는 오해이다.

그렇다면 과학과 기술의 어떤 측면이 그토록 많은 사람에게 불쾌감을 주는 것일까? 종교적 근본주의의 등장은 말할 것도 없고, 서양 의학을 거부하거나 점성술 같은 미신을 믿는 수많은 사람들을 생각해 본다. 가장 확실한 설명은 사람들이 죽음을 두려워하며 사후 세계를 믿고 싶어 하기 때문에, 그런 종류의 이야기를 제공하는 사람들에게 쉽게 이용당한다는 것이다. 하지만 나는 다른 설명도 있지 않을까 생각한다. 그것은 더 직접적이고 부정하기 더 어려운 것이다.

기술 지향적인 문화에 불편해하는 사람들은 주관적인 경험이 근본적인 것이며 위협을 받고 있다는 내 생각에 동의할지 모른다. 자연 세계, 즉 물리적인 세계를 받아들일 때, 우리는 평등주의자가 된다. 그것은 다른 누군가를 배제할 필요가 없는 믿음이기 때문이다. 하지만 그 과정에서 우리는 세계에 대한 우리의 주관적인 경험을 깎아내리게 된다. 우리가 개인임을 입증해 주고, 우리의 삶에 운치와 의미를 부여하는 것을 폄하하게 된다는 뜻이다. 반대로 주관성을 찬미할 때, 우리는 신앙 공동체 속으로 떨어질 위험에 처한다. 돌이켜보면, 나는 어린 시절에 맞서 싸웠던 외로움 덕분에 이 딜레마를 명확히 볼 수 있게 된 것 같다.

내 유년기는 지금도 계속되고 있다.

마법사의 제자

니컬러스 험프리Nicholas Humphrey

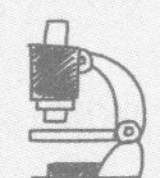

니컬러스 험프리는 심리학자이자 신경과학자이다. 인간의 지능과 의식의 진화 연구로 세계적인 명성을 떨치고 있다. 그의 할아버지는 근육의 열 생산 연구로 1922년 노벨 생리학·의학상을 받은 아치볼드 비비언 힐로, 학자 집안에서 자랐다. 르완다에서 다이앤 포시와 함께 고릴라를 연구했고, 뇌 손상을 입은 원숭이에게 '맹시'가 존재한다는 것을 최초로 밝혀냈으며, '지능의 사회적 기능' 이론을 제안했다. 종교와 예술, 자살 등의 진화적 배경을 오랫동안 탐구해 왔다.

케임브리지 대학교에서 심리학과 생리학을 공부했고 심리학 박사학위를 받았다. 케임브리지 대학교 동물행동학과 부학과장, 케임브리지 다윈칼리지 수석 연구원, 뉴욕뉴스쿨 심리학 교수, BMW 구겐하임연구소 자문위원, 런던 정경대학교 심리학 명예교수 등을 역임했으며 글락소 과학작가상, 영국 심리학회 도서상, 푸펜도르프 메달, 마인드 앤 브레인상 등 수많은 상을 받았다. 적극적인 반핵 운동가로, 심리학자 로버트 리프턴과 함께 편집한 전쟁과 평화에 관한 선집 『암흑의 시대에』로 마틴 루터 킹 추모상을 수상하기도 했다. 지은 책으로는 『빨강 보기』, 『센티언스』 등이 있다.

1960년 크리스마스 다음 날, 아침 식사 시간 직후 런던의 가워 거리는 아주 한산했다. 나는 외할아버지인 A. V. 힐과 함께 옆문을 통해 유니버시티 칼리지 해부학과로 들어갔다. 그리고 살금살금 위층으로 올라가 할아버지의 연구실로 들어갔다. 시체 안치소인 양 분위기가 아주 음산했고, 포름알데히드 냄새가 코를 찔렀다. 연구실 천장에서 물이 새어나와 실험대 위에 받쳐둔 우산 위로 똑똑 떨어지며 물방울을 튀겼다. 물이 떨어지는 속도에 맞춘 듯 시계가 째깍거리고 있어서 기분이 더 이상했다. 그 소리들 말고는 소름이 돋을 만치 고요했다. 할아버지는 살아 있는 개구리들이 가득 들어 있는 수조 뚜껑을 열어서 한 마리를 꺼내곤 튼튼한 허벅지 근육을 자세히 살펴보았다. 그런 다음 그 개구리를 유리병에 넣고 내게도 얼마나 멋진지 보라고 했다. 그 옆에는 코르크판과 해부 도구들이 놓여 있었다.

그때 나는 열일곱 살이었다. 당시 나는 헤르만 헤세의 소설 『황야의 이리』를 읽던 중이었는데, 문에 달려 있는 '제한 구역'이라는 낯선 글자판을 보니 그 소설에 나오는 마술 극장이 생각났다. 비록 처음은 아니었지만, 일반 사람들은 들어갈 수 없는 곳으로 들어가는 문턱을 넘어선 것 같은 기분을 느꼈다. 하지만 소설 속 마술 극장의 '제한 구역' 표지판 밑에는 또 다른 표지판이 붙어 있었다. '미친 사람만 들어올 수 있음'. 나는 새로이 속하게 된 곳에 자부심을 느꼈지만, 한편으로는 경계심이 일었다.

할아버지는 대다수 사람들이 전날 흥겨운 크리스마스 밤을 보내고 아직 잠에 곯아떨어져 있을 시간인 오늘 아침 일을 하기로 했는데, 거기에는 그럴 만한 이유가 있었다. 할아버지는 1922년 노벨 의학상을 받은 뒤 후속 연구를 계속하고 있었다. 일흔다섯 살인 지금은 나중에 그의 '마지막 근육 역학 실험'이라고 불리게 될 연구를 하고 있었다. 할아버지는 최근에 훨씬 더 개량된 이동 코일 검류계를 개발했다. 근육 수축 때 발생하는 열을 측정하는 장치였다. 하지만 이 새 장치는 진동에 아주 민감했기 때문에, 바깥 거리에서 자동차가 지나갈 때마다, 누군가 걸음을 내딛을 때마다 계기판 수치가 엉뚱하게 변했다. 그래서 완벽한 측정을 하려면 이런 날이 딱 좋았다. 이 시간에는 할아버지와 나밖에 없었으니까.

물론 할아버지 혼자서 실험을 할 수도 있었다. 하지만 할아버지는 가족이 함께하지 않는 과학은 아무 의미가 없다고 생각했으며, 늘 자식들과 손주들을 조수로 참여시키고 있었다. 할아버지는 1926년 왕립 연구소의 크리스마스 강연을 어떻게 준비했는지 이렇게 설명했다.

> 강연을 어떻게 할까 물었을 때 여러 가지 제안이 나왔지만 여덟 살 된 재닛의 입에서 나온 제안이 가장 나았어. 재닛은 자신을 대상으로 실험을 해야 한다고 주장했거든. 그 말을 곰곰이 생각하면 할수록 그럴듯해 보였지. 그럼 아이들을 전부 동원해서 무시무시한 실험들을 해보면 어떨까? 폴리의 심장이 팔딱팔딱 뛰는 걸 보여주고, 감정 변화를 스크린에 그대로 보여주자. 데이비드에게 전기 충격을 가해서 양손에서 불꽃이 튀기도록 하고 재닛의 위장이 움직이는 모습을 스크린을 통해 청중에게 보여주자(어차피 요즘 어린 숙녀들은 예의 바른 몸가짐에 신경 쓰지 않으니까). 그런 다음 모리스의 심장이 급박하게 뛰는 소리가 총소리처럼 강의실에 크게 울려 퍼지도록 만들자. 모리스는 자신도 전기 충격을 받도록 해주겠다고 내가 약속할 때까지 실험에 동의하지 않으려 했어.

한 세대가 지난 지금, 할아버지는 늘 하던 전통대로 도와달라고 나를 부른 것이었다. 연구 조수로, 아니면 마법사의 제자로? 아마 둘 다일 듯했다.

점심시간에 우리는 할아버지가 매일 드시는 메뉴인 치즈와 사과 주스를 먹었다. 묽고 텁텁한 그 주스는 데번에 있는 아이비브리지 마을의 주스 짜는 공장에서 직송된 것이었다. 할아버지는 다트무어 외곽에 있는 시골집을 오랫동안 갖고 있었다. 데번과 다트무어가 연결되니 할아버지의 머릿속에 특별한 사건이 하나 떠오른 듯했다. 할아버지는 자신이 그 황야에 처음 발을 디딘 날짜를 정확히 기억하고 있었다. 할아버지는 어떻게 그 날짜를 기억할 수 있었는지 이야기해 주었다.

당시 할아버지는 증조할머니와 함께 근처 농장에서 휴가를 보내고 있었다. 할아버지는 집주인에게 총을 빌려 토끼 사냥에 나섰다. 그러던 중 한낮에 일식이 일어나는 것을 보고 깜짝 놀랐다. 달그림자가 태양을 삼키기 시작했다. 할아버지는 회중시계에서 유리를 떼어내, 거기에다 방금 잡은 토끼의 피를 문질렀다. 시력 손상 없이 일식 현상을 안전하게 지켜보기 위해서였다. 오랜 세월이 흐른 뒤, 할아버지는 천문 달력에서 그 날짜를 찾아보았다. 1900년 5월 28일 오후 2시 30분이었다.

할아버지는 형이상학(언젠가 할아버지는 내게 그것이 "교묘한 방법으로 사람들을 속이는 기술"이라고 말했다)에 많은 시간을 투자한 적이 한 번도 없었다. 하지만 그날 아침 할아버지와 나 사이에는 특별한 유대 관계가 형성되고 있었다. 그래서 할아버지는 평소에 하지 않던 이야기도 했다. 토끼의 피와 일식 이야기에는 한 가지 교훈이 담겨 있다고 했다. 태양, 달, 별들은 일종의 같은 운명을 지니고 있다. 그들의 시간과 진행 경로는 잘 알려진 법칙들을 따른다. 뉴턴은 수백 년 앞서 어떤 시간 어떤 장소에 어떤 별이 보일지 정확히 예측할 수 있었을 것이다. 하지만 토끼와 소년(맞다, 개구리도)은 그와는 다른 운명을 지니고 있다. 우리는 운명적인 일들이 일어날 날짜도 시간도 알지 못한다. 바로 그런 교훈이었다. 그렇다면 인간의 행동에는 어떤 법칙들이 적용될까?

할아버지가 친구로 여겼고, 상트페테르부르크로 몇 차례 찾아가 만나기도 했던 과학자 파블로프는 언젠가는 마음의 과학이 물리학이나 화학처럼 엄밀한 학문이 될 것이라고 믿었다. 지그문트 프로이트도 그 점에서는 같은 생각이었다. 할아버지는 프로이트가 1938년 왕립학회 외국인 회원이 되었을 때 대표로 나서서 그를 환영했다. 두 사람은 놀랄 만큼 죽이 잘 맞았다. 하지만 두 사람은 과학이 무엇인가에 대해 상반되는 개념을 갖고 있었다! 몇 년 전 할아버지는 파블로프가 1936년 여든일곱 살의 나이로 세상을 떠나기 직전에 쓴 「러시아의 젊은 학도에게 남기는 유산」이라는 체계가 잘 잡힌 글을 내게 주었다. 그 글은 『파블로프의 마지막 유언』이라는 책으로 나왔다. 할아버지는 나를 위해 다음 구절에 표시를 해놓았다.

> 가장 대담한 추측과 가설을 동원해서까지 지식이 부족함을 가리려 하지 말라. 비누 거품은 순간적으로 당신의 눈을 즐겁게 할지 모르지만 결국 터지게 마련이며, 그다음에는 부끄러움밖에 남지 않을 것이다. 새의 날개가 완벽하다고 할지라도, 공기가 없다면 날개는 결코 새를 들어올릴 수 없다. 과학자에게는 사실들이 그 공기에 해당한다. 사실들이 없이는 당신은 결코 날 수 없다. 사실들이 없다면, 당신의 '이론들'은 헛된 노력일 뿐이다.

할아버지는 비누 거품을 아주 좋아했다. 그것은 프로이트의 이론을 묘사하는 데 딱 맞았다. 아니 적어도 할아버지는 그렇게 생각했다.

나는 할아버지의 말을 귀 기울여 듣고 머릿속에 깊이 새겨 넣었다. 그러면서 링거액으로 개구리의 근육을 축축하게 적셨다. 당시 나는 고등학교를 막 졸업한 상태였고, 올 10월에 장학금을 받고 케임브리지 대학교에 가서 수학과 물리학을 공부할 계획이었다. 생물학에는 거의 백지나 다름없었다. 하지만 할아버지는 내 장래에 대해 다른 생각이 있었다. 할아버지는 수학자로 출발했다가 나중에서야 생물물리학 세계로 뛰어들었다. 그때 할아버지는 앞으로 진짜 도전할 분야는 행동과학이라는 것을 넌지시 암시하는 중이었다. 몇 주 뒤, 할아버지는 내게 플리머스에 있는 해양 생물학 연구소로 가서 자기 제자인 에릭 덴턴 밑에서 6개월 동안 실험 조수 노릇을 하라고 나를 떠밀었다. 그곳에 가면 생명에 관해 배울 수 있다는 것이었다. 아무튼 배움의 첫 단계에 들어설 수는 있겠지 하는 마음이었을 것이다. 그래서 나는 그곳으로 갔다. 그리고 할아버지의 생각대로 되었다.

* * * * *

시인인 위스턴 오든은 이렇게 썼다. "과학자들 사이에 있으면, 마치 길을 잃어 귀족들이 가득한 방에 잘못 들어간 초라한 목사처럼 느껴진다." 아마 귀족이 아닌 사람은 귀족으로 태어난다는 것이 어떤 느낌인지 알 수 없을 것이다. 고유의 우월 의식, 평민들에게는 허용되지 않은 속박에서 벗어날 수 있는 자유와 접근 권한……. 정말 특별하리라고 상상해 본다. 하지만 나는 위대한 과학자 집안에서 태어난다는 것이 어떤 느낌인지는 누구보다도 잘 알고 있다. 그것은 귀족 가문에 태어나는 것에 비견할 만한 특별한 것이라고 단언할 수 있다.

외할아버지인 A. V. 힐은 남들의 모범이 된 과학자였다. 노벨상 수상자에다가 처칠 전시 내각 때에는 케임브리지 대학교와 옥스퍼드 대학교를 대변하는 하원의원이었고, 전 세계 지식인들의 자유와 책임을 옹호한 사람이었다. 할아버지는 전쟁이 나기 전 몇 년 동안 히틀러 치하의 유대인 과학자들을 탈출시키는 계획에서 중요한 일을 맡기도 했다. 내가 어릴 때, 하이게이트에 있던 할아버지의 집에는 늘 유럽 중부 지방 어투가 강하게 풍기면서 활짝 웃음을 머금은 손님들이 들락거렸다. 그들은 새로운 발견들을 놓고 열띤 토론을 벌였다. 그리고 노벨상을 누가 받을 것인지를 놓고도 이야기를 나누었다. 세월이 흐르자 그들 스스로가 노벨상 수상자가 되었다.

종조부인 존 메이너드 케인스는 내가 두 살 때 세상을 떠났지만, 집안에는 그의 지적 영향력이 여전히 남아 있었고, 러시아 발레리나 출신인 그의 부인 리디아 로포코바는 블룸즈버리그룹 회원들과 친목을 유지하면서 요정 할머니처럼 살았다. 케인스의 동생인 제프리는 의사이자 의학사였다. 그의 부인 마거릿은 찰스 다윈의 손녀였다.

내 어머니 재닛(움직이는 위장을 보여준 바로 그 여자아이)은 의사가 되었다가, 나중에 정신분석학자가 되어 안나 프로이트와 함께 연구를 했다. 형제자매들 중 모리스(크게 울리는 심장 소리를 들려주었던 아이)는 지구물리학자가 되었다. 그의 연구는 대륙 이동을 사실로 확정 짓는 데 중추적인 역할을 했다. 데이비드(손에서 불꽃을 튀긴 아이)는 생물물리학자가 되어, 자기 아버지와 마찬가지로 근육을 연구했다. 폴리(감정 변화를 보여준 아이)는 최초의 경제인류학자 중 한 명이 되어, 서아프리카 코코아 무역의 전개 양상을 연구했다. 모리스와 데이비드는 왕립학회의 특별 회원이 되었다. 가까운 집안사람 중 여섯 명이 특별 회원이었기에, 힐 할머니는 왕립학회를 친목 단체쯤으로 여기곤 했다.

아버지 존 험프리는 면역학자이자, 국립 의학 연구소 소장이었다. 그곳에서 아버지는 항체 형성에 관한 선구적인 연구를 했다. 집안의 다른 구성원들이 그랬듯이, 아버지도 사회적 정치적 현안들이 있을 때 깊이 관여했다. 아버지는 '핵무기 반대 의료인 운동'을 창설했다. 그 단체는 나중에 미국에 본부를 둔 '핵전쟁 방지를 위한 국제 의사 기구'로 발전해 노벨 평화상을 받았다. 친할아버지 허버트 험프리는 공학자이자 발명가였다.

우리 집에는 《베니티 페어》 잡지에 실렸던 험프리 할아버지의 초상화가 있었는데, 그 초상화 밑에는 할아버지의 발명품 중 하나인 '험프리 펌프'라는 제목이 붙어 있었다. 하지만 어릴 때 내가 내심 더 자랑스러워했던 발명품은 할아버지가 제1차 세계대전 때 독일 전함에 대적하기 위해 개발한 1인용 '유인 어뢰'였다. 할아버지는 자신이 첫 조종사가 되겠다고 나섰지만, 당시 해군 장관이었던 처칠은 그 제안을 거부했다.

종조부인 윌리는 명민한 수학자로 케임브리지 대학교에 재직했다. 하지만 나중에 종교 쪽으로 방향을 바꾸더니, 선교사가 되어 서아프리카로 갔다. 그곳에서 그는 원주민들과 마찰을 빚다가 그만 목이 잘리고 말았다(아마 식인종들에게 잡아먹히기까지 했을 것이라고 우리는 추측하곤 했다). 나는 종조부를 본 적이 한 번도 없었지만, 그는 프리타운 항구로 들어오는 우편선을 지켜보는 데 썼던 망원경을 내게 물려주었다. 망원경은 그가 살해당한 뒤 한 친구가 영국에 있는 그의 여동생에게 슬픈 전보와 함께 보낸 것이었다. 전보는 아주 간단했다. "윌리. 부고. 자세한 소식은 나중에." 그의 여동생이자 내 종조모인 이디스도 과학자가 되고 싶어 했지만, 1890년대에 영국 대학교에서는 여성을 받아들이지 않았다. 그래서 종조모는 취리히로 가서 박사 과정을 밟았다. 그곳에서 종조모는 주기율표를 창안한 러시아의 위대한 화학자 드미트리 멘델레예프의 강의를 들었다. 나중에 종조모는 영국 최초의 여성 화공학자가 되었다. 종조모는 108세까지 장수했고, 가족 만찬이 있을 때면 꼬박꼬박 참석했다.

우리 집은 대가족이었다. 집에서 식사할 때 인원이 열 명이 넘지 않는 경우는 드물었고, 학교가 쉬는 날에는 대개 사람이 더 많아졌다. 우리는 아버지의 연구소 근처인 런던 북부 밀힐에 있는 대저택에서 살았다. 스코틀랜드 귀족풍의 집이었는데, 방이 26개였고 0.4헥타르(약 1,200평)에 달하는 정원이 있었다. 내 형제자매는 네 명이었고, 고아가 된 사촌 두 명도 함께 살았다. 그리고 엎어지면 코 닿을 데 있는 사촌도 열다섯 명이나 되었다. 아이들은 떼지어 몰려다녔고, 수가 많아 통제할 수 없을 지경이었다. 우리는 힐 할머니가 여는 일요 다과회 때 정기적으로 만났다.

스티븐 호킹은 1958년 부모님이 인도에 가 있는 일 년 동안 우리 집에 와서 지냈다. 당시 그는 열여섯 살이었다. 그때 호킹은 집중력이 뛰어나고 호기심이 많은 아이였는데, 그보다 두 살 어렸던 내 기억으로는 그가 좀 으스댔던 것 같다. 오랜 세월이 흐른 뒤인 1992년 그의 50세 생일파티 때 그는 휠체어에 앉은 채 앞장서서 춤을 추었다. 나는 예전에 그가 우리 가족에게 스코틀랜드 고지대 민속춤인 릴춤을 가르치려 애썼던 일을 그에게 상기시켰다(훨씬 더 생생한 기억을 그에게 상기시키려 하다가 참았다. 그는 재수 없게 걸린 우리 집 아이들을 자기 소대로 삼아 군대 지휘봉을 휘두르면서 끌고 다니곤 했다).

아이였을 때 우리는 숨 쉬듯 늘 과학과 함께 생활했다. 물론 당시에는 그 사실을 깨닫지 못했지만 말이다. 미로 같은 지하실 방들에는 온갖 실험 기구들이 가득했다. 할아버지의 엔진 시제품들, 펌프와 어뢰, 선반과 톱, 쇠로 된 조립 완구 세트, 사진 촬영 장비, 발전기, 현미경, 수족관 등등. 우리는 토요일이면 아버지 연구소의 복도를 뛰어다니며 놀았다. 그리고 케임브리지에 있는 삼촌 모리스의 천문대로 소풍을 가기도 했다. 또 해양생물학 연구소의 탐사선을 타고 여행을 다니기도 했다. 스티븐의 가족이 사우스밈스에 있는 숲으로 옛 선조들이 썼던 화살촉을 찾으러 탐사를 떠날 때면 우리도 함께 갔다.

매주 있었던 큰 행사는 일요일에 외할머니 댁을 방문하는 것이었다. 이 일요 다과회는 보통 3대 또는 4대가 한 자리에 모이는 시간이었다. 할아버지의 동료들과 제자들도 초대를 받아 자식과 손주를 데리고 오곤 했다. 식탁 한쪽에는 아이들이 앉는 높은 의자들이 있고, 다른 한쪽에는 휠체어들이 놓여 있었다. 샌드위치와 케이크가 나오는 정식 다과회가 끝나면, 고맙게도 어른들은 응접실로 가서 과학과 정치 이야기로 꽃을 피웠고, 우리 아이들은 정원으로 나가서 마음껏 뛰놀았다(아니, 몇 개의 정원이라고 해야 옳을 것이다. 뭔가 수집하는 것을 좋아했던 힐 할머니가 이웃집의 정원들까지 차례차례 사들였으니까).

하지만 할아버지는 우리를 장시간 내버려두지 않았다. 거의 매주 할아버지는 새로운 게임이나 실험을 고안해 냈다. 개구리 경주, 활쏘기, 연날리기가 있었고, 날씨가 나쁠 때는 마술 랜턴 쇼도 선보였다. 그중 기억이 생생한 것은 할아버지가 도축업자에게 잘린 양의 머리를 하나 얻어와 부엌 식탁에 올려놓고서(요리사는 오만상을 찡그렸다), 우리를 모아놓고 직접 해부를 하던 장면이다. 할아버지는 눈알 하나를 조심스럽게 떼어낸 다음 그 눈알 수정체를 통해 밖을 내다보라고 했다. 나는 이 보석 같은 수정체를 눈에 대고서 부엌 창문 너머 정원과 잔디밭, 그네, 할머니가 애지중지하는 달리아를 바라보았다. 모든 것이 너무나 깨끗하게 보였는데, 위아래가 뒤집혀 있었다.

그런 대단히 특권적인 환경에서 자란 것이, 말 그대로 과학의 세계로 던져 넣어진 것이 내게 어떤 영향을 미쳤을지 지금도 궁금하다. 그 뒤 50년이라는 세월이 흘렀으니, 그 영향이 실제 이상으로 부풀려졌을 수도 있다. 우리는 각자 성장했고, 각자 나름의 어린 시절을 간직하고 있다. 우리는 자기 이야기를 할 때 나름 어떤 요인이 기여를 했다고 말하지만, 다른 어떤 특정한 요인이 그에 못지않게 영향을 미쳤을지 누가 알겠는가?

최근 몇 년 사이에 '양육 가설'은 공격을 받아왔다. 하지만 나는 양육과 인성 사이에 인과관계가 실제로 있으며 부정할 수 없다고 생각하는 쪽이다. 이런 어린 시절의 환경에서 내가 얻은 것은 지적 추구권을 지니고 있다는 느낌이었다. 즉 어디든 지식을 추구하고 싶은 분야로 가서 꼬치꼬치 캐묻고 도발을 할 권리 말이다. 어릴 때 나는 내 여권 맨 앞장에 적힌 글귀를 볼 때마다 매혹되곤 했다. 소지자를 '어떤 방해도 없이 자유롭게 통과(무사증 통과)'시키라는 글귀였다. 나는 그와 비슷한 무언가가 내가 선택한 어떤 분야든 마음대로 탐구하게 해줄 것이라고, '제한 구역'이라는 표지판이 붙어 있는 영역들을 안전하게 넘나들 수 있게 해줄 것이라고 느끼며 성장했다.

분명히 말하지만, 훌륭한 과학자가 되기 위해서는 그런 대담함이 필요하다. 그것 외에 무슨 방법으로 과학자에게 요구되는 것을 해낼 수 있단 말인가? 눈앞에 있는 자연을 벌거벗기라고 하는데? 다른 이유로도 자연의 비밀에 관심을 갖게 될 수 있겠지만, 나는 대대로 내려오는 지적 추구권을 가지고 있다는 느낌에 비할 만한 것은 없으리라고 본다.

그러나 인정하고 싶지 않지만, 거기에는 단점도 있다. 사실 나는 이런 접근권을 당연하게 여기는 태도가 좋은 것만은 아니라는 사실을 점점 실감하고 있다. 나 자신을 예로 들면, 지금 나는 과학자가 되기 위해 투쟁을 할 필요가 전혀 없었다는 점과 과학자가 될 때까지 진정한 성취감이나 경이를 경험한 적이 한 번도 없었다는 점이 문제라고 생각하고 있다. 그리고 고백하자면, 그 때문에 나는 과학자로서의 권리와 의무를 마땅히 그래야 하는 것보다도 덜 진지하게 받아들여 왔다. 특히 자기 주변을 제대로 돌아보지 않는다면, 이를테면 한 과제를 마무리짓지 않은 채 다음 연구 과제를 시작한다거나, 학문 영역 간의 경계를 무시한다거나, 낄 자리가 아닌 위원회에 들어가거나 한다면 내 특권이 환수될지 모른다는, 마땅히 해야 할 걱정을 전혀 하지 않고 살아왔다.

『파블로프의 마지막 유언』은 이런 경고로 끝맺고 있다. "과학은 개인에게 평생을 바치라고 요구한다는 것을 명심하라. 당신의 목숨이 두 개라도 부족할 것이다. 부디 자신의 연구와 탐구에 열정을 다해 매진하기를." 파블로프와 마찬가지로, 내 친할아버지와 외할아버지 두 분 다 집안에서 처음으로 과학계에 입문한 사람들이었다. 그들은 연구에 대단한 열정을 쏟았다. 자신이 과학을 할 수 있다는 것이 대단한 축복임을 매일 같이 되새기면서,

한결같은 마음으로 과학에 헌신하는 것이 그 빚을 갚는 길이라고 결심한 과학자들에게서 볼 수 있는 바로 그런 열정이었다. 힐 할아버지는 비록 온갖 일에 한눈을 팔긴 했어도, 과학계에 입문할 때부터 은퇴할 때까지 근육 수축의 열역학을 규명하는 실험에 몰두했다.

나는 그런 집안에서 3대째 과학자가 되어 있다. 나를 가장 흥분시키는 문제들을 찾아다니면서 다소 마음 내키는 대로 옮겨 다녔던 연구 경력(신경심리학, 행동학, 진화심리학, 정신철학)을 돌이켜 보니, 내가 지금까지 그토록 멋진 삶을 살았다는 것이 경이롭게 느껴진다. 하지만 과학자가 될 운명을 안고 태어났다는 것이 내가 스스로를 과학자라고 부를 수 있는 권리를 줄인 것은 아닌지 궁금증이 인다.

Curious

벌레를 닮은 로봇

로드니 브룩스 Rodney Brooks

로드니 브룩스는 호주의 로봇 공학자이자 로봇 기업가로, 로봇 공학에 대한 행동주의적 접근 방식을 대중화한 인물로 알려져 있다. 브룩스는 코끼리는 나름 뛰어난 지능을 지녔으면서도 체스를 둘 줄 모른다는 점을 지적하면서, 개념과 기호에 의지하는 고등지능만 지능이라고 여기는 당시 통념을 비판했다. 그는 '곤충 같은' 수준의 단순한 지능부터 만들어 점차 발달시키는 접근법인 '누벨 AI'를 제시했다. 복잡한 개념 모델부터 만드는 대신, 센서와 반응회로를 만들고 그런 것들을 엮어서 환경에 지능적으로 적응해서 행동하는 인공지능 로봇을 만들자는 아이디어로 다양한 로봇 상품을 개발했다.

MIT 컴퓨터과학 및 인공지능 연구소의 소장 겸 MIT 컴퓨터과학 교수로 재직했다. 로봇공학 회사인 아이로봇의 창업자, 리싱크 로보틱스, 로버스트 AI의 공동 창업자이자 기술 책임자이기도 하다. 스탠퍼드 인공지능연구소에서 박사학위를 받고, 카네기 멜론 대학교와 MIT 인공지능연구소연구원, 스탠퍼드 대학교 컴퓨터과학과 교수를 거쳐 1984년부터 MIT 인공지능연구소의 교수로 있다. 또한 미국인공지능협회의 창립멤버이자 미국과학한림원 회원이며 여러 과학 학술지의 편집위원이다. 저서로는 『로드니 브룩스의 로봇 만들기』 등이 있다.

나는 과학자가 되기까지 두 번의 큰 전환점을 겪었다. 첫 번째는 부모님이 집 옆에 차고를 만들었을 때였다.

나는 오스트레일리아 애들레이드라는 외진 곳에 있는 안락한 도시에서 자랐다. 그 도시는 주변 320킬로미터에 걸쳐 뻗어 있는 농경지를 지원하는 것이 주된 역할이었다. 그곳을 빼면 그 주변 지역은 사막이었고 내가 잉태되기 직전에 영국은 그곳에서 지상 핵실험을 하곤 했다. 그곳에서 동쪽으로 800킬로미터쯤 가면 더 큰 도시인 멜버른이 나오며, 서쪽으로 3200킬로미터쯤 가면 외딴 도시인 퍼스가 있다. 그 사이에는 거의 아무것도 없었다. 심지어 서쪽으로 가는 길은 비포장도로였다.

아버지와 어머니는 각각 9학년과 10학년까지 교육을 받았는데, 당시로서는 상당한 고학력자였다. 내가 기억하기로는 두 분의 친구들 중에 고등학교까지 나온 사람은 한 명도 없었다. 아버지는 전화 기술자였고, 어머니는 형이 태어나기 전까지 미용사 일을 했다. 그런 환경에서 자란 나는 네 살 때 교수라는 별명을 었었다. 나는 암산 능력이 괴상할 정도로 뛰어났다. 3347페니가 22파운드, 5실링, 7펜스라고 단번에 말할 수 있을 정도였다. 나는 산수의 규칙성에 푹 빠져 있었다. 나는 숫자들을 갖고 이런저런 패턴들을 예측하고 그것을 머릿속에서 고안한 방식들을 적용해 암산해서 맞는지 확인하곤 했다. 이렇게 계산 능력이 아주 뛰어나긴 했지만, 그것을 써먹을 일은 별로 없었다.

차고가 지어지자, 정원에 차를 넣기 위해 설치했던 창고는 본래의 임무에서 벗어났다. 그때까지 형과 나는 그 창고 구석에 놓여 있던 아버지의 작업대를 함께 쓰고 있었는데, 날이 저물 때면 만들던 나무 조각들을 모두 치워놓아야 했다. 그런데 이제 작업대를 두 개 더 들여놓을 공간이 생겼다. 오른쪽은 형, 왼쪽은 내 차지가 되었다. 형은 화학과 유독성 기체를 만드는 일에 재미가 들려 있었고, 일곱 살이었던 나는 형과 다른 것을 하겠다는 마음으로 식구들과 논의를 거친 끝에 전기 쪽으로 방향을 정했다. 내 새 작업대는 주방에 있던 낡은 목재 식탁을 갖다놓은 것이었는데, 나는 거기서 전기 장치들을 만들곤 했다.

전지와 전구로 회로를 만드는 법을 이해하고 나자, 나는 주석 깡통을 잘라낸 조각들과 못을 이용해 만든 누름 스위치가 달린 작은 논리 회로를 만들었다. 나는 A 스위치와 B 스위치가 둘 다 눌렸을 때만 전구에 불이 켜지는 회로와 어느 한쪽만 눌려 있을 때 불이 켜지는 회로도 만들 수 있었다. 이 회로들이 내 머릿속에서 이루어지는 것과 같은 계산을 할 수 있는 장치를 만드는 데 핵심이 되는 부분이었다. 내 열정을 끌어당기는 무언가가 거기 있었다. 바로 인간이 생각만으로 사물들을 움직일 수 있도록 사물들을 기계화하는 일이었다. 내가 평생 동안 할 일이 여덟 살 때 결정되었다. 나는 사람들이 생각으로 움직일 수 있는 기계 장치를 만들고 싶었다. 생각만으로도 아주 능숙하게 움직일 수 있는 기계 장치를 만들기로 결심한 것이다.

내가 선물로 받은 책 중에 『거대한 전자 두뇌』라는 미국 책이 있었다. 그 책에는 이진법과 컴퓨터가 어떻게 주판의 대가보다 계산을 빨리 할 수 있는지 설명되어 있었다. 나는 진짜 컴퓨터는커녕 전자 계산기조차도 본 적이 없었지만, 기계로 셈을 한다는 개념에 큰 흥미를 느꼈다. 하지만 내가 가진 돈으로는 큰 숫자를 계산하는 데 필요한 복잡한 회로를 만들 수 없다는 것을 곧 알아차렸다. 내 용돈은 일주일에 고작 6펜스였다. 그 용돈으로는 동네 상점에서 전구 두 개밖에 살 수 없었다. 그래서 그 대신에 기계가 지능을 가질 수 있다는 것을 보여주기 위해, 게임을 할 수 있는 기계를 만드는 데 집중하기로 했다. 열 살 때쯤 나는 인류가 단지 생각하는 기계이며, 인간의 지능에 맞먹는 기계를 만드는 일은 단지 회로를 얼마나 복잡하게 만들 것이냐의 문제라고 확신하고 있었다. 나는 신경 펄스를 전달하는 뉴런들의 전기 특성들을 다룬 책을 읽은 바 있었다. 즉 뇌는 내가 만들고 있었던 것과 같은 종류의 부품들로 이루어져 있었다.

그때부터 내가 가장 심혈을 기울인 것은 절대 지지 않는 틱택토 게임(두 명이 번갈아가며 O와 X를 3×3 판에 써서 같은 글자를 가로, 세로, 혹은 대각선 상에 놓이도록 하는 놀이로 한 줄을 같은 기호로 채우면 이긴다. 오목과 비슷하다. -편집자 주)을 하는 장치였다. 열두 살 때 나는 수동 전화 교환대의 원리를 발견했다. 그것은 3단 스위치들이 달려 있는 것으로서, 스위치를 중립 위치에서 올리거나 내림으로써 네 통화를 동시에 연결할 수 있었다. 나는 이런 스위치를 아홉 개 달아서 놀이판을 만들었다. 스위치는 가로 세로가 세 칸씩인 놀이판의 각 칸에 해당했고, 스위치의 위치는 칸의 상황을 나타냈다. 스위치가 중립 위치에 있으면 칸이 비었다는 것을 뜻했고, 위는 X, 아래는 O를 뜻했다. '컴퓨터'(나는 그 놀이판을 그렇게 불렀다)가 어떤 칸을 X로 표시하려 한다면, 그 칸의 전구에 불이 들어올 것이고, 그러면 사람이 그 칸에 해당하는 스위치를 위로 올려주는 것이다. 그런 다음 다른 칸의 스위치를 내려서 O를 두는 식이다.

이런 틱택토 장치의 회로를 설계하기 위해서, 나는 회로가 정확한 수를 둘 수 있도록 게임 나무(game tree), 즉 둘 수 있는 가능한 모든 게임의 집합을 하나하나 파악했다. 회로에 미리 모든 수를 담아놓지 않으면, 정해진 게임 순서를 따르지 않는 수가 놓였을 때 기계는 어찌할 바를 모를 것이다. 설령 한 수만 두면 이길 수 있는 상황이어도 모를 터였다. 나는 그것이 사람들이 게임을 하는 방식과 다르다는 것을 알았지만, 당시에 그 점은 중요하지 않았다. 나는 공학자들을 고심하게 만드는 요인들에 쫓기고 있었다. 바로 사람이 두는 것처럼 흉내내도록 하는 데 필요한 더 복잡한 트랜지스터 회로를 만들 능력의 부족과 비용 문제였다. 비록 모든 것을 완전히 독자적으로 개발하긴 했지만, 그 나이에 나는 유럽과 미국의 인공지능(당시 나는 그 용어조차 들어보지 못했다) 주류 연구자들과 비슷한 철학적 입장에 도달해 있었다. 즉 컴퓨터가 지적인 행동을 하도록 만들 때, 사람과 똑같은 원리에 따르는지 여부는 중요하지 않다는 것이었다. '겉으로 보았을 때 행동이 똑같은가' 여부만이 중요했다. 내 컴퓨터는 틱택토 게임을 일관성 있게 할 수 있었다. 나는 그 장치가 게임이라는 맥락을 떠나면 그와 비슷한 단순한 과제들조차 수행할 수 없다는 데까지는 생각이 미치지 못했다. 그 컴퓨터에는 '한 줄이 세 칸'이라는 개념도, 심지어 이차원 놀이판이라는 개념조차도 담겨 있지 않았다. 지금 돌이켜보니, 주류 인공지능 연구자들이 나와 똑같은 이유로 그런 철학적 입장에 도달했다는 것을 깨닫게 된다. 그리고 그들 중 많은 사람이 남들보다 더 나은 장치를 만들고 싶다는 유혹에 휘말렸다는 것도 말이다.

지능을 지닌 장치를 만들겠다는 열정은 십 대 때에도 계속 이어졌고, 얼마 뒤에 나는 트랜지스터 회로를 통달하게 되었다. 애들레이드에 있는 플린더스 대학교에 들어갈 즈음에, 나는

7400 집적회로 시리즈를 구입해서 사칙연산 수준을 넘어선 더욱더 복잡한 컴퓨터를 만들고 있었다. 마침내 내 기계 제작 실력은 움직이는 로봇을 만들 수 있는 수준에 이르렀다. 하지만 대학에서 16킬로바이트 디지털 컴퓨터 본체와 마주치고 도서관에서 인공지능에 관한 책들을 발견하자 그런 자부심은 온데간데없이 사라지고 말았다. 나는 컴퓨터를 쓰는 사람들이 아무도 없는 시간에 그 컴퓨터로 기존의 인공지능 기술들을 하나하나 터득해 갔고, 결국 스탠퍼드와 MIT의 인공지능 연구자들 대열에 합류하게 되었다.

* * * * *

내 인생에서 두 번째 각성의 순간은 훨씬 더 뒤에 찾아왔다. 미국의 동부 해안과 서부 해안을 몇 차례 옮겨다닌 끝에, 나는 MIT의 조교수가 되었다. 그 각성의 순간은 태국에 있는 일가 친척들을 방문하고 있을 때인 1985년 1월의 어느 새벽에 찾아왔다. 나는 지능을 지닌 이동 로봇을 만들기로 결심한 상태였고, 친척들을 방문하는 동안 정상적인 사무실 환경에서 돌아다니는 로봇을 어떻게 만들 것인지 여유를 갖고 생각할 수 있었다.

당시 나는 단순한 조립 작업을 할 수 있는 로봇 팔을 만드는 일에 몰두해 있었다. 나는 모든 부품들이 있는 위치와, 생긴 모양과, 위치와 크기의 허용 오차들까지 고려해서 모든 사항들을 미리 완벽하게 이해하고 있는 로봇을 만들기 위해 많은 노력을 기울였다. 하지만 이런 요구 조건들이 너무나 복잡한 것이라서, 당시 컴퓨터의 시각 감지 능력(지금도 마찬가지이지만)을 고려할 때 로봇이 그 모든 사항들을 이해한다는 것은 무리였다. 그래서 대신 조립할 부품들의 정밀도를 높여서 오차를 줄이는 수밖에 없었다. 내가 예전에 만든 틱택토 장치처럼, 그 로봇도 모든 것이 미리 짜여 있어야만 작동할 수 있었다. 즉 그것은 예외적인 상황을 전혀 이해하지 못했다.

새로운 이동 로봇을 사무실이라는 비교적 느슨한 환경에서 작동시키는 방법을 고심하던 중에, 나는 마주치게 될 가능한 모든 상황을 로봇에게 미리 알려주려는 시도 자체가 불가능한 일이라는 것을 깨달았다. 그리고 개미들이 일하는 모습을 지켜보고 그들의 신경 구조를 생각하면서, 개미들이 지난 30년 동안 설계된 인공지능 시스템들과 전혀 다른 방식으로 행동한다는 것을 알아차렸다. 나는 지능을 체계화하는 전혀 다른 방식이 있다는 것을 깨달았다. 우리가 아직 이해하려는 시도조차 하지 않은 방식이었다. 그것은 진짜 생물이든 실리콘에 기반을 둔 생물이든 간에 생물들이 매시간 매번 새롭게 환경에 반응하는 방식이었다. 틱택토를 두는 사람이 놀이판에 대각선으로 두 칸에 X가 그려져 있으면 나머지 빈 한 칸에 X를 그릴 수 있도록 하는 방식이었다.

로봇이 통로를 나아갈 때 갑자기 막힌 곳이 나오더라도 몸을 돌려 열린 문으로 빠져나올 수 있게끔 하는 방식이었다. 그 방식을 쓰면 로봇의 두뇌는 현재의 어떤 소프트웨어보다도 훨씬 더 적응력을 갖출 수 있었다. 곤충은 다리 하나를 잃었을 때 즉시 적응을 한다. 사람은 약한 뇌졸중을 일으켰을 때, 뇌에 있는 다른 세포들을 활용해서 잃은 능력을 어느 정도 회복할 수 있다.

거의 20년이 지난 지금도 나는 우리가 동물에게서 보는 것과 같은 행동 능력을 구현하려면, 지능을 지닌 시스템을 만드는 방식을 바꿀 필요가 있다는 생각을 유지하고 있다. 그날 얻었던 깨달음에 토대를 둔 로봇들은 지금 미국 전역의 수많은 소매점에서 볼 수 있으며, 그 뒤 몇 년 사이에 개발된 원리들을 이용한 프로그램이 담긴 로봇 하나는 화성의 지표면을 돌아다니고 있다. 하지만 현재 우리가 만들 수 있는 로봇들은 모델이 된 동물들에 비하면 한참 수준이 떨어진다. 산호초에는 주름투성이인 작은 편형동물들이 사는데, 그들의 뇌는 한 개체에서 다른 개체로 이식될 수 있다. 이식된 뇌는 재생해서 신경들을 잇고 본래 지닌 능력의 상당 부분을 복원한다. 더 놀라운 사실은 그 편형동물의 뇌를 위아래를 뒤집거나 앞뒤를 거꾸로 해서 이어 붙여도 본래 있던 기능들 중 많은 부분이 복원된다는 것이다. 이런 놀라운 유연성과 적응성은 우리의 하드웨어인 컴퓨터칩이나 소프트웨어 시스템에 존재하지 않는 것이다.

그래서 지금 나는 세 번째 각성의 순간을 기다리고 있다. 실리콘 생물이 가장 단순한 동물들과 같은 자발적인 발달과 보존 능력을 지닐 수 있도록 하려면, 행동을 유발하는 장치의 구성 요소들을 어떻게 짜맞춰야 할까? 여기에는 신경계의 정보 처리 과정이라는 비유뿐 아니라 어떤 비유도 들어맞지 않는다. 그런 비유들은 수십억 가지의 국지적인 분자 상호 작용들이 어떻게 생물의 행동을 일으키는지를 더 깊이 이해하지 못하도록 가로막는다.

내 삶을 돌이켜보면, 내 야심이 나선을 그리며 점점 하강하고 있다는 것이 뚜렷이 드러난다. 여덟 살 때 나는 사람들과 지적 게임을 잘할 수 있는 기계 장치를 만들고 싶어 했다. 30대에 나는 곤충의 행동을 모방하는 쪽으로 목표를 바꾸었다. 그런데 지금은 벌레의 비밀을 파헤치고 있으니까.

우리 가족만의 나라

앨리슨 고프닉 Alison Gopnik

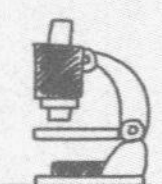

앨리슨 고프닉은 발달심리학자로, 아동의 학습과 인지발달 분야에서 세계 최고의 권위자로 손꼽힌다. 최초로 아이의 마음이 인간 존재의 철학적 의문들을 해명하는 데 도움이 된다는 주장을 학계에 제기했다. '마음의 이론' 연구의 창시자 중 한 명으로 아이들이 어떻게 타인과 공감하는지 규명했고, 아이들이 관찰, 실험 등 과학자들과 같은 방식으로 학습한다는 것을 밝혀냈다. 그녀의 연구 업적은 엄청난 반향을 불러일으킨 화제의 EBS 다큐멘터리 「아기 성장 보고서」에서 상세하게 다루어지기도 했다. 맥길 대학교에서 학사 학위를, 옥스퍼드 대학교에서 박사 학위를 받았다. 현재는 UC 버클리 심리학 및 철학 교수로 재직 중이다.

세 아들의 엄마이기도 한 고프닉은 세계경제포럼, 경제개발기구 등을 비롯한 국제기구는 물론, 각종 아동보호단체, 박물관, 과학협회 등에서 아이의 마음에 대해 강연하며 올바른 이해를 촉구하고 있으며 TV, 라디오 등 언론을 통한 활동도 적극적으로 펼치고 있다. 저서로는 『아기들은 어떻게 배울까?』, 『정원사 부모와 목수 부모』 등이 있으며, 특히 『요람 속의 과학자』는 《사이언스》, 《뉴요커》, 《워싱턴포스트》 등에서 열광적인 찬사를 받고 세계 20여 언어로 번역 출간되었다.

언젠가 헨리 제임스는 제임스 가문이 사실상 자신의 고국이며 그 외의 고국은 없다고 말한 바 있다. 그 말은 제임스 가문처럼 수다스럽고 서로서로 친한 친척들이 우글거리는 가문에 딱 들어맞는다. 그리고 수다스럽고 서로서로 친한 친척들이 우글거리는 고프닉 집안에도 딱 들어맞는 말이다. 나는 부모님, 다섯 동생들과 함께 우리만의 나라에서 살았다. 그 나라는 1960년대 필라델피아의 유대인 중산층이라는 야만적인 국가 한가운데 놓여 있었지만 말이다. 과학자인 갈릴레오, 다윈, 아인슈타인, 작가인 셰익스피어, T. S. 엘리엇, 제임스 조이스, 미술가인 피카소, 마르셀 뒤샹, 미스 반 데어 로에가 우리의 국부(國父)였다. 과학, 예술, 현대성이 우리의 헌법 원리였고, 미신, 속물근성, 감상주의가 우리의 치명적인 적이었다.

돌이켜보니 부모님이 전후에 일어난 훨씬 더 폭넓은 사회혁명의 한 부분을 이루고 있었다는 것을 깨닫게 된다. 고고한 유럽 모더니즘의 전통, 빈 학파, 몽마르트르, 바이마르 시절의 감수성이 전후에 필라델피아, 뉴어크, 브루클린의 가난한 유대인 이민자들의 아이들에게 이식되었던 것이다. 할아버지는 필라델피아의 쇠락한 동네 한 모퉁이에서 야채 가게를 운영했다. 할아버지는 초등학교도 마치지 못했다. 하지만 그 세대의 미국 지식인들이 모두 그랬듯이, 내 부모님은 전후에 폭발적으로 늘어나던 공공 도서관과 박물관과 공연장을 제집인 양 들락거렸고, 결국은 마찬가지로 늘어나던 미국 대학에까지 발을 디뎠다. 처음에는 장학생으로서, 나중에는 교수로서. 부모님과 동시대 사람인 우디 앨런과 필립 로스의 희극은 이 변천 과정을 희극적으로 보여준다. 바게트빵과 유대 요리인 크니시가 뒤섞이고, 플로베르와 카프카와 뒤섞이는 과정을 말이다. 내 부모님은 스스로 신세계를 창조했다고 느끼는 세대가 가질 법한 열정을 고스란히 간직하고 있었다.

하지만 이민자의 자손이 낳은 아이로서 내가 겪은 경험은 약간 달랐다. 모든 아이들은 부모를 영원한 진리로 여긴다. 즉 삶의 특정한 시기에 해당하는 역사의 특정한 단계에 있는 특정한 사람들이 아니라, 변치 않는 영구적인 자연의 한 요소라고 본다. 살아온 배경이 비슷한 대가족 집안에서는 더욱더 그렇다. 우리 집안 아이들에게는 지식을 열정적으로 탐구하는 모습이 바로 그러했다.

역사적인 맥락과 상관없이 우리 집안 식구들은 지식 탐구열이 유달리 강했다. 내가 네 살이고 남동생이 세 살이던 1959년, 어머니는 우리에게 그날 입히기 위해 지은 금빛 벨벳 옷을 입혔다. 우리는 낡은 폭스바겐을 몰고 뉴욕으로 가서, 줄을 서서 몇 시간 동안 기다린 끝에 그날 개관한 구겐하임 미술관에 들어갔다. 우리는 미술관 안을 둘러본 뒤, 다시 자동차를 타고 필라델피아로 돌아왔다(부모님은 그 미술관 건물을 마음에 들어 하지 않았다. 부모님은 건축가 프랭크 로이드 라이트가 약간 감상적인 사람이라고 생각했다). 그 나이 때쯤, 우리는 직접 만든 양털 가발을 쓰고서 햄릿과 오필리아인 척을 했다. 나중에 핼러윈 파티 때, 우리는 그리스 신들(나는 아테나였다)이나 추상 표현주의 작가들(나는 프란츠 클라인이었다) 분장을 하기도 했고, 네 명이 줄을 지어 『베오울프』에 나오는 용 분장을 하고 기어다니기도 했다(내가 머리를 맡아서 화염과 뒤에 있는 동생들을 지휘했다). 열 살이 되었을 때, 나는 동생 세 명을 데리고 매일 밤 당시 필라델피아 촌구석에서 두각을 나타내기 시작한 젊은 아방가르드 연출자인 앤드리 그레고리가 연출한 베르톨트 브레히트의 연극 「갈릴레오」를 보러 갔다.

다른 집들은 아이들을 극장으로 데리고 가서 「사운드 오브 뮤직」이나 「회전목마」를 보여주었다. 반면에 우리는 라신의 「페드르」와 사뮈엘 베케트의 「게임의 종말」을 보았다(부모님은 「고도를 기다리며」는 약간 감상적이라고 생각했다). 다른 집들은 뉴욕에 갈 일이 생기면 자유의 여신상과 엠파이어스테이트 빌딩을 보러 갔지만, 우리는 레버하우스와 시그램 빌딩을 보러 갔다. 다른 집들이 베토벤 작품이나 텍사코-메트로폴리탄 오페라 라디오 방송을 듣고 있을 때, 우리는 앨프리드 델러가 노래하는 존 다울런드의 곡이나 로버트 크래프트가 녹음한 제수알도의 성가곡을 들었다. 다른 집 여자아이들은 페이지보이 스타일의 머리를 하고, 흰 양말을 신고, 날라리 같은 검은 에나멜 가죽옷을 입었다. 하지만 내 여동생들과 나는 아주 길게 기른 검은 생머리를 하고 있었고, 내가 가장 좋아하는 옷차림은 몸에 착 달라붙는 검은 레오타드와 반바지 위에 천막용 무명으로 만든 올리브색 점퍼를 입는 것이었다. 우리 식구들은 캠핑 여행을 갔을 때 모닥불 가에 둘러앉아 헨리 필딩의 18세기 소설 『조지프 앤드루스』를 낭독했으며, 다른 아이들이 모두 하듯이 연극을 해보자고 결심했을 때, 우리는 셰리든의 「스캔들 학교」 중에서 명장면을 골랐다.

우리 삶에서 가장 두드러졌던 것은 예술적, 문학적 측면이었다. 즉 우리는 여러 가지 측면에서 연극적인 가족이었다. 하지만 내 부모님은 과학이 이른바 고급 문화에서 없어서는 안 될 역할을 한다고 생각했다. 그것이 내 부모님 특유의 모더니즘이었다. 우리는 무신론자라는 데 자부심을 가졌고(사실상 종교적이라 할 만큼), 갈릴레오가 종교 재판소에서 박해를 받은 이야기는 우리의 개국 신화 중 하나였으며, "그래도 지구는 돈다"는 우리의 국가 표어 중 하나였다. 아버지는 영어 교수였지만, 펜실베이니아

대학교에서 위대한 논리 경험주의 철학자인 넬슨 굿맨과 함께 강의를 맡았고, 우리에게 증명의 원리들과 귀납 문제를 이야기해주었다. 어머니도 펜실베이니아 대학교에서 언어학을 처음으로 진지하게 다루는 연구 과제를 하나 맡고 있었고, 동료 학생이었던 노엄 촘스키와 마찬가지로 언어학이라는 학문을 혁신시키고 있었다. 양탄자 사업을 하는 한 사촌이 아는 언어가 몇 개나 되냐고 묻자, 어머니는 "그 연구 과제는 형식 언어학과 수리 논리학을 다루는 거야"라고 냉정하게 말했다. 4학년 때 선생님이 명사를 '사람이나 장소나 물건'이라고 정의했을 때, 나는 분포 분석과 변형 문법을 선생님에게 설명하지 않을 수 없었다(우리는 대개 학교 수업을 무시하거나 경멸했지만, 이제 와 생각하니 박식한 고프닉 아이들을 맡았던 불운한 선생님들께 약간 미안한 마음이 든다).

우리는 유별났으며, 그 점에는 의문의 여지가 없다. 우리는 '조숙한 아이들'이자 '비범한 아이들'이었으며, 당시의 통속적인 심리학에 따르면 심사가 뒤틀린 신경증 환자들이었음에 분명했다. 하지만 우리의 양육 환경 중 정말로 특별한, 진짜 유별난 부분은 이런 유별남을 너무나 자연스럽고 정상적인 것인 양, 즉 교양인들이 받아들인 평범하고 행복한 생활 방식인 것처럼 보이게 만든 부모님의 솜씨였다. 부모님은 아이들의 지적인 삶이 고스란히 발휘되도록 정성을 다했다. 하지만 그런 헌신은 '부'와 '성공'에 목을 매달고 있는, 지위 향상에 오매불망 애쓰는 21세기의 중산층 부모들의 헌신과 전혀 달랐다.

부모님은 열여덟에 만나서 대학을 중퇴했고, 그 뒤 11년 동안 여섯 아이를 키웠다. 내가 어렸을 때, 아버지는 이런저런 서기 일을 했고, 한꺼번에 여러 가지 일을 할 때도 있었다. 그리고 어머니는 우리를 돌봤다. 그러면서 두 분 다 학교에 다시 들어가 박사 학위를 받았다. 집안은 경제적으로 풍족한 적이 한 번도 없었고, 내가 어릴 때는 그럭저럭 먹고 살 수준밖에 안 되었지만, 부모님은 그 와중에도 늘 뛰어난 예술품과 멋진 현대 가구로 집안을 가꾸었다.

내가 다섯 살 때까지 우리 식구들은 공공 주택 단지에서 살았다. 그 다음 부모님은 9천 달러를 들여 로커스트가 41번지에 있는 빅토리아풍의 무너져 가는 낡은 큰 집을 샀다. 담장이 무너져 내렸고, 벽돌이 고스란히 드러나 있었고, 모든 것이 흰색으로 칠해진 집이었다. 오래 전에는 유행의 첨단을 달리는 집이었을 것이다.

우리는 필라델피아에 있는 평범한 공립 학교를 다녔을 뿐, '영재' 교육이나 방과후 특별 수업, 여름 캠프 같은 것은 구경도 해보지 못했다. 도저히 참기 힘든 지루한 수업 시간이 되면, 나는 책상 밑에 몰래 책을 펴놓고 읽었다. 방과후에는 집으로 와서 20세기 중반에 제작된 현대식 베르토이아 의자에 몸을 파묻은 채 독서를 했다. 여름에는 뜰에 놓인 임스 의자에 앉아 책을 읽었다.

초등학교를 마친 뒤로 나는 그다지 좋은 성적을 받은 적이 한 번도 없었지만 그건 중요하지 않았다. 나는 지금 버클리 대학교에서 학생들을 가르치고 있지만, 만약 대학생이 되겠다고 지원했다면 합격하지 못했을 것이다. 내게 지적인 삶이란 성취하는 것이 아니라, 그저 호흡하고 있는 것이었다. 이따금 다른 아이들이 이상할 만치 지적인 데 관심이 없어 보여서 별나다고 느낄 때도 있었지만, 그렇다고 나 자신이 대단히 지적이라고 생각해 본 적은 없었다. 그리고 나는 아주 행복했다.

나는 과학자가 되겠다고 결심한 적이 없었다. 나는 철학자가 되어 사유를 하면서 생을 보내고 싶었다. 그리고 아이들에 관해 생각하고 싶었다. 그렇게 따져보니 발달심리학자가 되는 것이 최선의 방법임이 드러났다. 철학, 특히 넬슨 굿맨이 하는 엄밀한 분석철학은 우리 집안의 배경 중 많은 부분을 차지하고 있었다. 하지만 다른 분야들도 마찬가지였다. 내 동생들은 자라서 각각 《뉴요커》의 기고가, 국립 과학 아카데미 해양 연구 위원회 의장, 근동 지역 고고학자, 《워싱턴 포스트》 예술 비평가, 공중 보건 공무원이 되었다. 나는 그들 각자가 고프닉 집안의 박식한 분위기 속에서 자기 천직의 뿌리를 발견했을 것이라고 확신한다.

나는 분야를 가리지 않고 책을 읽었다. 과학책도 탐독했지만, 당시에는 모든 분야의 책들을 탐독했다. 나는 톰킨스 씨를 주인공으로 삼아 양자론과 상대성 이론에 대해 생생하게 보여준 조지 가모의 책들을 읽었다. 나는 지금도 물리학이 어떤 것인지 생각할 때면 그 시각적 이미지들이 떠오른다. 전자를 생각할 때면 수염을 기른 중년의 벌거벗은 남자들이 공간을 빙빙 돌고 있는 모습이 떠오르는 식이다. 그리고 나는 이브 퀴리가 쓴 자기 어머니의 전기인 「퀴리 부인」을 수없이 읽고 또 읽었다(지금 과학계에 있는 여성 중에 「퀴리 부인」을 여러 번 읽지 않은 사람이 과연 있을까?). 나는 화학 실험을 하거나 딱정벌레를 채집하는 부류의 아이는 아니었지만, 퀴리 부인이 산더미처럼 쌓인 역청우라늄석을 정제해 찻숟가락만큼의 라듐을 추출해 내는 힘겨운 과정을 그린 부분을 특히 좋아했다. 나는 그것이 대단히 지겨운 과정이라고 생각했다(역청우라늄석에서 라듐을 추출하는 과정이 실제로는 대단히 재미있을 수 있음을 깨달은 것은 대학원에 진학하고 나서였다. 심리학에서는 대개 통제 조건과 예비 조사밖에 안 하니까). 내가 가장 애독한 과학 책은 『과학적 방법 발견하기』라는 책이었다. 그 책은 특정한 과학 분야를 다룬 것이 아니라, 과학철학을 설명하면서 과학적 사유를 일상생활에 어떻게 적용하는지를 보여주었다.

내가 맨 처음 철학과 기억에 남을 만한 만남을 가진 것은 아주 유별나게도 텔레비전을 통해서였다. 내가 열 살 때 어느 날 저녁, 우리 식구들은 소크라테스의 죽음을 극화한 프로그램을 시청하고 있었다. 부모님은 그 프로그램이 약간 감상적이라고 생각했지만, 나는 재미있게 보았다. 나는 소크라테스 이야기가 어쩐 일로 1966년에 텔레비전 황금 시간대에 방영되었는지 늘 궁금해했었는데, 마침 이 글을 쓰는 김에 식구들에게 이메일을 보내 그 프로그램에 대해 생각나는 것이 있는지 물어보았다. 작가인 남동생 애덤스가 즉시 답장을 보냈다. 당시 우리가 본 것이 사실은 맥스웰 앤더슨이 연출하고 피터 우스티노브가 주연한 『아테네의 맨발』이라는 드라마였다고 했다. 그는 그 드라마를 기억하고 있었는데, 나는 논쟁만 기억했을 뿐 작품의 세세한 부분들은 까맣게 잊어버렸던 것이다(하지만 그 덕분에 왜 소크라테스 하면 늘 금발의 턱수염에 영국 악센트가 떠올랐는지가 설명이 되었다). 내가 좋아한 것은 그 영웅적인 서사보다는 그들이 온종일 생각과 대화만 하고 사는 모습이었다.

으레 그렇듯이, 그때 부모님은 내게 펭귄 문고판 플라톤 전집 중 한 권을 주었다. 라파엘로의 명화 「아테네 학당」이 표지에 박혀 있는 낡은 염가판 책이었다. 부모님은 그 어떤 책도 아이들이 읽기에 너무 어렵다거나 성인용이라고 생각한 적이 없었다. 나는 그 책을 읽고 그들처럼 살고 싶다고 결심했다. 18세기의 런던과 1920년대의 파리처럼 고대 아테네도 분명히 고프닉 국가의 영토였고, 나는 막대기와 돌을 모아서 뒤뜰에다 논쟁을 벌이는 철학자들이 있는 아크로폴리스 모형을 만들었다.

하지만 철학과의 첫 만남이라 해도 거기에는 내 마음을 끌어당기는 것이 있었다. 그 플라톤 문고판에 실린 논증 중에 가장 내게 깊은 인상을 남긴 것은 『파이돈』에서 불멸을 옹호하고 죽음을 반박한 소크라테스의 논증이었다. 조숙했든 그렇지 않았든 간에, 열 살짜리 아이들이 모두 그렇듯이 나도 죽음에 관해 많은 고민을 했고, 열렬한 무신론자로서 불멸성을 옹호하는 논증을 찾아다니고 있었다. 소크라테스는 영혼 같은 복잡한 것이 무에서 나타났다가 사라질 수는 없으며, 따라서 우리 각자의 삶은 있기 전이나 끝난 뒤에 플라톤이 말하는 이상적인 세계에 존재하는 것이 틀림없다고 주장한다. 그 논증 중에 내게 충격을 준 것은 어디를 보아도 아이들에 관한 내용이 한 마디도 없다는 것이었다. 내게는 영혼이 어느 정도는 부모에게서 얻은 생각들과 물려받은 유전자를 통해 만들어지며, 죽은 뒤에도 그 유전자와 생각들은 자손에게로 계속 전해진다는 것이 분명해 보였다. 물론 소크라테스는 과학 개념들에 토대를 둔 이런 생각을 접할 수 없었다. 하지만 정말로 내게 충격적이었던 것은 설령 소크라테스가 유전자를 몰랐다고 하더라도, 아이들이 있다는 것을 틀림없이 알았을 텐데도 『파이돈』에서 한마디도 언급을 하지 않았다는 사실이었다.

이 점이 유달리 이상하게 여겨진 것은 우리 집안에서는, 특히 나에게는 아이들이 아주 중요하고 흥미로운 존재임이 명백했기 때문이다. 장녀들이 으레 그렇듯이, 나도 비공식적인 어버이였다(여동생들에 따르면, 진짜 부모보다 훨씬 더 엄격한 우두머리 행세를 했다고 한다). 나는 집을 떠나자마자 첫 아이를 임신했고, 우리집 막내는 이제 겨우 열다섯 살이다. 내 삶에는 언제나 아이 돌보기가 한 부분을 차지하고 있었고, 내게는 아기와 어린아이가 늘 가장 놀랍고 예측할 수 없는 흥미로운 동료로 보인다.

많은 과학자들은 과학이 하나의 제도라는 것을 제대로 이해하기에 앞서 먼저 연구 대상에 매료되었다고 말한다. 한 마디로 그들은 모두 별을 관찰하거나 나비를 채집하거나 공룡에 홀딱 빠진 아이들이었다. 나는 어린 시절에 아기에게 홀딱 빠져 있었다고 말하는 과학자는 거의 없을 것이라고 본다. 그런 아이들은 대개 유치원 교사나 아동 도서관 사서, 혹은 전업 주부가 되었을 테니까. 별에 매료된 지적인 소녀는 과학계에서 여성이 직면한 장애물들을 용감하게 뛰어넘었을 것이다. 그 외에 무엇을 할 수 있었겠는가? 아이들에게 매료된 지적인 여성은 당연히 걸어갈 것이라고 여겨지는 길을 걸을 것이며, 과학과 관련된 직업을 가질 가능성은 생각조차 못할 것이다. 과학계에서 여성들이 직면한 가장 큰 장애물은 사실상 자기 아이들이므로, 더욱더 그럴 것이다. 과학계의 제도는 여성들이 육아와 과학자 생활을 결합시키는 것을 대단히 어렵게 만든다. 지금은 내가 심리학 정신을 지닌 철학자나 철학자 정신을 지닌 심리학자가 되는 것이 운명이었다고 여겨진다. 하지만 약간 다른 우연한 사건들이 이어졌더라면, 나는 좌절한 채 유치원 교사나 교수의 아내가 되었을지도 모른다.

나는 미국의 과학 교육을 어떻게 하면 개혁할 수 있는지 발달 심리학자로서 의견을 달라는 요청을 가끔 받는다. 내가 받았던 교육도 아마 개선될 여지가 많았을 것이다. 더 집중해서 열심히 공부했다면 더 나은 과학자가 되었을지도 모른다. 꾀쟁이가 아니라 더 우직한 과학자가 말이다. 하지만 전반적으로 나는 대다수 아이들이 받을 교육은 내가 받았던 비공식 교육에 더 가까운 것이 되어야 한다고 생각한다. 동생들과 나는 타고난 천재가 아니었다. 우리는 단지 배움의 기회가 많았고 우리를 돌봐준 사람들로부터 진지한 대우를 받은 평범한 아이들이었다. 나는 유치원과 초등학교가 로커스트 가에 현대식 가구를 갖춘 그 빅토리아풍의 대저택과 훨씬 더 비슷해져야 한다고 생각한다. 그리고 나는 젊은 여성들이 모성과 과학자 생활을 결합시키려 애쓸 때 승산이 없다고 느껴서는 안 된다고 생각한다. 나는 운이 좋았다. 하지만 아이들을, 그리고 과학을 행운에 맡겨 두어서는 안 된다.

아버지와 아인슈타인

머리 겔만Murray Gell-Mann

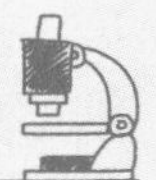

머리 겔만은 기묘도, 팔정도, 쿼크의 발견에 공헌하는 등 여러 업적으로 1969년 40세의 나이에 단독으로 노벨 물리학상을 수상한 이론물리학자다.

1929년 뉴욕에서 유대인 부모 밑에서 태어났다. 어릴 때부터 수학의 신동이었으며, 15세에 예일 대학교에 입학하고 19세에 MIT 대학원에 들어가 21살에 박사 학위를 받았다. 예일 대학교를 졸업하고, 프린스턴 대학교 고등과학연구소원으로 있다가, 캘리포니아 공과대학교 교수가 되었다. 미국 국립 과학 아카데미 회원이자 런던 왕립학회 외국인 회원으로 있었다. 1980년대 여러 분야의 연구자들이 모여 복잡계 현상을 연구하는 샌타페이 연구소를 설립하는데 참여했으며, 1987년부터 동 연구소에서 일했다. 인류학, 언어학 등에도 관심을 보여 관련 연구 프로젝트를 주도하기도 했다. 지은 책으로는『쿼크와 재규어: 단순함과 복잡함 속의 모험들』이 있다. 2019년 세상을 떠났다.

나는 1929년 주식 시장이 붕괴한 직후 맨해튼 섬에서 태어났다. 그리고 대공황이 극심했던 시기, 맨해튼의 집세를 감당할 수 없을 정도로 집안 형편이 어려워졌던 몇 년간을 빼고는 죽 그곳에서 자랐다. 주식 시장 붕괴는 대공황의 신호탄이었다. 게다가 1924년에 발의된 가혹한 국적법도 1929년에 전면적으로 시행되었다. 둘 다 아버지에게는 나쁜 소식이었다. 아버지는 소규모 어학교를 운영하고 있었기 때문이다. 오스트리아-헝가리 제국의 오스트리아 지역에서 온 독일어권 이민자였던 아버지는 청년기에 영어를 완벽하게 터득했다. 아버지의 발음과 문법은 완벽했다. 오히려 실수를 전혀 저지르지 않는다는 점 때문에 아버지를 외국인으로 의심할 수는 있었을 것이다. 아버지는 이민자들에게 영어를 가르치는 한편 독일어도 가르쳤고, 라틴어에서 유래한 각종 언어들을 가르칠 교사들을 고용하고 있었다. 아버지의 어학교는 꽤 성공한 편에 속했다. 하지만 대공황과 이민자 부족 현상이 겹치면서, 우리는 그래머시 파크 지역을 떠나 브롱크스 동물원 근처 동네로 이사했다. 우리가 다시 맨해튼 어퍼웨스트사이드로 돌아온 것은 내 여덟 살 생일 무렵이었다.

이렇게 이사를 다니는 동안, 어머니는 내가 약간 특이하다는 생각을 했고, 나를 사립학교에 넣으려고 무진 애를 썼다. 아버지는 심드렁했지만 말이다. 무슨 일인지 모르는 상태에서 나는 뉴욕시의 여러 곳을 돌면서 여러 시험을 차례차례 치렀다. 물론 지금은 그것이 나를 전액 장학금을 주는 사립학교에 집어넣기 위한 노력이었다는 것을 알고 있다. 불행히도 그 시도들은 모두 실패로 돌아갔다. 그러다가 마침내 플로렌스 프라인트라는 멋진 선생님이 나를 컬럼비아 초등학교에 넣어주었다. 우리는 그 학교 맞은편인 웨스트 93번가에 살았다. 그 학교는 나중에 컬럼비아 대학교가 된 킹스 칼리지 부속 학교로서 1794년에 설립된 유서 깊은 곳이었다. 나는 1937년 여덟 살의 나이에 전액 장학금을 받고 6학년으로 들어갔다.

형인 벤은 내 삶에 아주 큰 영향을 미쳤다. 내가 태어났을 때 형은 아홉 살이었는데, 나와 마찬가지로 다른 학생들보다 3년 빨리 학교에 들어갔다. 내가 세 살 때 형은 과자 봉지를 가지고 내게 읽는 법을 가르쳤다. 어릴 때 내가 알던 거의 모든 것은 형에게서 배운 것이었다. 형과 나는 늘 붙어 다녔다. 함께 놀기도 했고 함께 박물관도 다녔다. 우리는 새 관찰을 즐겼고, 식물, 나비, 누에, 포유동물에도 관심이 많았다. 맨해튼으로 다시 이사온 뒤에도 우리는 새를 보기 위해 브롱크스로 가곤 했다. 브롱크스 동물원 바로 북쪽만이 옛날에 뉴욕 지역 전체를 뒤덮었던 솔송나무 숲이 유일하게 남아 있는 곳이었기 때문이다. 벤과 나는 뉴욕시가 솔송나무 숲을 마구 벌목해서 만든 곳이라고 생각했다.

집안에는 과학을 반기는 분위기가 형성되어 있었다. 아버지는 수학, 물리학, 천문학에 심취해 있었다. 아버지는 첨단 물리학, 특히 일반 상대성 이론을 배우려 애썼고, 알베르트 아인슈타인을 대단히 존경했다. 아버지는 일반 상대성 이론을 제대로 이해하는 데 성공하지 못했지만, 그래도 그 주제를 다룬 책들을 사서 아주 열심히 읽었다. 나는 천문학을 좋아하긴 했지만, 물리학에 그렇게 지나치다 싶을 정도로 관심을 가진 적은 없었다. 나는 자연사와 고고학, 그리고 언어학에 더 관심이 많았다. 이 분야들은 모두 복잡성, 다양성, 진화와 관련이 깊으며, 기본 원리들뿐 아니라 역사적 사건들에도 많이 의존하고 있다.

나는 같은 학교에서 6학년부터 12학년인 중고등학교 과정까지 7년간 다닌 뒤, 예일 대학교에 들어가겠다고 결심했다. 전액 장학금을 주는 대학교 중 하나였다. 입학 지원서를 쓸 시기가 왔을 때, 나는 지원서를 쓰다가 전공을 무엇으로 할지를 놓고 고민에 빠졌다. 당시에 나는 예일 대학교에 합격할 가능성이 희박하다고 생각했다. 첫째는 엄격한 입학 심사 과정을 통과해야 했고, 둘째는 부모님으로부터 학비 지원을 전혀 받을 수 없으니 전액 장학금을 받아야 했기 때문이다. 그런데도 나는 지원서를 쓰고 있었고, 전공을 정하는 문제와 맞닥뜨려야 했다. 나는 별다른 내색을 하지 않은 채, 아버지와 상의를 했다.

"뭐라고 쓸 생각인데?" 아버지가 물었다.

"고고학이나 언어학 둘 중 하나요. 제일 재미있거든요. 자연사와 탐사에도 관심이 있고요."

"굶어 죽기 딱 알맞겠구나!" 아버지가 말했다. 그때는 1944년이었고, 대공황 때 겪었던 일이 아버지의 마음속에 생생하게 남아 있던 시기였다. 아직 우리는 체면치레를 겨우 할 정도였을 뿐 가난에서 벗어나지 못하고 있었다.

"아버지 생각엔 뭐가 좋을 것 같아요?"

아버지는 공학은 어떻겠냐고 말했다. 나는 대답했다. "차라리 굶을래요. 게다가 제가 뭔가 설계하면 곧장 부서지고 말걸요." (이 말은 과장이 아니다. 일 년 뒤 적성 검사를 받았더니 공학만 빼면 어떤 분야든 괜찮다고 나왔다.)

"타협점을 찾기로 하자. 물리학은 어때?" 아버지가 제안했다. 나는 컬럼비아의 학교에서 '물리학' 수업을 들었는데, 지금까지 들은 과목 중 가장 지루했으며 성적도 제일 안 좋았다고 말했다. 수업시간에 우리는 간단한 기계 장치 일곱 가지의 구조와 작동 방식을 암기했고, 열, 빛, 전기, 자기, 파동 운동, 역학 등에 관해 조금씩 배웠다. 그런 주제들이 서로 연관되어 있다는 이야기는 전혀 없었다. 나는 그런 분야를 전공하는 것은 불가능하다고 항의했다.

하지만 물리학에 심취해 있던 아버지는 이렇게 주장했다. "물리학 고등 과정을 들을 때는 아주 힘들겠지. 하지만 일반 상대성과 양자역학을 배우게 될 거야. 그것들은 아주, 아주 아름다운 거야."

나는 나이 든 아버지를 기쁘게 해드려야겠다고 생각했다. 어차피 지원서에 뭐라고 써넣든 별 차이가 없을 테니까 말이다. 어떤 기적이 일어나서, 내가 예일 대학교에 합격하고 또 한 번 기적이 일어나 장학금까지 받아 학교에 다닐 수 있게 된다면, 그때 가서 언제든 전공을 바꿀 수 있을 테니까.

운이 좋았는지 상황은 그대로 전개되었다. 하지만 전부는 아니었다. 학교에 가고 나니, 전공을 바꾸겠다고 부산을 떨기가 귀찮아졌다. 그래서 나는 그냥 물리학 강의들을 들었고, 아버지가 예측한 대로 양자역학과 상대성 이론에 푹 빠지고 말았다.

말이 나온 김에 덧붙이자면, 내가 예일 대학교를 다닐 수 있도록 해준 장학금은 메딜 매코믹 장학금이라고 불리고 있었다. 그 장학금은 말 그대로 진짜 전액 장학금이었다. 다른 학생들은 장학금을 받는 대신 일종의 봉사 활동을 해야 했지만, 나는 그런 것조차 할 필요가 없었다. 하지만 나는 장학금의 명칭을 접하고 약간 고민했다. 버티 매코믹은 《시카고 트리뷴》, 조지프 메딜 패터슨은 《뉴욕 데일리 뉴스》의 발행자였는데, 둘 다 반파시스트 진영에 속해 있지 않았다. 어쨌든 내가 예일 대학교에 들어갔을 때에는 아직 제2차 세계 대전이 진행 중이었으므로, 파시즘에 적극 반대하던 입장이었던 내가 그런 사람들의 이름을 딴 기금에서 돈을 받는다고 생각하니 왠지 찜찜했다.

하지만 아무 일도 일어나지 않았다. 1947년, 9학기에도 장학금을 받을 수 있을지 물어보러 장학금 담당자를 만나러 갈 때까지는 그랬다. 장학금 지급 기간이 끝났기 때문이다. 나는 1948년 1월에 졸업을 하기로 되어 있었지만, 6월까지 더 학교를 다니고 싶었다. 한 해의 중간 시기에 대학원에 들어가는 것이 불가능하다고 생각했기 때문이다. 담당자들은 상의한 끝에 9학기에도 장학금을 지급하겠다고 결정했다. 하지만 조건이 붙어 있었다. 알지도 못하는 미지의 후원자에게 편지를 쓰라는 것이었다. 나는 편지를 써야 한다는 생각에 고민에 빠졌다. 그리고 이럭저럭 짧은 편지를 썼다. 하지만 실제로 부칠 생각은 손톱만큼도 없었다. 편지 내용을 요약하자면 이러했다.

가난한 청년들을 예일 대학교에 다닐 수 있도록 해주고 장래를 크게 바꿀 장학금을 주신 호의에 깊은 감사를 드립니다. 하지만 저는 그 돈이 어디서 나왔는지 생각하면 다소 껄끄러운 마음이 듭니다.

그 뒤에는 신문들의 논조가 마음에 안 든다는 내용이 붙어 있었다. 말할 필요도 없지만, 현명하게도 나는 그 편지를 부치지 않았다.

30년 뒤 애스펀에서 열린 한 가든 파티에서 나는 트리니 반스라는 아주 멋진 여성과 마주쳤다. 그녀의 본명은 카트리나 매코믹 반스였다. 그녀는 젊었을 때 부모가 사망하는 바람에 매코믹 집안의 많은 유산을 물려받았다. 그런데 그녀는 그 재산에 대해 나와 똑같은 태도를 취하고 있었다! 그녀는 트리뷴 사의 자기 지분을 모두 삼촌인 버티에게 떠넘긴 뒤, 그 돈으로 자선 사업을 시작했다. 미지의 후원자는 바로 그녀였던 것이다. 그녀는 대학에 입학할 나이도 되기 전에 세상을 떠난 자기 오빠 메딜의 이름을 따서 장학금을 만들었다. 그러니 그 편지는 보냈어도 생각했던 것만큼 큰 문제를 야기하지 않았을 것이다.

대체로 당시 예일 대학교의 물리학 강의는 그저 그런 수준이었다. 하지만 몇몇 예외가 있었다. 다행히 헨리 마거너의 강의는 내가 충분히 따라갈 수 있을 정도였다. 그는 1929년 예일대학교에서 박사 학위를 받았는데, 많은 연구 업적을 내지는 못했지만 학생들을 가르치는 데는 뛰어났다. 강의 제목은 '물리학의 철학'이었지만 강의 내용은 물리학의 철학에만 한정되어 있지 않았다. 강의는 사실상 물리학 전반을 다루었고, 각 주제별로 관련된 철학을 잠깐씩 언급했다. 나는 장엄한 물리학 이야기를 듣기 위해, 철학 부분을 기꺼이 참고 들었다. 수강생 중 2학년은 나뿐이었고, 3학년은 몇 명 있었다. 이론물리학을 많이 공부하지 못한 까닭에 그 강의를 신청한 학생들이었다. 양자역학과 일반 상대성 같은 주제들은 극복하기 어려운 장애물처럼 여겨졌지만, 마거너는 모든 것들을 기적처럼 쉽게 만들었다.

우리는 라그랑주 역학과 해밀턴 역학부터 시작했다. 마거너는 이런 말로 수업을 시작했다. "변분법은 모두 배웠겠지?"

우리는 아니라고 대답했다.

그러자 그가 말했다. "요즘 수학 선생들은 수업 시간에 도대체 뭘 가르치는 거야? 엡실론과 델타 기호(수학자들이 아주 엄밀한 분석을 할 때 쓰는 기호들)말고 쓸모 있는 것은 전혀 가르치지 않는 게 분명해. 그러면 오늘은 변분법을 배우고, 목요일과 토요일에는 라그랑주 역학을 배우기로 하지." 수업은 그가 말한 대로 진행되었으며, 예정한 날짜에서 조금도 늦춰지는 법이 없었다.

그다음에 우리는 2주에 걸쳐 특수 상대성을 배웠다. 그런 다음 그가 선언했다. "이제 일반 상대성을 배울 차례인데, 그러려면 먼저 텐서 해석을 알아야 해. 텐서 해석은 모두 알고 있겠지?"

우리는 또다시 고개를 저을 수밖에 없었다.

"음, 문제가 생겼군. 그럼 오늘은 텐서 해석을 공부하고, 목요일과 수요일에는 일반 상대성을 배우기로 하자."

수업은 그렇게 진행되었고, 영자역학까지 그렇게 배웠다.

1948년 6월 나는 물리학 학사 학위를 받았다. 나는 가을에 물리학 대학원에 진학한다는 계획을 짰다. 하지만 지원 결과는 실망스러웠다. 하버드 대학교는 입학 허가를 내주었지만, 장학금은 줄 수 없다고 했다. 프린스턴 대학교는 단번에 퇴짜를 놓았다. 예일 대학교는 수학으로는 허가를 내주었지만, 물리학으로는 거부했다. 물리학과에서 긍정적인 대답을 보낸 곳은 MIT뿐이었다. 입학 허가와 함께 빅토르 바이스코프라는 이론물리학 교수의 조교 자리가 주어졌다. 한 번도 들어보지 못한 이름이었다. 그가 누군지 알아보니, 대단한 인물이자 뛰어난 물리학자이며, 모두들 그를 비키라는 애칭으로 부른다고 했다. 그는 내게 MIT로 와서 함께 일하기를 바란다는 내용의 아주 기분 좋은 편지를 보냈다.

하지만 MIT로 가야 한다고 생각하니 기분이 계속 울적했다. MIT는 아이비리그 대학들과 비교하면 너무나 구질구질해 보였다. 나는 차라리 죽어버릴까 생각했지만(열여덟 살에), 곧 MIT는 언제든 갈 수 있으니까 일단 가서 보고 아주 별로면 그때 죽자고 결심했다. 그렇게 나는 MIT에 지원했고 자살하지 않았다. 가을이 MIT로 간 나는 그곳이 아주 신나는 곳임을 알게 되었다. 마음 맞는 동료 학생들(아이비리그에서 온 학생들도 많았다)과 뛰어난 교수들이 가득했다. 물론 비키도 그들 중 하나였다. 나는 비키의 사무실 옆 커다란 방에 있는 책상 하나를 차지했다.

나는 MIT에서 1년 반 만에 박사 학위를 딸 수도 있었지만,

불행히도 학위 논문을 쓰는 데 시간이 많이 걸렸다. 나는 월터 일링 에반스-웬츠가 번역한 『티베트 사자의 서』 같은 책들을 읽으면서 많은 시간을 보냈다. 나는 약 7개월 뒤인 1951년 1월에 박사 학위를 받았다. 원래는 1950년 9월에 프린스턴 고등 연구소에서 박사후 연구원 생활을 시작하기로 되어 있었지만, 학위가 늦어지는 바람에 1951년 1월에 그곳으로 갈 수 있었다. 내 나이 스물한 살이었다. 나는 프린스턴 대학교 바로 건너편에 하숙집을 얻었다.

우리 아버지의 영웅인 알베르트 아인슈타인도 그 연구소에 있었다. 그는 규칙적으로 출근해 연구를 했다. 나는 그에게 말을 걸 수도 있었고, 그렇게 했으면 아버지가 감동하리라는 것이 분명했지만, 당시 나는 위대한 인물들에게 다가가서 자신을 소개하고 대화를 나누고 그 일을 자랑스럽게 다른 사람들에게 떠벌리는 부류를 싫어했다. 그래서 나는 그에게 접근하지 않았다.

아인슈타인은 정말로 이론물리학계의 위대한 천재였으며, 대중으로부터 존경을 받고 있었다. 당시 그는 통일장 이론을 세우기 위해 애쓰고 있었다. 물론 그런 이론을 추구하려 생각했다는 것 자체가 그의 탁월함을 보여주는 것이었지만, 그가 택한 방법은 실패할 수밖에 없었다. 그는 양자역학을 믿지 않았다. 그래서 그의 이론은 순수한 고전역학에 토대를 두고 있었다. 그뿐 아니라 그는 전자 같은 소립자들에도 관심을 두지 않았고, 자연의 또 다른 근본적인 힘이라고 알려져 있던 강력과 약력을 제외시킨 채 오직 전자기장과 중력장만을 다루었다.

만일 그가 전망이 엿보이는 연구를 하고 있었더라면 나에게는 그에게 말을 걸 타당한 이유가 있었을 것이고, 아마도 말을 걸었을 것이다. 하지만 그렇지 않았기에, 나는 이따금 "안녕하세요"라는 인사를 하는 것 외에 아무 말도 하지 않았다. 아인슈타인은 독일어와 영어를 섞어놓은 듯한 말투로 인사를 받곤 했을 뿐, 그 외의 말은 전혀 하지 않았다. 지금이라면 나는 전혀 다르게 행동했을 것이다. 뉴턴 이래로 가장 위대한 물리학 연구를 하고 있던 시기에, 그 노인의 머릿속이 과연 어떻게 돌아가고 있었는지 물어보았을 것이다. 그와 대화를 나누는 건 정말로 흥미로운 일이었을 텐데 말이다! 하지만 당시에는 그에게 인생에 대해, 그리고 세상과 물리학을 보는 관점에 대해 묻는다는 것이 어쩐지 내키지 않았다. 좀 더 나이가 들고 어느 정도 현명해진 지금이라면, 아마 그렇게 찾아온 기회를 그냥 차버리지 않을 것이다.

우주가 나를 부른다

폴 데이비스 Paul C. W. Davies

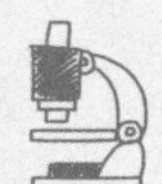

폴 데이비스는 우주론과 천문학을 연구하는 영국의 이론물리학자이자 미국 애리조나 주립대학교 비욘드 연구소의 소장이다. 존재의 '거대한 질문'을 자신의 연구 목표로 삼는 그는 우주의 기원, 블랙홀의 양자적 상태, 시간의 본질 등과 같은 굵직한 문제를 다뤄왔고 생명의 기원과 본성, 우주생물학으로 관심을 확장시켰다. 최근 생물학과 물리학의 접점에서 '생명이란 무엇인가'를 탐구하며 우주론과 생물학을 아우르는 과학의 근본 개념을 탐구하고 있다. 과학의 철학적 의미를 연구하여 템플턴상을, 영국 왕립학회가 수여하는 패러데이상을 비롯해 영국 물리학회의 켈빈 메달, 오스트레일리아 훈장 등을 받았다. 그의 공적을 기리는 의미에서 소행성 1992OG에 '6870 폴데이비스'라는 공식 명칭이 붙기도 했다.

1946년 영국 런던에서 태어나 유니버시티 칼리지 런던에서 물리학으로 박사 학위를 받았으며 2006년부터 현재까지 애리조나 주립대학교 물리학과 교수로 있다. 채프먼 대학교 양자연구소 회원, 애리조나 주립대학교 물리과학과 암생물학 융합센터 연구 책임자, 외계생명체에 메시지 보내기(METI) 자문위원 등을 맡고 있다.저서로는 『현대물리학이 발견한 창조주』, 『침묵하는 우주』, 『무엇이 우주를 삼키고 있는가』, 『기계 속의 악마』 등이 있다.

나는 타고난 이론물리학자였다. 식상하게 들린다는 건 알지만, 소명은 존재한다. 내게는 그것이 있었다. 그리고 지금도 있다. 나는 나중에 이론물리학이 무엇이며 과학자의 삶이 어떤 것인지 이해한 다음에 선택했던 그 길을, 사실상 처음 무언가를 기억한 순간부터 계속 걸어왔다. 거기에 큰 깨달음 같은 것은 없었다. 결심을 확고하게 만든 중요한 사건도 없었다. 내게 영감을 준 스승도 없었다.

식구들은 나를 괴짜라고 생각했다. 데이비스 가문 어느 구석을 살펴보아도 과학자는 한 명도 없었으니까. 나는 런던 킹스 칼리지에서 처음 강사 자리를 얻은 직후에 친척의 결혼식장에 간 적이 있었다. 그 자리에서 한 숙모가 내게 한심하다는 투로 말했다. “도대체 언제쯤 제대로 된 직장을 가질 거니?” 할머니도 정말 궁금해하면서 물었다. “물리학이란 게 정확히 뭐하는 거냐?” 더 현실적인 사람이었던 아버지는 머릿속에서 우주의 수수께끼를 이리저리 생각하면서 보내는 삶 자체를 회의적으로 바라보았다.

아버지는 이렇게 단언했다. "그렇게 앉아서 머리만 굴리는 네게 봉급을 줄 사람은 아무도 없을 거다." 어머니는 만일 내가 암 치료 연구를 한다고 했으면 과학자가 되는 데 동의했을 것이다. 하지만 어머니가 보기에 물리학은 수수께끼 같으면서 어딘가 사악한 듯했다.

그런데 런던 교외에 살던 아주 평범하고 장난꾸러기였던 아이가 어떻게 이론물리학자이자 우주론자가 되었냐고?

내 마음속 깊은 곳에는 늘 나를 재촉하는 무언가가 있었다. 숙명이라는 느낌을 갖게 하는 불안감 같은 것이 말이다. 그것은 우주에 숨겨져 있는 의미를 탐구하고픈 충동과 그 의미가 사실상 손을 뻗으면 잡을 수 있는 바로 저 앞에 있다는 확신, 즉 존재의 본질이 나를 막무가내로 끌어당기고 있다는 느낌이었다.

물론 우주의 의미를 그렇게 어렴풋이 감지한 사람이 나 혼자만은 아니겠지만, 대부분은 그것에서 벗어난다. 사람들은 신비주의나 종교로 몸을 돌림으로써 그 부담에서 벗어난다. 나도 십대 중반 때 종교에 잠시 심취했지만, 종교가 내놓는 해답들이 겉만 그럴듯하거나 아니면 납득할 수 없는 것임을, 즉 실망스럽게도 아주 피상적이라는 것을 깨달았다. 열여섯 살 때 자유 의지라는 역설을 붙들고 대단히 고민했던 기억이 난다. 왜 내 뇌 속의 원자들은 내가 무엇을 원하든 상관하지 않고 원자들이 해야 할 일을 그대로 하지 않았을까? 그리고 내 소망이라는 것은 도대체 어디서 나온 것일까? 설령 내가 원하는 것을 어떻게든 마법처럼 실현할 수 있다고 한들, 나는 원하는 것을 어떻게 원할 수 있는 것일까?

나는 지역 성공회 청년회의 보좌 신부와 이런 문제들을 토론했다. 내가 그 조직에 가입한 주된 목적은 여자 친구를 구하고 사교성을 키우기 위함이었지만, 때때로 성직자들과 심도 있고 의미 있는 대화를 나누는 것도 즐거웠다. 이런 대화들은 대개 섹스 문제로 귀결되곤 했다. 청년회 회원들끼리 섹스를 안 하는 것이 좋다는 이유가 도대체 무엇인지도 자주 화제에 올랐다. 자유 의지는 대화의 우선순위에서 밀렸으며, 내 고민거리들은 시시한 것으로 치부되었다. 하지만 그런 토론은 내게 전환점이 되었다. 자유 의지라는 수수께끼만이 아니라 존재에 관한 모든 원대한 의문들의 해답을 얻으려면, 종교가 아니라 이론물리학을 통하는 것이 가장 좋은 방법임을 깨달은 것이다. 아무튼 물리학은 내 뇌 속에서 춤을 추는 원자들에게 초점을 맞추고 있으니까.

따라서 어떤 의미에서 보면, 이론물리학은 나의 종교적 탐구 대상이 되었다. 나는 그것을 통해 세계와 그 안에서 내가 어떤 위치에 있는지를 이해하겠다는 원대한 소망을 품었다.

그런데 도대체 그 문제가 내게 왜 그토록 중요했던 것일까? 왜 이 실존적인 위기를 그냥 무시하고 또래들처럼 '제대로 된 직장'을 구하지 않았을까?

거기에는 지루함이 한몫을 했다. 사람을 멍하게 만들 정도의 진짜 지루함 말이다. 나는 세계 대전이 끝난 뒤에 런던 북쪽에서 자랐다. 장난감은 거의 없었고, 음식은 늘 똑같았고, 학교는 따분했다. 바닷가로 소풍을 가는 일도 드물었고, 텔레비전이 있는 집도 전혀 없었고, 책조차 사치품이었다. 신나는 일 같은 것은 결코 생기지 않을 듯했다. 나는 극적인 사건, 이를테면 외계인 침략이나 유령의 방문, 죽은 자가 보내는 메시지 등 일상의 지루함에서 벗어나게 해줄 무언가를 갈망했다. 그런 상황에서 과학은 내게 탈출구가 되어주었다. 1955년 겨울, 내 나이 여덟 살 때, 아버지가 특별히 나를 동네 영화관으로 데리고 가서 「베니 굿맨 이야기」를 보여주었다. 영화를 본 뒤 우리는 어둠이 깔린 작은 숲속으로 난 길을 걸어 집으로 돌아왔다. 도중에 아버지는 하늘에 밝게 빛나는 시리우스별과 몇몇 잘 알려진 별자리들을 알려주었다.

나는 잎을 떨군 앙상한 나뭇가지들 사이로 칠흑 같은 밤하늘에 빛났던 그 빛의 점들을 생생히 기억한다. 별똥별도 하나 보았다. 나는 뒤뜰에서 이 덧없이 사라지는 것들을 이미 몇 번 본 적이 있었지만, 그것들을 특이한 형태의 불꽃이라고 생각하고 있었다. 아버지는 그것이 지구 대기를 뚫고 들어오는 유성이라고 설명했다.

그것은 진짜 마법이었다! 나는 단지 하늘을 올려다보는 것만으로 말 그대로 다른 세상의 것들이 있는 동화의 나라로 떠날 수 있게 된 것이다. 그 나라는 늘 내 머리 위에 그대로 있었지만, 내 주변 사람들은 대부분 그저 평범한 일상사에 몰두하고 있었을 뿐, 그것에는 전혀 관심이 없었다.

그때부터 나는 과학에 심취했다. 그중에서도 빛과 전기에 열광했다. 신발 상자에 뚫은 바늘구멍을 통해 침실 창문의 모습이 투영된 것을 보고 아주 묘한 느낌을 받았던 일이 지금도 기억난다. 전선과 전지를 복잡하게 연결해 섬광등에서 기이한 불빛이 나도록 했을 때의 성취감도 기억난다. 이런 조잡한 실험들을 하면서 가장 신났던 것은 내가 과정을 제대로 이해하기만 하면, 내 방에 있는 온갖 잡동사니들을 갖고도 숨겨진 힘과 현상을 얼마든지 발견할 수 있다는 것이었다. 그래서 나는 여기저기 긁힌 자국이 있는 오래된 렌즈, 금속관, 버려진 딱총, 닳은 전깃줄 등 온갖 고물들을 찾는 일에 몰두했다. 그러면서 늘 생각했다. "이것으로 뭘 만들 수 있을까?"

열두 살 생일에 부모님은 사진 현상 도구를 선물했다. 내 카메라는 없었지만, 나는 아버지의 코닥 카메라를 빌려서 밤에 눈을 밟으며 돌아다니면서 가로등 풍경과 움직이는 차들을 찍었다. 현상액 속에 집어넣은 인화지에서 눈에 반사된 가로등 불빛에 비친 집 현관의 모습이 나타날 때 받은 기이한 느낌을 지금도 생생히 기억할 수 있다. 현상액이 든 그릇을 천천히 흔들고 있으려니, 나 자신이 어둠의 힘을 조종하는 마법사처럼 느껴졌다.

열네 살 때 나는 망원경을 만들겠다는 생각을 했다. 가난했던 시절이라 망원경을 산다는 것은 꿈도 못 꿀 일이었다. 나는 지름 10센티미터짜리 거울을 하나 샀고, 나머지 재료는 잡동사니들을 뒤져서 구했다. 경통은 장판을 잘라 돌돌 만 다음, 식구들과 친구들에게서 얻은 볼트와 너트 몇 개, 여기저기서 주운 나무토막들로 고정시켜 만들었다. 그 정도로도 천체 관측을 시작하기에는 충분했다. 이런 성공에 자극을 받은 나는 더 큰 망원경을 만들기로 결심했다. 지름 20센티미터의 반사경을 직접 갈아서 만들기로 한 것이다.

나는 부엌을 차지한 다음 거울 표면을 매끄럽게 가는 데 쓸 송진 연마반(아스팔트와 송진을 녹여서 섞어 굳힌 뒤 거울 표면에 대고 문지른다)을 만들었다. 연마제를 칠해 연마반으로 오랜 시간 공들여 거울을 간 뒤에, 광학 사포로 다시 오랫동안 연마했다. 그렇게 고생 끝에 반사경을 완성했다. 이제 쓸 만한지 검사할 차례였다. 섬광등, 면도날, 기타 즉석에서 조달한 도구들을 이용해 거실에서 광학 검사를 실시했다. 갖은 노력을 한 끝에, 마침내 쓸 만한 반사경을 만들 수 있었다. 나는 그 반사경을 나무로 만든 경통에 넣고, 받침대에 거대한 경통을 세웠다. 받침대에는 세심하게 거리를 재서 금속 볼트들을 박아놓았다. 그 망원경은 작동했지만, 기대한 만큼은 아니었다. 내가 구할 수 있는 가장 좋은 재료는 나무였는데, 더 좋은 성능을 얻으려면 금속에 고정시켜야 했다. 하지

만 접안렌즈를 들여다볼 때 경통에 닿지 않도록 조심하면, 달과 행성 정도는 충분히 관찰할 수 있었다. 그 반사경은 지금도 내 차고에 보관되어 있다.

십 대 천문학자로서의 내 경력은 1963년 마거릿 대처가 『노턴 성도』를 내게 선물했을 때 절정에 달했다. 당시 그녀는 내가 다니는 학교가 있는 핀칠리 지역 하원의원이었는데, 이 책은 과학 성적이 뛰어난 학생에게 주는 학기말 상품이었다. 오랜 세월이 흐른 뒤, 내가 과학과 종교를 잇는 연구를 한 공로로 템플턴상을 받았을 때에도, 대처 여사가 심사자 중 한 명이었다. 내가 그 책에 한 번 더 사인해 달라고 하자 그녀는 친절하게도 그렇게 해주었다.

내가 어린 시절에 심취했던 과학이 천문학만은 아니었다. 나는 사물들이 어떻게 움직이는가에도 늘 관심을 갖고 있었다. 열여섯 살 때 나는 아인슈타인이 상대성 이론에 관해 쓴 얇은 책을 읽었고, 마하의 원리를 비롯해 시간, 공간, 운동의 수수께끼들을 알고 있었다. 나는 인내심이 많았던 물리 교사와 함께 영구 운동 기관들을 고안하기 위해 계속 애썼다. 하지만 동력학에 대한 이런 관심이 결코 추상적인 것만은 아니었다. 나는 활과 화살, 창, 투석기를 만드는 것을 무척 좋아했다. 또 폭죽을 분해해서 화약을 꺼내 원통형 시거 보관통에 채워넣은 뒤 구슬을 포탄 삼아 넣은 대포를 들고 어슬렁거리며 동네를 돌아다녔다. 그 대포는 한 번도 제대로 작동하지 않았다. 파리에 갔을 때는 에펠탑 꼭대기에 올라가서 잔뜩 기대를 품고 종이 비행기를 날렸다. 종이 비행기는 날리자마자 바람에 휘말려 우중충한 하늘 저편으로 사라지고 말았다.

열 살 때 한 번은 서커스를 보러 갔다가 대단히 깊은 인상을 받았다. 곡예 중에 한 사람이 눈을 가린 뒤에 회전하는 둥근 판자에 팔을 벌린 채 묶여 있는 거의 벌거벗은 여자 조수에게 불이 붙은 칼을 던지는 장면이 있었다. 물리학자로 성공하지 못했다면, 아마 그렇게 허세를 부리면서 하는 일이 내게 딱 맞았을 것이다.

당연하게도 나는 뒤뜰에서 동생의 보이스카우트 칼을 갖고, 종자 보관 창고의 문을 표적으로 삼아 칼 던지기 연습을 했다. 처음에는 칼을 표적에 닿게 하는 것조차 쉽지 않았다(지금도 어쩌다가 맞을 뿐이다). 영화 속 카우보이들은 늘 혼잡한 식당에서 칼을 던졌는데도 그 칼은 뒤집은 탁자에 칼끝부터 닿아 제대로 파고들었다. 하지만 내 칼은 계속 옆쪽부터 문에 부딪혔다가 그대로 땅에 떨어졌다.

마침내 칼 던지는 기술을 습득했을 때, 나는 도로 맞은편에 사는 엘리자베스라는 여자아이를 내 조수로 삼았다. 나는 그 어린 숙녀를 창고 문 앞에 세워 놓고 칼을 겨냥했다(내 눈은 가리지 않는 쪽을 택했다). 엘리자베스는 지금도 아주 잘 살고 있다. 그녀는 어릴 때 했던 그 공연을 떠올리면서 즐거워한다. 그녀는 나중에 유명한 댄서이자 연극 배우가 되었고, 서커스 뮤지컬 「바넘」에 출연했다. 따라서 그녀가 내게 빚을 졌다고 볼 수 있지 않을까?

열여덟 살이 되자 나는 장난과 놀이에서 벗어나 어린 시절의 꿈을 직업이라는 현실로 바꾸는 진지한 일에 몰두했다. 즉 대학에 들어갔다. 모든 물리학자들은 이론을 추구할지 실험을 추구할지 중대한 결정을 내려야 한다. 망원경을 만들고 칼을 던지는 이야기를 해왔으니, 여러분은 내가 실험물리학을 택했을 것이라고 상상할지 모른다. 하지만 나는 실험실 연구가 참을 수 없을 정도로 지루하다고 생각했다. 나는 금방 지겨워졌다. 실험 진도는 아주 느렸고, 종이 비행기 날리기와 대포 쏘기처럼 내가 하는 실험들은 대부분 실패로 돌아갔다. 나는 제대로 된 실험 계획을 짜고 뭔가 의미를 지닐 수 있도록 정확한 자료를 모으는 일을 하기에는 인내심도 실력도 부족했다. 나는 동료 학생들에게 실험실 공포증이 있다고 떠벌렸다.

실험물리학 분야에서의 내 경력은 대학 2학년 실습 시험 때 불명예스럽게 끝나고 말았다. 시험은 하루 종일 연구실에 머물면서 각자 뭔가를 측정하는 것이었다. 내가 측정해야 할 것은 물의 점성이었다(지겨워, 지겨워!). 어떤 식으로 하라는 지침 같은 것은 전혀 없었다. 즉 주어진 각종 기기들을 이용해 각자 실험 계획을 짜서 해내는 것이 과제였다. 강철 실린더, 플라스크, 초시계, 금속 스탠드, 실, 작은 거울, 약간의 점토, 광선을 비추는 데 쓸 전구,

눈금이 표시되어 있는 투명한 줄자 등이 실험 기구였다. 나는 실린더를 실에 묶어 스탠드 위에 매단 뒤, 물을 가득 채운 플라스크 속에 담갔다. 그리고 점토로 실에 작은 거울을 붙인 뒤 반사된 빛이 줄자에 닿도록 했다. 그런 다음 실린더가 좌우로 빙빙 돌도록 한 뒤(전문 용어로 '비틀림 진동'이라고 한다), 좌우로 돌 때마다 반사된 빛이 어느 눈금까지 가 닿는지 기록했다. 물의 항력 때문에 진동이 서서히 줄어들 것이므로, 줄어드는 데 걸리는 시간을 재면 물의 점성을 계산할 수 있었다. 간단했다. 단지 내가 했을 때 실이 끊어져서 금속 실린더가 플라스크 바닥으로 떨어져 유리가 박살 나면서 실험대가 물바다가 되었다는 것만 빼면 말이다. 그때까지 기록했던 수치들도 물에 젖어 알아볼 수 없게 되고 말았다. 그 일을 계기로 나는 이론물리학 쪽을 택했다.

아무튼 내 성격은 이론 쪽과 더 잘 맞았고, 나는 오랫동안 추구해온 의미 탐구라는 길을 걸었다. 실은 그보다 몇 년 전 핀칠리에 있을 때 순수 이론의 매력을 이미 발견한 상태였다. 당시 나는 린지라는 검은 머리칼의 소녀를 흠모했다. 그녀는 오로지 인문학만 공부하고 있었고, 학교 도서관에서 영문학 책들을 읽으면서 많은 시간을 보내곤 했다. 어느 날 나는 수를 써서 도서관에서 그녀와 마주보고 앉았다. 기울어진 면에서 위쪽으로 공을 세게 굴려 떨어뜨렸을 때 궤적을 계산하는 숙제를 한답시고 말이다. 내가 공책 서너 장을 숫자들로 가득 채우고 있을 때, 매력적인 린지가 감탄과 당혹감이 뒤섞인 표정으로 나를 쳐다보았다. "뭐하는 거니?" 내가 설명하자, 그녀는 완전히 얼떨떨해진 듯했다. "공책에 그렇게 마구 휘갈겨 쓴 걸로 공이 어디로 갈지 알 수 있단 말이야?"

린지의 질문은 그 뒤로 내 머릿속에서 떠나지 않았다. 인간의 수학으로 자연의 활동을 포착하는 것이 어떻게 가능할까? 나는 이론물리학의 방정식들이 숨어 있는 우주의 언어라고 보게 되었다. 수학의 난해한 언어와 절차들을 배움으로써, 나는 힘과 장, 보이지 않는 소립자들과 미묘한 상호작용이라는 신비의 세계로 들어갈 수 있었다. 내 손가락 끝에서 피어나는 동화의 나라는 머리 위의 밤하늘만큼이나 경이롭고, 추상적인 특성을 지니고 있다는 점에서 나를 더 흥분시켰다. 나는 마치 비밀협회로 안내된 듯한 느낌을 받았다. 정해진 특수한 규칙들을 그대로 따른다면 내 앞에 또 다른 현실이 모습을 드러낼 것 같았다. 아니, 사실은 현실의 더 깊은 차원이었고, 그 차원은 어떻게든 간에 영혼에 더 가까이 다가가 있는 듯했다. 아마도 우주의 영혼에 말이다. 나는 갈릴레오가 자연이라는 책은 수학 언어로 쓰여져 있다고 썼을 때 어떤 기분이었을지 깨달았고, 똑같은 전율 같은 것을 느꼈다. 자연 자체가 내게 암호로 말을 하고 있다는 느낌이었다.

사람들은 자신이 십 대 때 열차 기관사나 뇌 수술 의사나 우주 비행사가 되고 싶었다는 이야기를 하며 향수에 젖곤 한다. 나는 언제나 우주론에 약간 기울어진 이론물리학자가 되기를 원했고, 그렇게 되었다. 돌이켜보면, 그 외에 다른 무엇을 했을 것이라고는 도저히 상상이 안 된다. 그 길을 걸어오면서 가장 힘들었던 것은 반드시 들어야 하는 다른 필수 과목들을 참고 듣는 일이었다. 도대체 화학이나 영어는 왜 배워야 했을까? 그것들이 어떻게 도움을 준단 말일까? 나는 곧장 본 게임에 뛰어들고 싶었다. 그때 나는 한 분야를 파고드는 신진 과학자들이 빠른 경로를 거쳐 목표에 도달할 수 있도록 한 영국의 간결한 교과 과정의 도움을 받았다. 열여덟 살 때 나는 오직 물리학과 수학만 공부했다. 그리고 스무 살이 되었을 때 이론물리학을 전공하고 있었다. 나는 스물네 살 생일이 되기 전에 박사 논문을 완성했고, 드넓은 우주를 다룰 준비가 되었다. 대다수 과학자들이 그렇듯이, 나는 지금도 경외감을 갖고 세상을 바라본다. 그리고 스스로 묻는다. "저건 대체 무엇일까?"

언젠가는 알게 될 것이다.

패턴과 참여 관찰자

메리 캐서린 베이트슨 Mary Catherine Bateson

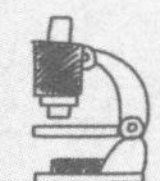

메리 캐서린 베이트슨은 작가이자 문화인류학자이다. 노화와 현대 사회에서 여성의 역할 변화에 대한 연구로 유명한 그녀는 우리 시대의 가장 독창적인 사상가 중 한 명으로 불린다. 세계적인 문화인류학자 마거릿 미드의 딸인 그녀는 어린 시절부터 다양한 문화와 교류했고 에릭 에릭슨의 조교로 인류학을 공부하기 시작했다. 베이트슨은 자신의 경험을 기반으로 1980년대의 성역할 기대와 여성 혐오적 현실에 의문을 제기했고, 여러 강의를 통해 노인들이 은퇴하지 않고 세상에 훨씬 더 많이 참여하도록 격려했다.

1960년 래드클리프 대학교에서 학사 학위를, 1963년 하버드 대학교에서 언어학 및 중동학 박사 학위를 받았다. 이후 하버드 대학교, 애머스트 대학교, 조지메이슨 대학교 등 여러 대학교에서 학생들을 가르쳤다. 대표 저작인 『인생 설계하기(Composing a Life)』는 1991년 출간 이후 20여 년 연속 스테디셀러 자리를 지켰다. 국내 출간된 저서로는 『죽을 때까지 삶에서 놓지 말아야 할 것들』 등이 있다. 2021년에 세상을 떠났다.

과학자인 부모의 무남독녀. 그러면 이야기의 절반은 끝난 셈이다.

대가족의 아이들은 서로에게 자극을 주고 재미있는 일을 찾아내며, 자신들의 세계를 만들어낸다. 반면에 외동이라면 어른들의 이야기를 들으며 꽤 많은 시간을 보내게 되고, 곱씹어 보아야 깊은 의미를 깨닫게 되는 것들에 일찍부터 관심을 갖게 된다. 자신이 이해하지 못하는 것에 관해 질문을 해보라고 부추김을 받을 때 더 그렇다. 또 부모가 동료 관계라면 그것도 차이를 만든다. 우리 세대의 아이들은 집안에서 일에 관한 대화를 거의 듣지 못했다. 아버지가 어머니는 전혀 모르는 분야에서 일을 할 때가 많았기 때문이다. 과학자들은 자신의 일거리를 실험실이나 연구실에 두고 오지, 사적인 공간으로 가져오는 경우가 거의 없다. 하지만 내 부모님인 그레고리 베이트슨과 마거릿 미드는 직업과 개인적인 삶을 크게 나누지 않았다. 아침, 점심, 저녁을 먹을 때의 대화 속에 이론과 관찰 이야기가 가득했다. 아버지가 집에 없거나 부모님이 이혼한 뒤에는 동료들과 친구들이 찾아오면서 똑같은 패턴이 이어졌다. 아침, 점심, 저녁으로.

내가 자라던 시대에는 남자아이는 아버지를 모델로 삼고 여자아이는 어머니를 모델로 삼는 것이 당연하다고 여겼다. 그러나 이런 동성 모방 패턴을 따를 때 남자아이들 사이에는 으레 경쟁과 반항이 수반되곤 했고, 여자아이들에게는 택할 수 있는 대안들이 한정되어 있었다. 나는 평등한 가정에서 자라는 아주 특이한 경험을 했다. 내 부모님은 놀라울 정도로 서로 달랐다. 나는 두 분을 다 모델로 택할 수 있었고, 선택을 규정하는 성별 규칙 같은 것은 전혀 없었다. 그 기저에는 어머니가 현장 경험으로 깨닫고 내 양육에 적용한 생각이 있었다. 그것은 바로 아이들이 사업에서 예술까지, 과학에서 가사에 이르기까지 선택할 수 있는 다양한 삶들의 대안 모델 역할이 될 수 있는 많은 어른들과 접촉할 필요가 있다는 개념이었다. 하지만 내가 접한 어른들이 전체를 대표하는 것은 아니었다. 나는 대학원에 가는 것이 일반적인 길이며, 대부분의 사람들이 책을 쓴다고 믿으면서 자랐으니까. 어른들이 으레 묻곤 하는, 커서 무슨 일을 하고 싶냐는 질문을 받았을 때 나는 언제나 과학자가, 인류학자가 아니라 과학자가 되겠다고 대답했다. 그리고 과목이나 활동을 선택할 기회가 주어지면, 과학과 수학을 택했다.

내 부모님은 둘 다 다른 분야에 있다가 인류학으로 돌아섰다. 어머니는 심리학, 아버지는 생물학에서 전공을 바꾸었다. 또 두 분 다 학제 간 사유를 촉진시키겠다는 시대적 노력에 동참했다. 두 분은 전후에 사이버네틱스(인공두뇌학) 학술대회를 연 메이시 학회의 일원으로서 인문학을 과학 및 공학과 연결할 모형들을 탐색했고, 행동과학이나 인간관계학이나 아동 발달 같은 새로운 분야들의 틀 안에서 협력을 도모할 새로운 방식을 모색했다.

한번은 어머니에게 내가 어떤 종류의 과학자가 될 것 같냐고 묻자, 어머니는 내가 발생학자나 결정학자가 될 것 같다고 말했다. 방향이 완전히 틀렸기에 나는 그 일로 어머니를 다년간 놀리곤 했다. 지금은 어머니의 그 말이 내가 배아나 결정에 흥미를 가지리라는 것이 아니라 꽤 추상적인 방식의 패턴들을 생각하는 일에 흥미를 가질 것이라는 뜻이었다고 믿고 있다. 어머니는 과학의 무엇이 아니라 '어떻게'를, 조사나 실험을 어떻게 하느냐가 아니라 '지적 분석을 어떻게 하느냐'를 말한 것일 수 있다. 우리 집안에서는 '패턴'이 중요한 단어였고, 패턴을 관찰하고 묘사하는 능력이 중시되었다. 어머니는 인간 행동의 패턴을 알아보는 전문가였다. 그러니 어머니의 대답은 내가 자신보다 아버지와 지적으로 더 비슷하다고 느꼈다는 점도 시사한다.

사실 나는 십 대가 되어서야 아버지가 인간 행동에 관심이 있다는 것을 깨달았다. 아버지가 나와 함께할 때의 모습은 세 형제 중 막내였던 아버지 자신의 어린 시절과 비슷했을 것이다. 할아버지는 '유전학'이라는 용어를 만들어낸 저명한 유전학자로, 멘델의 연구가 학계에서 받아들여지도록 하는 데 핵심적인 역할을 한 분이었다. 아버지를 떠올릴 때면, 나는 해안의 웅덩이들을 조사하고, 딱정벌레들을 채집하고, 수족관을 만들고, 사진을 찍어 현상하던 모습이 생각나지만, 다른 한편으로 논리 퍼즐과 문제 풀이를 함께 하던 일도 기억난다. 아버지는 멘델의 비율을 설명했고, 우리가 죽은 크리스마스트리에서 낡은 전선들에 죽 달려 있는 전구들을 찾아내자 여러 종류의 전기 회로를 만들어냈다. 오랜 세월에 걸쳐 아버지가 어쩌다가 한 번씩 보낸 편지들에는 그 사이에 무슨 일이 있었고 어떤 감정을 느꼈는지 같은 내용이 거의 담겨 있지 않았다. 대신 편지에는 그림이 가득했다. 딱정벌레의 다리, 물고기가 만든 공기 방울 둥지, 식물의 새싹 발아 같은 것들 말이다. 나중에 나는 패턴과 조직화를 분석하는 데서 기쁨을 느끼는 아버지의 사고방식을 통해서 수학과 모든 자연과학, 그리고 언어학까지 접하게 되었다.

아버지는 연구 대상을 꽤 자주 바꾸었다. 뉴기니의 풍습, 발리의 육아 방식, 조현병, 가족 구조, 알코올 중독, 돌고래의 의사소통, 문어 등등. 아버지는 실험학자가 아니라 관찰자이자 이론가였다. 아버지는 사유와 의사소통의 패턴들과 그것들의 왜곡 가능한 형태들에 초점을 맞추었고, 자연적으로 나타나는 행동들을 포착하고 비교하는 방법들을 고안해 냈다. 발리에서 닭싸움 사진을 찍을 때, 아버지는 가장 사진을 잘 받는 부분인 싸우는 닭들의 모습은 제쳐둔 채, 조련사들이 손을 움직이는 모습을 통해 어느 조련사가 어느 닭을 훈련시켰는지 파악하는 데 초점을 맞추었다. 나중에 아버지는 필름에 기록된 정신질환 상담 자료들을 이용해 가족 구성원 사이의 상호 작용을 분석하는 연구의 개척자가 되었다.

내가 일곱 살 때 아버지는 처음에는 스테이튼 섬, 그다음에는 캘리포니아로 이사했다. 아버지를 찾아갈 때마다 우리는 자연사 현장 여행을 했다. 동물들을 보고 가능하면 사진도 찍는 것이 여행의 목표였다. 아버지는 순식간에 뱀을 잡거나 죽은 나무줄기 밑으로 손을 뻗어 박쥐를 찾아내곤 했다. 시에라 산맥으로 야영을 갔을 때, 우리는 베이컨과 물고기로 만든 미끼를 바닥에 질질 끌고 다녀 냄새를 배이게 한 뒤, 차 안에서 카메라의 플래시를 터뜨릴 끈을 쥔 채 어떤 생물들이 나타날지 지켜보면서 밤을 지새웠다. 또 안개 낀 캘리포니아 해안에서 잠복하면서 물새들의 사진을 찍었다. 이런 활동들은 인내심을 갖고 기다리는 일이 꽤 많은 부분을 차지하므로, 그럴 때 아버지는 아메바가 어떤 식으로 분열하는지 등 생물학을 단편적으로 설명해 주거나 고전적인 역설들과 수학 퍼즐들을 던져주어서 나는 머리를 싸매곤 했다.

아버지는 이런저런 곤충이나 식물 이야기도 해주었지만, 플랑크톤보다 바다표범이나 고래를 더 좋아하는 여느 아이와 다름없던 나는 척추동물 이야기에 가장 큰 흥미를 느꼈다. 아이들은 자기 앞에서 움직이는 것, 무엇인지 금방 알 수 있는 것에 가장 집중을 잘하기 때문이다. 생태학을 가르칠 때의 기본적인 문제점은 이해해야 할(그리고 보호해야 할) 패턴들에 느리거나 보이지 않는 것들이 많이 포함되어 있다는 것이다. 탄소와 질소 순환, 물과 공기의 흐름, 토양 속의 미생물 등등.

아버지는 내가 수족관을 만드는 것을 도우면서 생태학의 기초를 알려주었다. 수족관을 만들려면 식물과 노폐물, 햇빛의 효과와 깨끗한 물의 자정 작용을 고려해야 했다. 지금은 대개 인공적으로 물을 여과하고 물에 공기를 주입하는 수족관이 쓰인다. 그런 수족관은 제한된 공간에 더 많은 물고기를 넣을 수 있고, 살아 있는 식물을 집어넣을 필요가 없다(대신 플라스틱으로 만든 식물들이 들어 있다). 대다수 열대 어류 애호가들은 활기차게 나풀거리며 돌아다니거나 꿈꾸듯이 떠 있는 이국적인 종들의 아름다운 모습을 선호한다. 반면에 아버지는 조직화, 즉 패턴에 관심이 있었으며, 아버지가 말하던 것도 그것이었다. 아버지는 수족관을 평형상태로 유지하는 인공두뇌학적인 생태계를 만들어보라는 과제를 내게 제시했다. 즉 나 자신이 그 생태계의 수많은 상호 작용하는 요인들 중 하나가 되는 생태계였다. 그리고 그런 생태계에 동화되라는 더 심오한 도전 과제도 안겨주었다.

* * * * *

어머니의 생각은 달랐다. 어머니는 내게 인간 생활의 다양성과 잠재력을 이해하는 능력을 함양시키려고 했다. 어머니는 나를 문화적 차이들에 노출시키려 끊임없이 노력했다. 각기 다른 인종들, 각기 다른 종교들, 어머니나 어머니의 동료들이 연구를 했던 세계 각지에서 온 손님들에게 말이다. 뉴욕시에 온 발리인 춤꾼들이나 매디슨 스퀘어 가든의 연례 로데오에 출연하는 아메리카 원주민 연기자들을 만나게 하는 식이었다.

어머니는 전쟁 이전 시기에 주로 남태평양 6개 문화의 육아 패턴을 연구했으므로, 한창 자라고 있는 나와 또래들에게 무슨 일이 벌어지는지 아주 잘 알고 있었다. 어머니와 대화하면서 나는 경험한 것들을 되새겨보는 습관을 들이게 되었다. 사실상 어머니는 내게 패턴과 맥락에 따라 의미가 어떻게 달라지는지 살펴보도록 함으로써 나를 내 삶의 참여 관찰자가 되도록 가르쳤다. 어머니는 내가 방문한 여러 집마다 규칙들이 어떻게 다른지, 그런 규칙들에 어떻게 적응하는지, 어른들의 당혹스러운 반응들을 어떻게 생각하고 이해할 것인지에 주목하라고 가르쳤다. 한 예로 모두가 신성 모독에 화를 내는 것은 아니지만 화를 내는 사람들도 있으므로, 어머니는 내가 부적절하게 단어를 내뱉지 않도록 단어 사용을 자제하고 각기 다른 맥락들을 이해하는 것이 중요함을 가르쳤다.

한 번은 자주 들르던 어느 집에서 고래고래 소리를 지르는 논쟁에 빠져들었다가(그 집안의 가풍 중 일부였다) 그 집 어머니를 '마녀(witch)'라고 불렀지만, 별 파장이 없었던 것이 기억난다. 그런 다음 호기심이 빛을 발하는 순간이 찾아왔다. 미미한, 근본적으로 임의적인 언어학적 변화가 상호 작용에 차이를 만들지 모른다는 생각이 문득 떠올라서, 나는 일부러 실험적으로 그녀를 '암캐(bitch)'라고 불러보았다. 그러자 난리가 났다. 아주 신기했다. 나는 대학생이 되어 음운론의 기초를 배운 뒤에야 내가 발견한 것이 무엇인지 알았다.

어머니는 윤리적인 관점에서 세상을 볼 때가 자주 있었다. 관계를 개선하고 효과적인 의사소통을 하려면 행동 패턴들과 의미 체계들을 이해하는 것이 중요했다. 가끔 나를 돌봐주던 어머니의 친구분이 있었는데, 그녀는 뇌종양 때문에 시야의 좌우가 보이지 않았다. 그래서 그녀는 어린아이들과 함께 시내를 걸을 때면 조마조마해 했다. 어머니는 그녀가 앞을 일부 못 본다는 것을 내게 설명하면서, 그 점을 이용해 놀리는 것은 부당한 짓이라고 지적했다. 우리 학교에는 이민자의 자녀들도 있었다. 그 아이들은 영어를 배우고 이 나라에 적응하려 기를 쓰고 있었다. 그들은 놀림을 당하면 말로 이기기 힘들었기에 주먹을 쓰기 일쑤였다. 그래서 어머니와 나는 그들이 어떻게 헤쳐 나가야 할지, 그들에게 다가가기 위해 쓸 수 있는 전략에 어떤 것들이 있는지 토론했다. 나는 어머니로부터 어른들을 권위자나 의지 대상으로만이 아니라 각자 나름의 배경과 개성에 따라 반응하는 개인들이라고 생각하는 법을 배웠다.

참여 관찰은 문화 인류학자의 가장 기본적인 방법론이다. 그 일은 일상생활을 함께 하면서 패턴을 인식하는 능력에 의존한다. 아버지는 특정한 것을 선택해서 관찰하는 성향이 있고 대체로 기록하는 일에 무심했던 반면, 어머니는 세세한 것들을 관찰하려는 성향이 아주 강했다. 대다수 민족지학자들과 달리, 어머니는 자신이 현장에서 보고 들은 것을 꼼꼼히 타자로 쳐서 정리한 노트들을 연구의 가장 중요한 결과물이라고 여겼다. 그 노트들과 사진들이 후대의 연구자들에게 1차 자료가 될 가능성이 가장 높고, 인류학에서 실험을 통한 재현에 해당하는 것이기 때문이다. 그것들은 아주 어려운 형태의 참여이기도 했다.

아버지의 윤리 감각은 조직화의 패턴들을 인식하고 소중히 하며, 명확히 잘못된 것이 있을 때에만 대단히 망설이면서 그것들을 바꾸려 시도하는 식이었다. 어머니는 활동가에 훨씬 더 가까웠다. 하지만 어머니가 무언가 바꾸자고 하는 것들은 언제나 관찰과 비교에 토대를 두었고, 어머니는 관찰이 아니라 이념에서 나온 정치 강령들에는 조소를 퍼부었다. 어머니는 내가 어떤 일을 겪고 무엇에 몰두하는지 묻고 사례를 들곤 함으로써, 내게 참여 관찰이라는 평생에 걸친 습관을 들이게 했고, 그 결과 나는 사회과학자이자 작가가 되었다.

자기 삶의 참여자이자 관찰자가 된다는 것이 무슨 의미인지를 설명할 때 내가 자주 드는 일화가 하나 있다. 2학년인가 3학년 때 있었던 일이다. 어머니가 내게 학교에 들어가는 데 문제가 있는 내 또래의 한 소년과 "놀아주라"고 했을 때였다. 그에게 가는 길에 어머니는 그 소년이 대하기가 쉽지 않아서 그의 부모가 걱정한다고 미리 알려주었다. 소년과 시간을 보내고 집에 돌아오자 어머니는 내게 어땠냐고 물었다. 나는 어머니에게 "다른 아이가 그와 놀아야 한다면 어떤 일이 벌어질지 예상하도록", 내가 마주친 문제들을 어머니가 받아써 달라고 부탁했다. 반성이 뒤따르는 관찰이 나뿐 아니라 다른 사람들에게도 가치 있을 수 있다는 생각을 이미 하고 있었던 것이다. 부모님의 생각에 내가 무슨 기여를 했을까 회상하니, 아버지는 내가 당신이 씨름하고 있는 어떤 이론적인 개념을 구체화할 수 있도록 자극하는 질문을 했을 때 좋아한 반면, 어머니는 내게 질문을 했을 때 내 대답 속에 다양한 세계가 담겨 있으면 좋아했던 듯하다.

1956년 열여섯 살 때, 나는 어머니를 따라 이스라엘로 갔다. 어머니는 그곳에서 이민자들의 융화를 주제로 강연을 하고, 정부 당국자들에게 자문을 하기로 되어 있었다. 기본적인 전제는 비록 이민자들이 문화적 배경, 신념 체계, 심지어 신체 형태까지 아주 다양하긴 해도, 유대인이라는 정체성을 공유한다는 것이었다. 그 여행 때 나는 내가 부모님으로부터 배워온 방식에 딱 들어맞는 종류의 호기심이 어떤 것인지 발견했다. 나는 다니던 고등학교에 정나미가 떨어졌고, 미국 십 대들의 생활 방식을 경멸했으며, 그들의 천박한 태도에 큰 소리로 불만을 토로하곤 했다. 지금 돌이켜보면 그 모든 것들이 어머니가 너무나 따분하다고 본 이념적 소외의 십 대 판이었고, 어머니가 나 때문에 몹시 속이 상했을 것이라는 생각이 든다. 이스라엘에서 2주를 보낸 뒤, 나는 그곳에 계속 머물면서 히브리어를 배우고, 대학 입시 준비반에 들어가고, 그곳에서 대학에 지원하겠다고 주장했다. 어머니는 그렇게 하라고 했다. 새로운 국가를 건설하려는 이상주의와 흥분으로 가득한 사람들이 내 마음을 사로잡았다. 그리하여 나는 민족지학자와 별다를 바 없이 낯선 문화를 이해하려 애쓰는 참여 관찰자가 되었다.

금발에 푸른 눈의 유대인들은 많이 있지만, 메리 캐서린이라는 이름을 가진 사람은 많지 않다. 유대인의 언어를 배우는 데 열심인 비유대인 청소년이었기에 나는 예외적이고 이국적인 존재였고, 만나는 사람들마다 내 호기심에 따뜻하게 응대해 주었다. 나는 사회주의 청년 운동에서 점심 샌드위치의 재료에 이르기까지 온갖 것들을 물었고, 무엇보다도 학교 교과 과정에 포함된 히브리 문학, 유대 역사, 성경 등 유대적인 것들에 특히 관심을 가졌다. 나는 자라면서 패턴들에 주목하고 문화적 다양성에 중점을 두는 훈련을 받으면서 준비해 왔던 것들을 활용할 기회를 얻었다.

히브리어 학습은 지적으로 굉장히 짜릿했으며, 나를 아랍어(히브리어와 비슷하면서 더 흥미로운), 중동 연구, 언어학으로 이끌었다. 한때 젊은이들은 "생각하도록 가르쳐라"라는 라틴어를 배웠지만, 셈어들은 라틴어와 다른 방식의 사유를 가르친다. 그것은 특정한 사물이나 사람과 분리된 과정과 관계를 인식하도록 촉구하는 듯하다. 단어군들은 어근(혼자로는 발음되지 않는 자음들의 집합)과 유형(모음과 접사로 이루어진)을 결합함으로써 만들어진다. 즉 '결합한다'는 일반적인 의미를 지닌 어근은 '조이는', '통합하는' '접착하는' 같은 행위에 쓰이는 단어들과 결합되면, '친구', '사회', '동맹', '조성', '공책' 같은 단어들을 형성한다. 게다가 그 각각의 단어는 어근 및 정해진 유형에 따라 표현되는 과정이나 관계와 이어진다. 어근과 유형은 깍지 낀 양손의 손가락들처럼 산뜻하게 맞물려 있다. 그것은 x, y, z의 특정값을 특정한 과정이나 관계를 나타나는 공식에 대입하는 것과 같다. 아랍어를 하던 사람들이 대수를 발명했던 것도 놀랄 일이 아니다! 셈어 문법은 내가 부모님의 연구에서 마주쳤던 인공두뇌학을, 즉 조직화(패턴)의 유사성들을 맥락에서 맥락으로 추적할 수 있는 숲 같은 생태계를 생각나게 했다. 히브리어 학습은 멘델의 비율을 들을 때와 똑같은 식으로 나를 흥분시켰고, 비슷한 지적 능력을 요구했지만, 또 다른 방식으로도 흥분을 불러일으켰다. 새로운 언어는 새로운 사유를 낳는다. 히브리어를 배울 때, 나는 그것이 세계를 보는 다른 방식을 배우는 것일 뿐 아니라 개념에서 개념으로 이동할 수 있도록 세계를 보는 내 방식을 다양화하는 유연성을 배우는 것임을 확신하게 되었다.

이스라엘에서 시간을 보내면서 나는 자연과학에서 사회과학으로 돌아서게 되었다. 사춘기의 반항심을 보인 지 10년 뒤, 언어학과 중동학으로 박사 학위를 받고서, 나는 촘스키 시대의 언어학이 순수 패턴 연구로 나아가고 있으며, 그것이 인간과 접촉하지 않는다면, 내가 연구하고 싶어 하는 것이 아니라는 것을 깨달았다. 그 뒤로 나는 자신을 문화인류학자로 재정의하곤 했다. 부모님의 전공 분야로 돌아간 것이다. 아버지는 언어학을 거의 몰랐지만, 나는 아버지에게서 패턴을 생각하는 법을 배웠다. 어머니는 중동에 관해 거의 아는 것이 없었지만, 나는 어머니로부터 다른 사람들과 사려 깊게 관계를 맺는 방법을 배웠다. 즉 참여자인 동시에 관찰자로서 말이다. 어른이 된 뒤의 내 연구 이야기는 그렇게 시작되었다.

온종일 TV를 보던 아이

재너 레빈 Janna Levin

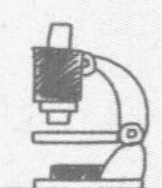

재너 레빈은 천체물리학자이다. 컬럼비아 대학교의 물리학 및 천문학 교수로, 우주의 위상수학적 구조, 블랙홀, 중력파, 여분 차원 우주론, 끈 이론 등 다채로운 주제를 연구했다. 과학 대중화에도 관심이 많아 NOVA 다큐멘터리 「블랙홀 아포칼립스」를 진행하기도 했다.

텍사스에서 유대인 부모 아래 태어났다. 심각한 교통사고를 당해 한동안 병원에 입원했기 때문에 공식적으로 고등학교를 졸업하지 못하기도 했으나, MIT에서 이론물리학 박사학위를 받았다. UC 버클리 입자천체물리학센터, 케임브리지 대학교 응용수학 및 이론물리학과를 거쳐 현재 컬럼비아 대학교 바너드 칼리지 물리천문학과 교수로 재직 중이다. 브루클린 소재의 비영리 문화센터 파이어니어 워크스의 과학 부문 책임자로도 활동하고 있다. 저서로는 『우주의 점』, 『블랙홀에서 살아남는 법』이 있다.

아버지는 아주 두꺼운 의학 서적들을 많이 소장하고 있었다. 아버지가 교통 정체가 심한 시간에 녹색 볼보를 타고 시카고로 일하러 가면, 나는 두꺼운 책들이 벽을 가득 채우고 있는 아버지 방에서 발판 달린 갈색 가죽 안락의자에 앉아 시간을 보내곤 했다. 나는 그 책들을 거의 들지도 못했다. 책을 들려면 천으로 된 단단한 표지 양쪽을 손가락으로 넓게 벌리고 팔로 한 아름 껴안아야 했다. 표지는 대개 고동색, 곤색, 베이지색이었다. 마음에 안 드는 색깔들이었지만, 그래도 내게 깊은 인상을 남겼다. 그런 칙칙한 겉모습은 뭔가 있는 것 같은 분위기를 풍겼고, 내용에 무게를 더했다. 그 책들로부터 내가 얻을 수 있었던 것은 그것뿐이었다. 책을 펼치면 알아볼 수 없는 단어들이 가득했다. 나는 항목들을 읽으려 해보았다. 췌장샘암종, 소뇌 충부 형성저하증, 골수성 골수형성 이상 증후군 등등. 중요한 단어는 하나도 이해할 수 없었다. 그런 라틴어 같은 항목 속에 담긴 개념이나 지식을 다른 누군가는 알 수 있을 것이라 생각하니 샘이 나기도 했다.

나는 그 칙칙하고 무거운 책들이 실제 장소, 즉 병원과 어떻게든 관련이 있다는 것을 알고 있었다. 나는 아버지를 따라 한번 병원에 갔다가 심장 수술을 하는 광경을 지켜보았다. 나는 의사들이 환자의 갈비뼈 사이를 벌려서 흉곽을 열어 심장을 드러냈을 때 정신적 충격을 입을 정도로 가까이 서 있었다. 아버지는 그 광경을 보여주는 것이 그리 좋은 생각이 아닐지도 모른다고 생각하면서 내 옆에서 지켜보고 있었다고 한다. 의사는 두어 번 나를 내려다보았다. 나는 녹색 종이 모자와 녹색 종이 마스크 사이로 놀라서 눈만 말똥말똥 뜨고 있었다. 의사가 기절할 것 같지 않냐고 물었다. 하지만 나는 기절은커녕 그 근처도 가지 않은 상태였다. 나는 아주 아플 것이라는 상상을 하게끔 만드는 본능적인 감정 이입을 겪지 않을 정도로 초연할 수 있었다. 그 강인한 태도는 의사가 되겠다는 충동과 더불어 나이가 들면서 약해졌다. 어쨌든 그날은 특별했다. 평범한 날이었다면, 나는 아버지의 안락의자에 앉아서 아버지의 책을 읽는 척하고 있었을 테니까.

나는 『의사용 의약품 편람』에서 백과사전 같은 항목들을 읊다가 지겨워지면, 아버지의 서재에 있는 음반들을 뒤적거리곤 했다. 서재에는 전축도 있었다. 집에는 8트랙 테이프들이 거대한 플라스틱 상자들에 가득 담겨 있었다. 그 테이프들은 진짜 기계 부품이나 다름없었다. 테이프를 테이프 플레이어에 끼우려면 약간 체중을 실어야 했는데, 입구를 닫으면 기분 좋은 반동이 느껴졌다. 나는 윌리 넬슨이나 로드 스튜어트의 노래, 또는 언니들의 테이프를 뒤적거려 찾아낸 비틀즈나 퀸의 노래를 들으면서 몇 시간 동안 앉아 있곤 했다. 하지만 나는 결코 음악가가 되지 않았다. 음향 기술자가 된 것도 아니었다. 의사가 되지도 않았다.

아버지의 서재는 작은 갈색 방이었는데, 그 옆에는 좀 더 크고 좀 더 짙은 갈색의 거실이 있었다. 아니, 갈색과 노란색이었다. 거실은 나무 바닥과 나무 벽으로 되어 있었다. 1970년대에는 그런 색깔이 유행했다. 거실에는 검은색과 노란색으로 된 격자 무늬 모직 소파 둘이 서로 마주 보게 놓여 있었다. 늦은 아침이면 나는 두 소파 사이의 갈색 융단에 앉아 있곤 했다. 그렇게 있으면 마치 거대한 격자무늬 빵 사이에 끼워진 샌드위치 같다는 생각이 들었다. 이름하여 재너 샌드위치라고나 할까.

나는 그렇게 앉아서 텔레비전을 보았다. 몇 시간이고 계속 보았다. 「스타트렉」은 재방송까지 보았다. 나는 커크 선장에게 푹 빠져 있었다. 그는 싸구려 무대 장치 속에서 가슴을 한껏 내밀고 앞으로 넘어지거나, 왼쪽 또는 오른쪽으로 가슴을 내밀면서 몸을 던지거나, 때로는 가슴에 이어 발까지 내던지기도 하면서, 노란 옷을 입은 다른 등장인물들과 달리 우람한 가슴에 달린 팔을 구부리고 주먹을 불끈 쥔 채 비틀거리곤 했다. 나는 그 드라마를 좋아했다. 아주 낙관적인 드라마였다. 인간은 이미 달까지 가 본 상태였다! 달에 가다니, 상상할 수 있겠는가? 나는 학교에 가지 않는 날이면, 온종일 텔레비전을 보았다. 「닥터 후」, 「잃어버린 대륙」, 「2001 스페이스 오디세이」, 「코스모스」 등등. 우리는 새로운 세대였다. 나는 눈을 크게 뜨고 보이는 대로 흡수하면서 앉아 있었다. 갈색 방의 갈색 바닥에 앉아 깜박거리는 인공 빛이 내보내는 영상을 바라보면서, 나는 눈동자와 온몸의 감각들을 통해 들어오는 영상에 푹 빠졌다.

나는 로렐, 하디, 애버트, 코스텔로의 옛 영화들과 「비위치드」, 「내 사랑 지니」와 가정주부들을 다룬 온갖 시트콤들도 보았다. 지니는 자신이 주인님이라고 부르는 우주 비행사와 결혼하고 싶어 했다. 나는 우주 비행사가 되는 상상을 펼치곤 했다. 나는 자라서 공간 및 우주와 사랑에 빠지게 되었지만, 주인님이라고 부르는 사람과는 아니었다.

늦은 오후가 되면 나는 어머니를 따라 물건을 사러 상점에 가곤 했다. 나는 짐짝이나 다름없었고, 쇼핑 카트 앞쪽에 있는 오렌지색 플라스틱 의자에 놓인 어머니의 핸드백 옆에 앉아서 금속 틀 사이로 다리를 내밀곤 했다. 우리가 가는 곳은 교외에 있는 대형 매장이었다. 어떤 체인점이었는지는 기억나지 않는다. 아마 피글리위글리나 세이프웨이였을 것이다. 통로에는 형광등이 달린 선반이 죽 늘어서 있었는데, 빛 때문에 하얗게 보였다. 가끔은 쇼핑 카트 옆에서 걸어가면서 매끄럽고 빛나는 리놀륨 바닥을 뚫어지게 바라보곤 했다. 신비한 분위기를 지닌 현대의 물질이었다. 우리는 식품, 종이 상자, 눈길을 끄는 포장이 있는 통로들을 둘러보면서 천천히 걸었다. 일종의 왈츠를 추는 것 같았다. 피글리위글리 왈츠. 우리는 흘러나오는 음악을 들으면서 물건들을 종이봉투에 담았다. 아주 미국적인 크고 빳빳한 갈색 종이봉투였다. 그것은 머지않아 내가 발견하게 될 팝아트, 소비자주의, 워홀의 미학이었다.

하지만 그런 나들이를 하면서도 나는 실생활에 필요한 요령들을 전혀 습득하지 못했다. 나 혼자 그런 격납고만한 대형 매장에 간다면, 식탁에 올리지도 못할, 기이하게 어울리지 않고 비싸기만 한 식품들을 잔뜩 싸들고 올 것이다. 대신 내가 배운 것은 워홀과 그의 미국이었다. 십 년 뒤 뉴욕에서 나는 대형 캠벨 수프 통조림(캠벨 수프 통조림을 소재로 한 그림으로, 앤디 워홀의 대표작 중 하나-옮긴이 주) 광고판 밑에 서서 그 익숙한 그림을 보면서 행복한 기분에 젖곤 했다. 내가 닭고기 요리에 관심을 가진 적이 거의 없다는 점을 생각하면서, 교외의 대형 쇼핑 매장과 갈색 종이봉투를 생각하면서, 그 상표의 붉은색과 탁월함에 관해 생각하면서, 우리 소비자주의의 어리석음을 생각하면서. 그리고 수프를 먹으러 갈 생각을 하면서.

그리고 칼 세이건이 있었다. 아버지가 퇴근해서 집에 오면, 식구들은 식탁에 둘러앉아서 이야기를 나누었다. 병원 이야기나, 집중 치료를 받는 아이들 이야기는 하지 않았다. 우리는 아무 이야기나 화제에 올렸다. 대화가 좀 김이 빠진다 싶으면 언제나 칼 세이건이 화제로 등장했다. 식구들은 「코스모스」를 볼 때, 움직이는 우주의 영상을 놀라서 입을 쫙 벌린 채 뚫어지게 쳐다보면서 '수십억 년의 세월'이라는 장엄한 구절과 그 단어들에 함축된 경외감에 취해서 세이건을 똑같이 흉내 내는 나를 가리키며 웃음을 터뜨리곤 했다. 내가 그를 모방한 것은 진심에서 우러난 행동이었다. 그리고 우리 식구들은 모두 그가 위대한 인물이라고 생각했다.

나는『에덴의 용들』이라는 그의 책을 읽고서 학교에 진화를 주제로 한 수필들을 써서 제출했다. 수필들에는 어린이다운 공들인 글씨체에 연필로 오스트랄로피테쿠스 그림을 그려 넣은 화려한 표지를 붙였다. 아이의 정성스러운 글씨체로 쓴, 깔끔하고 단순한 문장들이 이어지는 글이었다. 지금 생각하면 내가 MIT 같은 곳에서 학위를 받을 때 쓴 글보다 더 나아 보인다. 나는 혀를 비비꼬아야 하는 다음절 단어들을 배우지 말았어야 했다. 진화와 천문학을 다룬 그 어린 시절의 글들은 내 기억에서 사라진 어린 소녀의 모습을 담은 추억거리가 되었다.

저녁이면 어머니는 책을 읽곤 했다. 다양한 책들이었다. 어머니는 소파에 앉아 발을 쭉 뻗은 자세로 소설을 읽었다. 책을 다 읽으면, 어머니는 이미 꽉 차 있는 서가의 책들 사이에 어떻게든 그 책을 꽂아 넣었다. 어느 날 나는 여기저기 뒤지다가 책장 깊숙한 곳에 소설책 서너 권이 쌓여 있는 것을 발견했다. 토니 모리슨, 필립 로스, 조이스 캐롤 오츠의 책들이었다. 긴 세월이 흐른 뒤에 나도 폭넓은 독서에 푹 빠지게 된다. 서점에 가지 않으면 안 될 것 같은 조바심에 사로잡히고 결코 줄어들지 않는 신간들에 맞춰서 책들을 계속 사 모으는 등 중독 수준이라 할 만큼 탐욕적이 되었다. 서랍 속에도, 침대 밑에도 계단 밑의 상자에도 책들이 가득했다. 그렇게 쌓인 책들은 내게 진정한 기쁨을 주었다. 거의 음탕하다고 할 정도로 강한 욕망이 나를 지배했다. 그리고 오랜 세월이 흐른 뒤에 나는 책을 쓰게 된다. 책들은 내게 추억과 영향과 경험을 주었고, 내 머릿속에서 소화되고 저장되어 지금의 나라는 존재의 한 부분을 이루게 되었다.

나는 내 방에서 어머니가 괜히 깔았다고 한숨을 내쉴 정도로 지저분한 몰골이 되어버린 양탄자에 엎드린 채 그림을 그리면서 밤늦게까지 깨어 있곤 했다. 그 양탄자는 분홍, 파랑, 빨강, 하양 색깔의 복슬복슬한 짧은 실들이 알록달록한 사탕처럼 불규칙한 무늬를 이루고 있는 것이었다. 밤이 깊어져 사방이 컴컴하고 고요해지면, 나는 침대에 누워 시계를 바라보곤 했다. 숫자가 적힌 검은 플라스틱 카드들이 넘어가는 하얀색의 둥근 플라스틱 시계였다. 시간이 지날 때마다 카드가 밑으로 뒤집히면서 다음 숫자가 나타났다. 나는 시간이 바뀌는 것을 지켜보면서, 소수를 골라내고, 나눌 수 있는 정수들을 찾아보고, 합리적인 조합을 떠올리면서, 머릿속으로 숫자들을 갖고 놀았다. 그렇다고 내게 깊은 인상을 남길 만한 일화는 없었다. 학생일 때 1에서 100까지의 숫자를 모두 더하라는 과제를 받자, 다른 아이들이 모두 1+2+3+4...의 순서로 더하고 있을 때, 그것이 101에 50을 곱하는 것과 같다는 점을 깨닫고 몇 분만에 답을 내놓았다는 위대한 수학자 가우스의 이야기 같은 전설적인 일화는 전혀 없었다.

나는 침대 발치에 앉아서 창밖으로 뒤뜰을 내다보곤 했다. 그럴 때면 이웃집에서 나는 소리를 들을 수 있었다. 멀리서 자동차나 트럭이 지나가는 소리도 들려왔다. 그리고 곤충들의 소리도 들리곤 했다. 그 모든 소리는 한밤중에 고독을 만끽하는 내게 배경 음악이 되어주었다. 나는 이웃집의 잘 손질된 잔디밭 위를 가리고 있는 나뭇가지들 사이로 보이는 한 조각의 하늘을 응시했다. 나는 그 하늘이 얼마나 멀리 있는지, 우주 공간으로 얼마나 뻗어가 있는지 추측하곤 했다.

그리고 그런 날이 계속 이어지고, 수만 일이 흘러간 끝에, 나는 학위와 일자리와 직함을 받고, 과학자가 되었다. 이런 것들이 내가 기억하고 있는 과거로 이어진 실들, 내가 안다고 생각하는 것들이다. 이런 경험들이 어떤 식으로 공모를 했기에, 나는 음악가나 기술자나 의사나 가정주부가 되지 않고 과학자가 된 것일까? 알 수 없다.

하지만 나는 장엄하고 거대한 우주라는 검은 바닷속에서 얌전히 돌고 있는 우리의 아름다운 푸른 행성을 생각할 때면 환희 같은 감정으로 내 마음이 부풀어오른다는 것을 알고 있다. 하얀 나무틀로 된 창문 밖을 내다볼 때면, 하얀 창틀 속에 담긴 우주를 볼 때면, 그것보다 중요한 게 없고 다른 모든 것들은 하찮게 여겨졌다. 나는 더 멀리 보고 싶었다. 나는 그 창밖으로 날아가 나무 사이를 지나 짙은 색깔의 하늘로 올라가 그곳에 있는 것들과 하나가 되고 싶었다. 매일 밤마다. 나는 유리창에 입김이 닿을 정도로 얼굴을 가까이 대고 하늘을 바라보았다. 나는 더 많이 보고 싶었고, 더 많이 알고 싶었다. 더욱더 많이.

과학자로서 온갖 좌절을 겪을 때, 연구비 지원 신청서를 써야 한다는 것과 또다시 꼼꼼하게 계산을 해야 한다는 것과 세미나를 들어야 한다는 것과 제목조차도 이해할 수 없는 논문을 읽어야 한다는 것을 도저히 참을 수 없을 때, 나는 이따금 다른 인생을 살았더라면 하는 생각을 품곤 한다. 지난 세월을 돌이켜볼 때면, 내가 어떻게 지금 이 자리까지 왔을까 의아스럽기도 하다. 하지만 그런 뒤에는 다시 본래의 모습으로 돌아오곤 한다. 나는 지금도 저 바깥에 무엇이 있을까 궁금해하며, 창문 너머로 우주의 한 조각을 바라보면서 전율하는, 한밤중에 홀로 깨어 앉아 있는 어린아이와 같다.

현실 세계 속의 수학

스티븐 스트로가츠Steven Strogatz

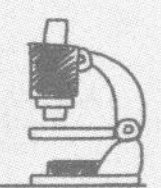

스티븐 스트로가츠는 카오스와 복잡계 이론 분야에서 뛰어난 업적을 남겼으며, 세계에서 가장 많이 인용되는 수학자 중 한 명이다. MIT, 프린스턴 대학교, 케임브리지 대학교 등 여러 대학에서 우수 강의상을 받고 백악관의 젊은 연구자 대통령상, 미국수학협회 오일러 도서상을 수상하는 등 학계, 교육, 과학 대중화에 기여한 공로를 인정받아 다수의 상을 수상했다. 《뉴욕 타임스》에 연재한 수학 칼럼으로 "영화 코너보다 더 인기 있는 수학 칼럼"이라는 찬사를 받기도 했다.

하버드 대학교에서 박사학위를 받았으며, 하버드 대학교와 MIT를 거쳐 1994년부터 코넬 대학교의 제이콥 굴드 셔먼 응용수학 석좌교수로 재직하고 있다. 저서로는 『미적분의 힘』, 『x의 즐거움』 등이 있다.

나는 '복잡계'의 과학, 즉 자발적으로 질서를 형성하는 자기 조직화 특성을 보이는 사건들을 이해하는 일을 좋아한다. 몇몇 해결되지 않은 주요 과학적 문제들이 이런 특성을 지니고 있기 때문이다. 건축학적으로 볼 때, 그런 계들은 복잡한 망을 통해서 그리고 복합적인 상호 작용들을 통해서 서로 영향을 미치는 수많은 단위들(뉴런들, 심장 세포들, 경제 행위자들 등)로 이루어져 있으며, 이런 단위들로부터 이따금 놀라울 정도의 조직을 갖춘 상태들이 나타난다. 그것이 바로 동조 현상이다.

내가 어떻게 동조와 주기에, 그리고 그것들의 토대를 이루는 수학에 관심을 갖게 되었는지를 이야기하려면, 코네티컷 윈저에 있는 루미스채피 학교 신입생이 되었을 때로 돌아가야 한다. 과학 I 과목 첫 시간 때 디쿠르치오 선생님은 우리에게 바닥에 손과 무릎을 대고 엎드리라고 한 뒤, 교실 바깥에 있는 복도가 얼마나 긴지 알아보라고 했다. 나는 오륙 분 정도 자를 대면서 낑낑 기어다닌 끝에 속으로 이렇게 생각했다. "과학이 이런 것이라면 정말

쓸데없고 더럽기만 하네."

다행히 디쿠르치오 선생님의 두 번째 실험은 더 나았다. 그는 각자에게 작은 장난감 진자를 나누어준 뒤 말했다. "이 진자의 규칙을 이해하기로 하자." 진자는 단계적으로 길이를 조금씩 늘이거나 줄일 수 있도록 되어 있었다. 선생님은 초시계도 하나씩 나누어준 뒤, 진자가 열 번 흔들리는 데 걸린 시간을 잰 다음, 진자의 길이를 늘려서 다시 열 번 흔들리는 데 걸린 시간을 재는 식으로 실험을 계속 해보라고 했다. 진자의 길이가 한 번 앞뒤로 흔들리는 데 걸린 시간, 즉 주기를 어떻게 결정하는지 알아내는 것이었다. 그 실험은 한 변수와 다른 변수의 관계를 그래프 용지에 기록하는 방법을 가르치려는 것이었지만, 꼼꼼하게 진자의 주기와 길이를 기록해서 네 번째인가 다섯 번째 점을 종이에 찍고 나자, 나는 어떤 패턴이 출현하기 시작한다는 것을 느낄 수 있었다. 이 점들은 내가 알고 있는 어떤 곡선을 그리고 있었다. 그것은 대수학 수업 시간에 본 곡선이었다. 그것은 분수에서 솟아오른 물줄기가 그리는 것과 똑같은 모양의 포물선이었다.

나는 두려움, 이어서 경외심이 온몸을 휘감는 듯한 경험을 했다. 마치 진자가 대수학을 알고 있는 것 같았다! 대수학 수업 시간에 배운 포물선과 이 진자의 운동 사이에 무언가 관계가 있지 않을까? 그래프 용지는 관계가 있다고 말하고 있었다. 그것은 순간적인 깨달음이었고, '자연법칙'이라는 말이 실제로 무언가를 의미한다는 사실을 처음 실감한 순간이었다. 나는 사람들이 우주에 질서가 있다고 말할 때, 그리고 수학을 모른다면 그것을 볼 수 없을 것이라고 말할 때, 그들이 무슨 말을 하는지 갑자기 이해하게 되었다. 그 깨달음은 내 삶의 전환점이 되었다.

나는 루미스채피 학교를 졸업하고 프린스턴 대학교에 갔다. 대학 생활은 그다지 순탄치 않았다. 신입생 때 나는 선형 대수 과목부터 듣기 시작했다. 고등학교 때 성적이 좋았던 수재들을 대상으로 한 수학 과목이었다. 교수는 존 매더였다. 지금 매더는 프린스턴의 버팀목이자 저명한 수학자가 되어 있지만, 처음 대면했을 때 우리는 그가 교수인지 대학원생인지 분간할 수 없었다. 그는 선형 대수 수업을 그것을 정의하는 것으로 시작했다. 끝까지 그런 식이었다. 매더의 수업은 정말 따분했다. 난생 처음으로 나는 사람들이 왜 수학을 끔찍하게 생각하는지 이해했다. 그는 수학자가 되고 싶다던 내 의지를 거의 꺾어놓을 뻔했다.

내가 단념하지 않고 계속 공부를 해서 수학자가 된 건 2학년 수학 과목을 비범한 교육자인 엘리어스 스타인이 맡은 덕분이었다. 그도 아직 프린스턴에 남아 있다. 그는 2002년에 국립 과학 훈장을 받았다. 그 과목은 복소변수들을 다루었는데, 미적분과 꽤 흡사했다. 나는 고등학교에서 늘 미적분을 좋아했기에 갑자기 다시 수학을 할 수 있다고 느꼈다. 반면에 매더의 선형 대수 과목은 학생을 걸러내는 아주 촘촘한 체였다. 그 구멍을 통과할 수 있었던 학생들은 몇 명 안 되었다. 아마도 그는 학생들이 추상적으로 생각하는 경향이 있는지를 검증했던 것 같았다. 순수 수학자에게 필요한 엄격한 증명을 따라갈 능력이 있는가? 그 능력은 순수 수학의 밑바탕을 이룬다. 사실 나에게는 그 능력이 없었다. 그것은 내가 본래 지니고 있던 것이 아니었다. 내가 정말 좋아하는 것은 자연에 적용된 수학, 즉 현실 세계의 수학이다. 당시 나는 응용수학이라는 것이 있는지조차도 몰랐다. 지금은 그것을 하고 있지만 말이다.

그 외에도 해결해야 할 일이 남아 있었다. 부모님은 계속 내게 의사가 되라고 했고, 나는 계속 거부했다. 내가 수학을 가르치고 싶어 한다는 것을 알았기 때문이다. 대학 3학년이 되자 부모님은 내게 생물학과 화학 같은 의예과 과목도 들으라고 재촉했고, 의사가 되기에는 이미 늦었음에도 결국 나는 그렇게 하겠다고 했다. 변호사인 형은 계속 반항하는 것은 분별없는 짓이라는 유창한 어법으로 나를 설득했다. 형은 실제로 의사가 되기 위해 몰두하지 않더라도, 생물학과 화학을 배운다고 해서 해가 될 것도 없다고 말했다. 나는 수긍했고, 그 결과 그 학년은 정말 끔찍한 해가 되었다. 내 전공인 수학 과목들 외에, 신입생들이 듣는 생물학과 실습 과목, 그리고 마찬가지로 신입생들이 듣는 화학과 실습 과목을 배웠고, 게다가 화학을 들으면 필수적으로 들어야 하는 유기화학도 배웠다. 실험을 잘하지 못하는 학생에게는 너무

벅찬 시간표였다. 그렇지만 배우고 있는 내용은 마음에 들었다. 특히 DNA가 이중 나선으로, 그 모양 자체가 기능을 알려주며 어떻게 복제가 이루어지는지 설명하고 있다는 개념을 좋아했다. 따라서 나는 스스로 아주 만족스럽다고 생각했고, 심지어 의대 입학시험을 준비하는 과목까지 수강했다.

봄방학 때 집으로 오자, 어머니는 내 얼굴을 자세히 훑어보고는 말했다.

"뭔가 이상해. 너 무슨 괴로운 일 있지? 뭐가 잘못된 거니? 학교가 마음에 안 드니?"

"그렇지 않아요. 아무 문제 없어요. 수업도 잘 듣고 있어요."

"아니야. 행복해 보이지가 않는구나. 뭔가 잘못된 거야. 도대체 뭐가 문제니?"

나는 정말 알지 못했다. "글쎄요, 피곤한가 봐요. 공부를 너무 많이 해서 그래요."

"아니야. 정말 뭔가 잘못된 거야. 내년에 어떻게 할 거니? 이제 4학년이 되잖아."

그랬다, 그것이 나를 괴롭히는 문제였다. 나는 털어놓았다.

"늦게라도 의예과에 들어가려면, 척추동물 생리학, 생화학, 다른 의예과 과목들을 모두 들어야 해요. 게다가 수학과에서 4학년 논문을 써야 해요. 그러면 시간표가 꽉 차서 양자역학을 들을 수 없게 돼요."

"왜 그게 중요한데?" 어머니가 물었다.

"열두 살 때부터 아인슈타인에 관한 책을 읽어 왔어요." 나는 무심코 내뱉었다. "저는 하이젠베르크, 닐스 보어, 슈뢰딩거를 좋아해요. 마침내 그 사람들이 말하는 걸 이해할 수 있게 되었어요! 더 이상 유추나 비유 같은 것이 필요 없을 거예요. 지금까지 그것을 위해 공부해 왔어요. 슈뢰딩거가 무엇을 했는지 이해하게 될 거고, 하이젠베르크의 불확정성 원리가 정말로 무슨 뜻인지 알 준비가 되어 있어요. 그런데 저는 의대에 가서 시체를 해부해야 하겠지요. 절대로 그걸 배우지 못하게 될 거예요!"

그러자 어머니는 말했다. "지금 '나는 수학을 하고 싶다. 나는 물리학을 하고 싶다. 나는 양자역학을 듣고 싶다. 나는 의사가 되지 않겠다. 나는 가능한 한 최고의 수학 교사이자 연구자가 되고 싶다' 이 말을 하고 있는 거니?"

그 순간 나는 울음을 터뜨렸다. 마치 무겁게 짓누르고 있던 짐이 사라진 듯했다. 어머니와 나는 함께 깔깔거리고 웃다가 울다가를 반복했다. 진실이 드러난 순간이었다. 그 뒤 나는 더 이상 망설이지 않았다. 나는 그런 좋은 부모를 만났다는 것과 그것을 잠시 부정함으로써 열정을 되찾을 수 있었다는 사실에 아주 감사한다. 자신이 정말로 하고 싶어 하는 것이 무엇인지 이해하지 못한 채 평생을 살아가는 사람들도 있으니까.

프린스턴에서는 4학년 때 논문을 써야 했는데, 나는 자연

에 있는 기하학에 관해 쓰고 싶었다. 내 지도 교수는 비누 거품의 기하학 연구로 유명한 프레드 앨름그렌이었다. 그는 DNA의 기하학 문제를 다루면 어떻겠냐고 했다. 가령 DNA가 뒤엉키지 않은 채 스스로 풀릴 수 있도록 해주는 것이 있지 않을까? DNA 분자는 아주 길기 때문에, 뒤엉킬 가능성도 존재한다. 만약 실제 세포 내에서 그런 일이 일어난다면 치명적일 것이다. 그렇다면 DNA가 엉키는 것을 막아주는 것은 무엇일까? 그 기하학 문제를 붙들고 씨름하는 동안(나는 사실상 그 문제를 풀지 못했다), 나는 생화학자 한 명과 함께 염색질의 새로운 구조를 제안했다. 염색질은 DNA와 단백질이 결합된 것이며, 우리 염색체를 구성한다. 염색질은 이중 나선보다 한 단계 위에 있는 구조였다. 이중 나선이 뉴클레오솜이라는 실뭉치처럼 작은 단백질에 칭칭 감긴다는 것은 알려져 있지만, 뉴클레오솜들이 어떻게 스스로 실에 꿰인 구슬들처럼 배열하는지, 그 구조가 어떻게 감겨서 염색체를 만드는지는 아무도 모른다. 나는 생화학 지도 교수와 함께 《국립 과학 아카데미 회보》에 그에 대한 논문을 발표했다. 그리고 날아갈 것 같은 기분을 느꼈다. 나는 수리생물학, 진짜 대상에 관한 수학, 염색체에 관한 수학을 연구하고 있었던 것이다.

내가 수리생물학을 하는 응용수학자가 되고 싶다는 것을 깨달은 순간이었다. 나는 마셜 장학금을 받고 케임브리지 대학교에 유학을 갔지만, 수학 우등 시험이라고 알려진 전통적인 교과 과정에 흥미를 잃고 말았다. 케임브리지는 뉴턴 이래로 변함없이 똑같은 교육 과정을 고수하고 있었다. 나는 너무나 지겨웠다. 어느 날 길을 쏘다니다가 맞은편에 있는 한 서점으로 들어갔다. 그곳에서 『생물학적 시간의 기하학』이라는 있을 법하지 않은 제목의 책을 집어들었다. 내 4학년 논문의 부제는 '기하학적 생물학에 관한 소론'이었고, 나는 기하학과 생물학, 형태와 생명을 하나로 묶은 기하학적 생물학이라는 말을 내가 만들어낸 것이라고 생각했다. 그런데 여기 사실상 내 논문과 똑같은 제목의 책이 있었던 것이다. 아서 윈프리라는 이 저자는 어떤 작자지?

나는 책을 펼쳤다. 처음에는 그가 미친 건가 하는 생각이 들었다. 각 장의 제목들은 말장난 같았다. 게다가 그는 자기 어머니의 월경 주기를 자료로 삼았다. 그 책은 생물체들의 주기만을 다루고 있었다. 당시 윈프리(2002년 11월 5일에 사망했다)는 전혀 유명인사가 아니었다. 그는 퍼듀 대학교의 생물학 교수였다. 나는 그 책을 흘깃 보고는 다시 서가에 꽂아놓았다. 그리고 며칠 뒤 좀 더 읽어보기 위해 다시 그 서점을 찾았다. 결국 나는 그 책을 사고 말았다. 지루하고 외롭기도 해서 나는 그 책을 읽기 시작했고, 나중에는 매일 밑줄을 쳐가며 읽었다. 나는 세포 분열, 심장 박동, 뇌파 리듬, 시차에 따른 피로, 수면 리듬 등 생물의 많은 주기들을 모두 하나의 수학으로 설명한다는 생각에 푹 빠졌다. 그것이 바로 윈프리가 저서에서 주장하고 있는 것이었고, 그것이 계기가 되어 나는 동조 연구로 방향을 정했다.

여기 자연계에서 볼 수 있는 동조 현상의 고전적인 사례가 있다. 16세기 프랜시스 드레이크 경의 시대로 돌아가면, 동남아시아를 여행한 최초의 서양인들이 강둑을 따라 나무들 사이에서 수백만 마리의 반딧불이들이 동시에 빛을 발하는 장엄한 광경을 보았다는 기록을 많이 찾아볼 수 있다. 그 보고서들은 서양으로 보내져 과학 학술지들에 꾸준히 실렸지만, 직접 보지 못한 사람들은 믿지 않으려 했다. 과학자들은 그것이 인간이 오인한 사례에 불과하며, 존재하지 않는 패턴을 보고 있었던 것이자, 착시 현상이라고 말했다. 그다지 영리하지 못한 생물인 반딧불이들이 어떻게 그런 드넓은 공간에 걸쳐 그런 장엄한 방식으로 조화를 이루어 빛을 깜박거릴 수 있단 말인가?

한 가지 이론은 지도자가 있을지도 모른다는 것이었다. 하지만 어느 한 반딧불이를 그런 특수한 존재로 만들어주는 것이 있을까? 황당한 말처럼 들렸다. 우리는 지도자가 있다거나, 동조 현상을 일으키는 대기 조건들이 있을 수 있다고는 믿지 않는다. 가령 번개가 치는 바람에 모든 반딧불이들이 한꺼번에 깜짝 놀라서 동시에 빛을 깜박이기 시작할 가능성은 없다. 동조 현상은 구름 한 점 없이 맑은 날 밤에 일어난다.

실제로 무슨 일이 벌어지고 있는지를 이해한 것은 1960년대가 되어서였다. 미국 국립 보건 연구소의 존 벅이라는 생물학자와 그 동료들이 그 수수께끼를 풀었다. 해답은 반딧불이들이 자기 조직화를 이룬다는 것이다. 반딧불이들은 본질적으로 수수께끼 같은 과정을 통해서, 지도자도 환경의 자극도 전혀 없는 상태에서 매일 밤 몇 시간 동안 서로 보조를 맞추어 빛을 반짝인다. 각각의 반딧불이들은 서로의 불빛에 반응한다. 즉 각자가 서로에게 맞춰 자신의 시계를 조정한다는 것이다.

벅과 그의 아내 엘리자베스는 태국으로 가서 반딧불이들을 자루 가득 잡아서 방콕에 있는 호텔 방으로 돌아와서 컴컴한 방에 풀어놓았다. 반딧불이들은 날거나 천장과 벽에 붙어 기어가면서, 점점 두 마리, 세 마리, 네 마리씩 작은 무리를 이루어 동조해 깜박거리기 시작했다. 나중에 실험실에서 조사를 해보니, 반딧불이에게 전등 불빛을 비춘 채 속도를 빠르게 하거나 느리게 하면서 전등을 껐다 켰다 하면, 반딧불이도 그에 맞춰 빠르게 또는 느리게 깜박거린다는 사실이 밝혀졌다.

혹자는 그게 중요한 문제냐고 물을지 모른다. 반딧불이가 뭐 그렇게 중요할까? 그 이유는 많이 있다. 우선 기술과 의학 분야의 모든 기계 장치들은 이런 종류의 자발적인 동조 현상에 의존한다. 당신의 심장에는 1만 개의 박동 조율 세포들이 있으며, 이 세포들은 나머지 심장 세포들이 적절히 뛰놀도록 자극한다. 이 1만 개의 세포들은 수천 마리의 반딧불이들과 비슷하다. 각 세포는 자신의 리듬을 지니고 있다. 즉 자기 나름의 리듬에 따라 전기를 방출한다. 그것들은 빛으로 의사소통을 하는 대신 전류를 서로 앞뒤로 보내고 있지만, 추상적인 수준에서 보면 반딧불이들과 다름없다. 즉 서로 영향을 미칠 수 있고, 자신의 상태를 주기적으로 반복하고 싶어 하는 발진기들이다.

세상에는 온갖 종류의 의학 및 기계 장치들이 있다. 우리 시대의 가장 실용적인 장치 중 하나인 레이저는 동조되어 있는 광파들, 일치된 상태에서 진동하는 원자들에 의존한다. 그리고 원자들은 광파들의 마루와 골이 완벽하게 나란히 줄을 선, 같은 색깔과 같은 위상을 지닌 빛을 방출한다. 레이저를 이루고 있는 빛은 전구에서 나오는 빛과 전혀 차이가 없으며, 그 안에 든 원자들도 전혀 다르지 않다. 다른 점은 원자들이 함께 행동하고 있다는 것이다. 춤추는 사람들이 다른 것이 아니라 안무가 다른 것이다.

동조 현상에서 대단히 놀라운 사실은 그 현상이 아원자에서 우주에 이르기까지 자연의 모든 수준에서 일어난다는 것이다. 이는 자연에 가장 널리 퍼져 있는 현상 중 하나이지만, 이론적인 관점에서 볼 때는 가장 수수께끼 같은 현상 중 하나이다. 우리는 엔트로피, 즉 복잡계가 점점 더 질서를 잃어 가는 경향을 자연을 지배하는 힘이라고 생각하곤 한다.

사람들은 가끔 내게 묻는다. “동조는 엔트로피에 위배되는 것이 아닌가요? 계가 자발적으로 질서를 갖춘다는 것은 자연법칙에 반하지 않을까요?” 사실 거기에 모순은 없다. 엔트로피 법칙은 이른바 고립된 계, 다시 말해 닫힌 계에 적용된다. 즉 환경에서 에너지가 전혀 유입되지 않는 계를 말한다. 하지만 살아 있는 것들을 논의할 때 우리가 이야기하고 있는 계는 닫힌 계가 아니다. 열역학적 평형에서 멀리 떨어져 있는 계들은 모두 닫혀 있지 않으며, 그런 계에서 우리는 놀라운 자기 조직화를 볼 수 있다. 동조 현상은 그중 가장 단순한 사례이다. 엔트로피를 생성하는 법칙은 동조 현상도 설명할 것이다. 단지 우리가 평형에서 아주 멀리 있는 계의 열역학을 충분히 명확히 이해하지 못하고 있기 때문에 그 관계를 알지 못하는 것뿐이다. 하지만 우리는 이것도 점점 더 파악해 가고 있다.

최근에 나는 암과 암세포에서 제대로 진행되지 않는 화학 반응들의 망에 관해 더 많은 것을 알고 싶어졌다. 유전자 하나가 문제가 되는 사례도 분명히 있겠지만, 나는 모든 암이 그런 식으로 설명되리라고는 믿지 않는다. 발암 유전자를 이해하는 것이 출발점이겠지만, 그것이 해답의 전부는 아니다. 다시 말하지만, 그 문제는 춤추는 사람들 각자의 발걸음이 아니라 많은 사람들이 함께 하는 움직임, 즉 단백질과 유전자의 안무에 관한 것이다. 암은 순수한 생물학적, 환원론적 사유를 통해서는 이해하지 못할 역동적인 질병이다. 그 문제를 풀려면 환원론(우리에게 자료를 줄), 새로운 복잡계 이론, 슈퍼컴퓨터, 수학의 결합이 필요할 것이다. 나는 그 과정의 일부가 되고 싶다.

사회과학자는 이렇게 만들어진다

하워드 가드너Howard Gardner

하워드 가드너는 심리학자이자 사회과학자이다. 인지과학 및 교육심리학의 세계적 석학으로서, '다중 지능 이론'을 창시한 것으로 알려져 있다. 수십 년 동안 인지심리학 분야에서 인간의 마음과 정신 능력, 학습 과정을 연구한 그의 교육심리 이론은 여러 나라의 교육계에 막대한 영향을 미쳤다. 인간의 예술적이고 창조적인 능력의 발달과정을 분석하는 하버드 대학교의 프로젝트 제로 연구소 운영위원장으로서 줄곧 인간의 정신 능력에 관한 연구를 진행해 온 그는 30년 가까이 연구소를 이끌면서 지능과 창조성, 리더십, 교육방법론, 두뇌 개발에 관한 연구 결과를 정리하여 지속적으로 발표했다.

그는 연구 성과를 인정받아 맥아더 펠로우십, 미 교육 분야 최초의 그라베마이어상, 구겐하임 펠로우십, 멘사 재단 평생 공로상을 수상했으며, 좋은 일꾼과 시민 교육을 위해 노력하는 굿워크 프로젝트를 통해 공동선을 위한 지성의 실천에도 앞장서고 있다. 또한 그의 리더십 이론이 비즈니스 커뮤니티에서 각광받으며 《월스트리트저널》이 선정한 '경영사상의 구루'로 뽑히기도 했다. 하버드 대학교의 심리학과 교수로 재직 중이며 저서로는 『다중지능』, 『지능이란 무엇인가』, 『인간은 어떻게 배우는가』, 『창조성은 어떻게 만들어지는가』 등이 있다.

회사법과 사회과학은 한 가지 신기한 공통점을 지니고 있다. 장래 그 분야에 뛰어들고 싶다는 꿈을 지닌 아이가 거의 한 명도 없다는 점이다. 운동선수, 영화배우, 의사, 심지어 대통령 같은 직업을 상상하는 것이 아이들에게는 훨씬 더 쉽다. 그나마 흥미를 끄는 것은 아마 법정 드라마에 나오는 법일 것이다. 연구 분야 중에서는 아마도 첨단 생물학이나 물리학이 흥미를 끌 것이다. 하지만 여기에 있는 이제 나이가 예순 살이 된 나는 35년 넘게 보통 아이들과 영재들의 인지 발달 과정을 조사한 심리학자이다. 또 나는 뇌 손상 뒤의 인지 능력 상실, 지능과 창조성과 지도력의 특성, 시장 위주의 사회에서 직업윤리의 발전 방향 등도 연구해 왔다. 내 인생의 방향을 학문 쪽으로 돌려놓은 전환점이 없었더라면, 나는 아마도 대형 법률 회사에 취직했을 것이고 지금쯤은 은퇴 여부를 심각하게 고민하고 있었을 것이다. 나의 앞길을 밝혀준 것은 어떤 깨달음이었을까?

유럽에서 유대인을 깡그리 없애려 한 히틀러의 계획은 그가 전혀 예상하지 못한 결과를 가져왔다. 나는 나치 독일을 탈출한 세 번째 부류의 이민자에 속한다. 그곳을 탈출한 어른들이 첫 번째 부류이고 아이들이 두 번째 부류에 해당한다. 내 부모님은 제1차 세계 대전이 일어나기 전에 뉘른베르크에서 태어났고, 그들의 고향에서 악명 높은 '수정의 밤' 탄압이 시작된 날인 1938년 11월 9일 미국에 도착했다. 그들은 곧 펜실베이니아의 스크랜튼이라는 작은 탄광촌으로 이사했고, 그곳에서 1943년에 내가, 3년 뒤에 여동생 매리언이 태어났다.

내 어린 시절에 암울한 그늘을 드리운 사건이 두 가지 있었다. 하나는 홀로코스트였다. 나치 치하의 수많은 희생자들이 그랬듯이, 내 부모님도 여동생이나 내게, 또는 지인들에게 그 이야기를 별로 하지 않았다. 하지만 다행히 미리 피신한 사람들, 죽음의 수용소에서 가까스로 살아남은 몇몇 친척들, 그들보다 운이 나빴던 사람들에 관한 여러 이야기들을 종합해 보았을 때, 부모님은 평생 그 일을 가슴에 담고 살았던 것이 분명했다. 최근에서야 나는 아버지가 유럽을 비롯한 세계 각지로 흩어진 유대인 가족들의 행방을 추적하는 작은 단체를 이끌었다는 사실을 알게 되었다. 아버지는 할 수 있는 모든 지원을 다 했다. 많은 친척들이 스크랜튼에 있는 조그만 우리집에서 수많은 밤을 지새웠고, 일시적으로나마 아예 함께 살던 사람들도 있었다.

두 번째 사건은 형 에릭의 죽음이었다. 1935년에 태어난 형은 어머니의 눈앞에서 썰매 사고로 목숨을 잃고 말았다. 당시 어머니는 나를 임신한 상태였다. 부모님은 모든 것을 잃었다고 생각했다. 세월이 흐른 뒤 부모님은 만일 나를 임신한 상태가 아니었더라면 아마도 자살했을 것이라고 내게 말했다. 21세기의 미국에 사는 사람들에게는 거의 이해가 안 되는 일이겠지만, 부모님은 내게 에릭 형 이야기를 전혀 하지 않았다. 아마 차마 말을 꺼낼 수 없었기 때문에 그랬는지도 모른다. 어렸을 때 우리 집에 있던 눈에 잘 띄는 사진에는 모르는 아이가 하나 있었다. 그 아이가 누구냐고 물은 적이 있는데, 이웃집 아이라는 대답을 들었다. 다른 모든 아이들과 마찬가지로, 나도 결국 스스로 진실을 알아냈다. 부모님이 재능이 넘치는 형을 잃은 뒤 내게 많은 기대를 쏟았던 것이 나의 발달에 중요한 영향을 끼쳤으리라는 것은 분명하다. 하지만 그런 영향들을 하나하나 이야기하려면 몇 년이 걸릴지 모른다.

나는 동료들과 함께 각 전문 분야의 지도자들을 대상으로 열 살쯤에 자신이 어떤 모습이었는지 생각 나냐고 물어본 적이 있었다. 1950년대 중반에 스크랜튼에 있는 나를 따라다녔다면, 무엇을 볼 수 있었을까? 약간 통통한 몸에, 검은 머리카락에, 평균보다 약간 큰 키에, 안경을 쓴 소년이 다소 구부정하게 걷는 모습을 보았을 것이다. 나는 학구파에 속했다. 나는 독서광이었다. 나는 온갖 것에 호기심이 많았고, 나보다 나이 많은 아이들, 교사들,

어른들에게 끊임없이 온갖 질문을 퍼부었다. 어려운 것일수록 더 신이 났다. 글 쓰는 것도 좋아했다. 일곱 살 무렵에는 가족 신문과 학교 신문을 펴내는 언론인이 되었다. 그 무렵에 피아노를 배우기 시작했고, 사춘기까지는 꽤 진지하게 피아노를 연주했다. 연습을 지겨워하지 않았더라면 음악가의 삶을 추구했을지도 모르겠다. 하지만 아마도 피아니스트보다는 작곡가가 되었을 것이다. 형의 죽음을 불러온 사고 때문에 부모님은 내가 운동을 하는 것을 말렸다. 또 나는 시력이 나빴다. 나는 태어날 때부터 사시였고, 색맹에 근시였으며 얼굴을 인식할 수도 없었다. 안경은 그럭저럭 도움을 주었다. 나는 7년 동안 꾸준히 여름 캠프에 갔고, 컵스카우트와 보이스카우트 활동을 열심히 해서 각종 훈련을 통과했고, 마침내 열세 살 때 이글스카우트가 되었다. 1956년 유대교 성인식 이전에는 거의 캠프 생활을 한 셈이었다.

어떻게 과학자가 되었는지에 대한 이야기를 할 때, 내 일대기의 초기에는 뚜렷한 표지가 될 만한 것이 없다. 아마도 사회과학자보다는 이론물리학자나 분자생물학자의 어린 시절이 훨씬 더 흥미로울지 모르겠다. 나는 야외 활동에 그다지 관심이 없었다. 나는 꽃을 채집하거나, 딱정벌레를 관찰하거나, 쥐를 해부하러 돌아다니지 않았다. 내가 원하는 스카우트 배지를 달기 위해 필요할 때에만 그런 활동을 했을 뿐이다. 나는 라디오를 조립한 적도 없고 차를 분해한 적도 없다. 학교에서 과학과 수학에 거의 만점에 가까운 점수를 받았지만, 자발적으로 그런 과목들에 관심을 가진 적은 한 번도 없었다. 사실 나는 역사, 문학, 예술에 더 관심이 많았다. 그리고 십 대 때 색맹에 무엇인지 흥미를 느껴 심리학 교재를 들여다본 적이 있긴 했지만, 심리학이 무엇인지 전혀 몰랐다.

내 인생이 근본적으로 바뀐 것은 1961년 9월 하버드 대학교에 들어가면서였다. 그전까지 나는 작은 연못에서 설치는 큰 물고기에 불과했다. 그러다가 난생 처음으로 학문적 및 예술적 능력에서 적어도 나와 맞먹는 수준의 동료들에게 둘러싸이게 되었다. 처음에는 기가 꺾였지만, 곧 도전 의지가 샘솟아 대학 생활도 잘해나갔다. 나는 하버드를 사랑했다. 그곳은 지식인에게 이상향이었다. 나는 중국어 회화에서 경제 사상사에 이르기까지 그 어느 누구보다도 많은 과목을 수강하고 청강했다. 또 나는 각종 학문을 결합시키는 데 관심이 많았다. 처음에는 역사를 전공 분야로 선택했지만, 곧 순수한 역사적인 문제보다 경험 학문인 사회과학적인 문제들이 더 흥미롭다는 것을 알았다. 심리학, 사회학, 인류학을 결합한, 막 새로 출현하고 있던 잡종 분야(진정으로 출현하지는 못했다)인 사회 관계라는 분야로 전공을 바꾸었다. 나는 카리스마가 넘치는 정신분석학자인 에릭 에릭슨에게 깊은 영향을 받았다. 내가 3~4학년 때 그는 내 지도 교수가 되었다. 또 나는 사회과학의 다양한 분야에 속한 학자들로부터도 많은 영향을 받았다. 그들 중에는 배경이 유럽이나 유대인인 사람들도 있었다. 그들은 1930년대 이민자들의 첫 번째와 두 번째 부류에 해당했다.

처음에는 에릭 에릭슨의 영향을 받아, 임상심리학 쪽에 관심이 갔다. 하지만 하버드의 인지심리학자인 제롬 브루너를 만난 뒤에 장 피아제의 저서들을 읽기 시작했고, 곧 인지발달심리학으로 방향을 돌렸다. 런던 경제 대학교로 유학을 가서 사회학과 철학을 일 년 동안 공부한 뒤, 나는 하버드로 돌아와서 동 분야 대학원에 진학했다. 하버드에서 나는 저명한 철학자 넬슨 굿맨을 알게 되었다. 그는 1967년에 교육대학원에 제로 계획이라는 연구 모임을 만들었다. 그 모임은 예술 사상과 창조성을 체계적으로 연구하는 데 초점을 맞추고 있었다. 나는 그 모임의 창립 회원이 되었고, 20년 동안 공동 회장 역할을 맡아오고 있다.

'더 딱딱한' 자연과학은 어떠했을까? 나는 수학, 물리학, 화학에 끌린 적이 없었다. 생물학은 좋아했다. 그 덕분에 조지 월드를 대학 때 스승으로 모실 수 있었다. 월드는 그 뒤 얼마 지나지 않아 노벨상을 받았다. 하지만 박사후 연구원이 되어 신경학자 노먼 게슈윈드와 일하면서, 나는 신경심리학 쪽을 연구하게 되었고, 그 뒤 20년 동안 실어증 전문 병원에서 연구를 계속하고 있다. 내가 쓴 과학 논문들 중에 가장 중요한 것들은 신경심리학 분야의 것이다. 나는 대뇌 우반구의 언어 능력을 최초로 조사한 사람 중 한 명이다. 아마 인지신경과학자나 발달신경생물학자가 되었어도 꽤 성공할 수 있었겠지만, 나는 결국 정통 과학을 떠나서 교육 개혁과 사회 정책 쪽으로 옮겨갔다.

내가 실험대 앞에서 일하는 고전적인 과학자로서도 뛰어날 수 있었을까? 아마도 아닐 것이다. 내 재능은 혁신적인 실험보다는 종합을 하는 쪽에 더 가깝다. 내 연구는 탁월하지만, 수십 명의 연구자들이 공동으로 내놓는 연구에 비하면 그다지 두드러지지 않았다. 나는 수십 년 동안 얼굴의 감정 표현을 연구한 폴 에크만 같은 연구자들을 보면 놀랍다. 나는 결코 그렇게 할 수 없을 것이다! 이따금 나는 어린 시절의 삶이 달랐다면, 과연 인문학과 예술이 아니라 딱딱한 과학에 흥미를 느꼈을까 궁금해하곤 한다. 나는 정규 시험에서 언어 과목보다 정량적인 과목에서 언제나 더 높은 점수를 받았다. 하지만 부모님도 교사들도 나를 과학 쪽으로 인도하지 못했고, 스스로 그것을 추구하고 싶은 내면의 동기도 강하지 않았다.

* * * * *

내가 결국 연구자이자 사회과학 분야들의 종합자가 되었다는 점을 생각하면, 어린 시절의 경험들 속에서 내가 그런 직업을 갖게 된 단서를 찾아볼 수도 있지 않을까? 그중 네 가지를 꼽을 수 있다.

첫째, 나는 언제나 넓은 분야에 걸쳐 비교적 자유분방한 호기심을 지니고 있었다. 어릴 때 나는 읽는 것을 좋아했다. 책, 신문, 잡지, 심지어 백과사전까지. 가장 즐겨 읽었던 것은 전기였다. 현재 나는 어느 누구보다도 더 많은 신문과 정기간행물을 읽고 있다. 거의 터무니없다고 할 정도다! 탐조등을 비추는 것과 같은 이런 종류의 호기심은 분자생물학자나 입자물리학자에게 필요한 레이저 같은 집중적인 호기심보다 사회과학에 더 적절할 것이다. 또 그것은 하지 말라는 신중한 견해가 우세할 때에도 내가 새 분야를 탐사하는 데 주저하지 않았던 이유도 설명해 줄지 모른다. 나는 아직 설명되지도 분석되지도 않은 것들을 배우고 내 잠정적인 종합 설명을 다른 사람들과 공유하고 싶다.

둘째, 내 관심은 인간 이외의 자연 세계나 물리학적 대상들의 세계의 작동보다는 인간과 사회에 더 집중되는 경향이 있다. 이는 우리 집안 식구들에게도 거의 적용되지만, 왜 그런지 이유를 말하기는 어렵다. 나는 그저 우리 집안의 조상들이 자식 교육에 매진하기는 했지만, 자기 자신의 교육 수준은 그리 높지 못했기에 과학 지식에 대해서는 잘 몰랐던 것이 이유가 아니었을까 추측해 본다. 따라서 호기심을 인간 세계 쪽으로 돌리는 편이 그들에게 더 쉽고 자연스러웠을 것이다.

셋째, 나는 인문학에 관심을 가졌어도 언제나 어느 정도 거리를 두고 있었다. 나는 인간을 묘사하거나(소설가처럼) 인간을 돕기(의사나 교사처럼)보다는 인간을 이해하는 데 더 관심이 있었다. 스크랜튼의 두 주변 집단(이민자와 유대인)의 일원이었던 나는 주류에 속한 평균적인 WASP(앵글로색슨계 백인 미국인) 구성원들에 비해 이런 '인간적인' 문제들을 더 잘 알고 있었다. 하지만 홀로코스트나 형의 죽음 같은 고통스러운 사건들을 접하지 못하도록 보호받아 온 사람들이 으레 그렇듯이, 나도 인간이 겪는 고통을 직접 다룰 때는 자기방어적이 되었다. 나는 한 발짝 떨어진 상태에서 그런 고통들을 조사하는 쪽을 선호한다. 사실 나는 사진, 영화, 글에서 홀로코스트에 관한 내용이 나오면 거의 견딜 수 없을 정도가 된다. 그나마 영화 「쉰들러 리스트」는 참고 볼 수 있었는데, 내가 하던 연구 과제와 관련이 있었기 때문이었다. 최근에는 「피아니스트」를 보다가 밖으로 뛰쳐나오고 말았다. 평안한 생활이 불안과 고문이 이어지는 생활로 냉혹하게 바뀌다가 결국 파국으로 이어지는 장면들을 지켜보기가 너무나 고통스러웠기 때문이다.

마지막으로 나는 무언가를 이해하고자 할 때 대개 먼저 정의하고 범주를 만들고 분류하는 일부터 시작한다. E. O 윌슨이 언젠가 내게 지적했듯이, 그런 의미에서 나는 자연학자가 하는 방식을 써서 인간 세계에 접근하는 셈이다. 또 내 접근 방식은 설명하기보다는 주로 묘사하는 쪽이다. 꼼꼼한 묘사(즉 내 안에 있는 인문주의자의 목소리)는 꽤 많은 것을 알려줄 수 있으며, 나는 설명하기 위한 모형들과 거기에 따라붙는 특수한 장치들에 매몰되지 않도록 조심한다. 또 나는 묘사와 설명을 확연히 가를 수 있다고는 보지 않는다. 뛰어난 묘사는 설명으로 이어질 때가 많다. 내가 대다수 과학자들(심지어 대부분의 사회과학자들)과 다른 점은 내가 선호하는 표현 방식이 논문이 아니라 책이라는 것이다. 나는 책의 형태로 생각하는 편이 더 쉽다. 나는 머릿속에서 어떤 현상을 이해하기 시작할 때 책의 형태로 펼치는 것을 좋아하며, 내가 가고 있는 길로 독자들을 이끌고, 가능한 한 조화롭고 체계가 잘 갖춰진 형태로 데려가고 싶다.

나는 스스로 선구자가 아니라 서술자이자 종합자로 보기 때문에, 나는 자신이 논쟁의 중심에 서 있는 것을 알고 놀라곤 했다. 나는 남들의 관심을 끌지 않는 주제들을 탐구하고 논쟁을 피하면서 그저 조용히 내 연구를 하는 쪽을 선호한다. 그랬으니 내 다중 지능론에 대중과 학계가 강한 반응(찬반 양쪽으로)을 보였을 때 깜짝 놀랐다. 다중 지능론은 인간이 하나가 아니라, 비교적 자율적인 여덟 개의 지능을 지니고 있다는 주장이었다. 하지만 나는 우왕좌왕하지 않으면서 논쟁에 참여하는 법을 터득했다. 평생에 걸쳐 독서와 사색을 하다 보면, 강력한 결론에 도달하는 법이다. 아마 이런 논쟁 참여가 거의 40년 전에 내가 직업을 결정할 때 억눌렀던 연기자와 변호사로의 숨은 재능을 얼마간 발휘할 기회가 된 것인지도 모르겠다. 게다가 나는 언제나 기꺼이 일어나서 나 자신을 옹호하고, 교조적인 주장을 받아들이지 않으려 하는 독립적인 인간이었다. 충돌을 즐기는 편은 아니지만, 그것을 회피한 적은 없다.

이제 독자들 중에는 내가 지금까지의 인생에 의미를 부여하려고 하면서도 왜 다중 지능론을 언급하지 않았는지 의아하게 느낄 사람들도 있을 것이다. 사실 내가 최종적으로 선택한 길에는 내 지적 강점들과 약점들의 독특한 조합이 반영되어 있다. 가장 근본적인 수준에서 볼 때, 나는 언어와 음악의 창조물이다. 나는 평생을 이 두 가지 상징 체계와 함께 일해왔으며, 앞으로도 할 수 있는 한 그렇게 할 것이다. 나는 직접 단어들을 연구하며, 음악을 들으면서 일을 하며, 내 저술에 어떤 음악적 감수성이 배어 있다고 생각하는 경향이 있다. 나는 논리-수학 분야에는 능숙하지만, 공간이나 신체 활동 분야의 능력은 그보다 훨씬 떨어진다. 나는 다른 사람들의 세계에 커다란 호기심을 갖고 있다. 대개 인간 삶의 감정적인 측면들과는 일정한 거리를 두고 있긴 하지만 말이다. 이런 의미에서 나는 내 지도 교수인 에릭 에릭슨이 아니라 정신적 스승인 장 피아제와 제롬 브루너를 더 닮았다.

만일 어떤 삶을 살 것인가라는 결정을 지금 내리라고 한다면, 내가 전처럼 심리학을 선택했을 가능성은 없을 듯하다. 그 대신 나는 인간의 본성, 체계적인 이해, 타인들과의 의사소통에 대한 내 관심사들을 최대한 추구할 수 있게 해줄 현재의 대안들을 탐색할 것이다. 그리고 이것이 바로 특정 직업에 대해 완강하게 반감을 가진 젊은이들에게 내가 해주는 조언이다. "직업을 먼저 선택하지 말라. 먼저 무엇을 하고 싶은지 판단한 다음, 앞으로 수십 년 동안 자신의 기회와 융통성을 최대한 활용할 수 있을 듯한 직업을 알아보라."

마지막으로 한 가지만 더 이야기하겠다. 나는 교육에 관한 글을 쓸 때마다, 두 가지 중요한 절실한 요구 사항들 간에 있는 긴장 관계를 언급해 왔다. 지식에 접근하는 방법을 터득하려면 다년간 훈련을 거쳐야 한다는 것과 기존의 사고방식을 깨뜨리고 세계에 관한 새로운 진리를 발견하고픈 충동, 즉 창조적인 정신 사이의 긴장이다. 내가 그 부분에 초점을 맞추고 있는 것은 우연이 아니다. 유럽, 특히 독일이 집안 배경인 터라, 나는 악기를 연주하거나 심리학 실험을 하거나 책을 쓰거나 할 때 꾸준한 훈련을 통한 숙달이 필요하다는 것(그리고 그것이 기쁨을 준다는 것)을 알았다. 미국에서 살면서 많은 분야에서 동시에 눈에 띄는 창조성을 발휘한 덕분에, 그리고 다소 독립적이고 인습 파괴적인 성격 때문에, 나는 기존에 쌓여올려진 지식의 건물에 그저 벽돌 하나를 더 쌓는 정도로는 결코 만족할 수 없었다. 나는 가능한 한 새로운 건물을 짓기 위해 기회를 움켜쥘 태세를 갖추고 있었다. 이런 식으로 개성과 특정한 역사적 조건들이 서로 교차하는 사건들이 벌어졌고, 그 과정에서 한 명의 사회과학자가 잉태되었다.

Curious

탄광촌의 물리학자

J. 도인 파머J. Doyne Farmer

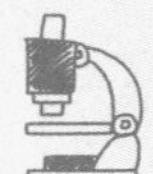

J. 도인 파머는 복잡계 과학자이자 기업가다. 카오스 이론과 복잡성 이론의 선구자로 알려져 있다. 그는 복잡계, 혼돈, 인공 생명체, 이론 생물학, 시계열 예측 및 경제 물리학에 중요한 공헌을 했다. 수학 알고리즘을 바탕으로 완전히 자동화된 금융 거래를 수행하는 회사인 프레딕션사를 공동 설립했다.

텍사스주 휴스턴에서 태어났지만 뉴멕시코주 실버 시티에서 자랐다. 젊은 물리학자이자 보이스카우트 지도자인 톰 잉거슨의 영향을 강하게 받아 과학과 모험에 대한 관심을 가지게 되었다. 1973년 스탠포드 대학교에서 물리학 학사 학위를 받고 산타크루즈에 있는 캘리포니아 대학교 대학원에 진학하여 물리 우주론을 공부했다. 대학원생 시절에는 룰렛 게임을 이기는 데 사용된 최초의 웨어러블 디지털 컴퓨터를 만들기도 했다. 현재는 옥스퍼드 대학교 교수이자 샌타페이 연구소 외래 교수로 있다.

내가 뉴멕시코 실버 시티에서 자라는 동안, 우리 집은 수리공을 한 번도 부른 적이 없었다. 아버지는 자신이 완벽하게 해낼 수 있는 일을 일부러 사람을 불러서 돈 주고 시킨다는 생각을 해 본 적도 없었을 것이다. 아버지는 아칸소 오자크 산맥의 오지에 있는 복숭아 농장에서 자랐다. 아버지는 기계 수리공, 낙농업자 등 온갖 직업을 전전하다가, 군인이 되어 노르망디 해안 상륙 작전 때 유럽에 발을 디뎠고, 발지 전투를 거쳐 베를린까지 행군하는 대열에 합류했다. 그런 다음 제대 군인 보훈법에 따라 주어진 유례 없는 기회를 활용해서 공학자가 되었다. 이런 온갖 일들을 겪은 덕분에 아버지는 온갖 잡다한 일들을 할 줄 알게 되었으며, 자동차, 건축, 배관, 전선, 주방 찬장 등 뭔가 손을 봐야 할 것이 생기면 뚝딱 해결했다.

아버지를 본받아서 나는 자연스레 사람이라면 뭔가를 만들어야 한다는 생각을 하게 되었다. 그래서 나는 조립 장난감에서 뒤뜰에 있는 작은 모형 집에 이르기까지 온갖 것들을 만들었다.

열 살이나 열한 살 무렵에 나는 친구 한 명과 함께 언제든 넘어올 생각을 하고 있는 옆 동네 침입자들로부터 스스로를 보호하기 위해 나무 위에 열 개가 넘는 요새를 구축했다. 열두 살 때 나는 「007 선더볼 작전」에서 제임스 본드가 등에 로켓팩을 매고서 공중으로 날아 달아나는 장면을 보았다. 그 순간 내 야망은 범위가 좁혀졌다. 로켓팩은 내가 그때까지 본 것들 중 가장 멋졌고, 내가 직접 그것을 만들어보겠다고 결심한 것이다. 나는 근처 공공 도서관에서 제트 엔진과 로켓에 관한 자료들을 모조리 찾아 읽었다. 제트 엔진을 만드는 것은 내 능력 밖이라고 결론 내렸지만, 작은 로켓팩은 다른 문제였다. 나는 통을 어떻게 만들고, 어떤 화학약품들을 사고, 어떻게 제어하고, 다리가 데지 않도록 하려면 어떻게 할 것인지 등 구체적인 계획을 짰다.

그 무렵 나는 지역 보이스카우트에도 가입했다. 어느 날 저녁 20대 청년 톰 잉거슨이라는 사람이 스카우트 모임에 와서 자신을 물리학자라고 소개했다. 당시 나는 물리학자가 무슨 일을 하는 사람인지 제대로 알지 못했지만, 알베르트 아인슈타인이 물리학자였다는 것은 알고 있었다. 좋았어! 톰은 스카우트의 운영을 도울 예정이었다. 마침 그는 우리 동네에 살고 있었고, 일이 끝난 뒤 나는 그와 함께 집으로 오면서, 내 로켓팩에 관해 이것저것 조언을 구했다. 그는 합리적인 개념들을 몇 가지 제안했다. 축소 모형을 몇 개 만들어서 등에 직접 메지 않고서 실험을 해보라는 것 등 말이다. 그는 자신이 고등학교에 다닐 때 내내 로켓을 만들었다고 했으며, 화이트샌즈 미사일 기지에서 일한 적도 있다고 했다. 그런 다음 자신이 학위 논문 심사를 받으러 볼더에 있는 콜로라도 대학교로 가야 하니까, 자기 고양이를 대신 좀 돌봐달라고 부탁했다. 그는 일반 상대성 이론의 장방정식에 대한 새로운 우주론적 해법을 내놓았다고 했다. 그 만남으로 내가 얼마나 흥분했는지 도저히 전부 설명할 수가 없다.

우리 삶의 꽤 많은 부분은 우연을 통해 결정되며, 내 인생에서는 그 만남이 운명에 큰 영향을 미친 우연 중 하나였다. 뉴멕시코 실버 시티의 인구가 7,000명뿐이라는 것을 안다면, 톰 같은 사람이 왜 거기에 있었는지 궁금증이 생길 것이다. 그곳의 주요 산업은 구리 채광이었고, 당시 아버지는 광산의 감독으로 일하고 있었다. 톰은 원래 뉴멕시코 사범대학이었던 웨스턴 뉴멕시코 대학교의 유일한 물리학과 교수였다. 짐작하겠지만 그 대학교는 학문 수준이 높은 기관이 아니었다.

톰은 내가 과학자가 되는 데 아주 큰 영향을 미쳤는데, 그가 실버 시티에 살게 된 과정은 미국에서나 일어날 법한 이야기다. 20세기에 들어설 무렵, 톰의 할아버지는 바퀴가 큰 자전거를 타고 캘리포니아 전역을 일주했다. 돌아가는 길에 텍사스에서 그의 자전거가 고장나고 말았다. 그는 자전거를 수리하다가 동네 처녀와 사랑에 빠졌고, 결국 우체국장이 되어 그곳에 눌러앉았다. 그는 그 일을 좋아했는데, 여유 있게 발명가라는 취미 생활을 즐길 수 있을 만큼 시간이 많이 남았기 때문이었다. 톰의 아버지는 자라서 공학자가 되었고, 벨 연구소에서 대공 로켓의 유도 장치를 설계했다.

한편 톰의 외가 쪽으로는 측량사이자 시굴자인 짐이라는 종조부가 있었다. 짐은 금을 찾아서 노새를 타고 텍사스 서부를 돌아다니면서 많은 시간을 보냈다. 어느 날 그는 제퍼슨데이비스 산맥의 알파인 마을 근처에서 옛 스페인 광산 터처럼 보이는 곳을 발견했다. 몇 년 뒤 그는 사업차 멕시코에 가 있었는데, 멕시코 혁명이 일어나 정부가 전복되었다. 그 혼란 속에서 그는 한 공무원에게 뇌물을 주고서 정부 문서 보관소에 들어갈 수 있는 허가를 얻었다. 거기서 그는 광산 관련 서류들을 찾아냈는데, 자신이 제퍼슨데이비스 산맥에서 보았던 곳에 광산이 있었을 것이라고 추측했다. 기록에는 스페인 사람들이 그 지역 원주민들을 노예처럼 부리다가 결국 폭동을 일으킨 원주민들에게 대부분 살해당했다고 적혀 있었다. 다급해진 남은 스페인인들은 황금을 갱도 속에 던져 넣고서 입구를 폭파시켜 막은 뒤 달아났다. 그 황금이 다시 발굴되었다는 기록은 전혀 없었다. 돌아온 짐은 대공황 시기에 그 황금을 찾기 위해 몇 차례 시굴을 했지만, 아무것도 찾아내지 못했다. 훗날 그의 종손인 톰도 그 일에 관심을 보이게 된다.

이제 실버 시티로 돌아가 보자. 톰은 콜로라도 대학교에서 대학원을 마친 뒤, 갈고 닦은 상당한 전자공학 실력을 살리기로 결심하고서 몇몇 기업에 지원을 했다. 당시는 1960년대 중반이었고, 물리학 박사가 대단히 대접받던 시기였다. 톰은 별문제 없이 일자리를 얻을 수 있을 것이라고 생각했다. 하지만 놀랍게도 단 한 곳에서도 일자리를 주겠다는 말이 없었다. 몇 년 뒤 그는 텍사스 인스트루먼트 사에서 일하는 친구의 애인을 통해 자신의 신상 파일을 빼냈다. 그리고 이유를 알게 되었다. 자신이 블랙리스트에 올라 있었던 것이다. 대학원생이었을 때 그는 로버트 오펜하이머의 형제이자 미국 공산당 전직 당원이었다고 알려진 프랭크 오펜하이머의 물리학 연구실에서 일을 했다. 프랭크 오펜하이머는 교수들 중에 톰과 가장 가까운 사람이었으므로, 톰은 당연히 그에게 추천장을 부탁했는데, 그것이 문제가 되었던 것이다. 직업을 구하지 못하자 톰은 다급해졌다. 스물여섯 살이었기에 직업이 없으면 징집될지도 몰랐다. 어서 일자리를 구해야 했다. 그래서 그는 종조부인 짐의 금광 주변 지역의 지도를 펼쳐놓고 동심원들을 그렸고, 차로 하루 내에 다닐 수 있는 거리 내에 있는 모든 대학에 지원서를 냈다. 때마침 웨스턴 대학교는 물리학과를 만들 준비를 하고 있었다. 톰은 8월 말 금요일에 지원서를 보냈고, 대학은 월요일 아침에 그에게 전화를 걸어 취직이 되었다고 알렸다.

톰이 볼더에서 논문 심사를 받고 있는 동안, 그의 고양이가 새끼를 뱄다. 내게는 좋은 일이었다. 덕분에 매일 그의 집으로 가서 죽치고 있을 변명거리가 생겼기 때문이었다. 톰의 집은 놀라울 정도로 아주 난장판이었다. 과연 그곳에서 사람이 살 수 있을까 의심스러웠다. 실버 시티에서 내가 알던 사람들은 모두 남의 시선을 의식하며 살았다. 그러다가 그런 태도를 같잖게 치부하는 사람을 알게 되니 경이롭기 그지없었다.

나는 톰의 이야기를 듣는 것을 좋아했다. 그의 머릿속에는 온갖 생각들이 가득했다. 그는 태양 아래 있는 거의 모든 것에 관해 떠들어댔다. 그의 지적 열정은 과학에서 역사와 고고학에 이르기까지 엄청난 영역에 걸쳐 있었다. 톰은 진짜 할 만한 가치가 있는 원대한 것, 즉 큰 뜻을 품는 것이 인생에 중요하다고 했다. 그가 자주 한 주장 중 하나는 민간 기금들을 모두 쏟아부어 화성에 탐사선을 보내자는 것이었다. 그는 NASA가 생명체가 없다는 것을 누구나 알고 있는 달에 가는 등의 재미없는 사업에 시간을 낭비하고 있다고 했다. NASA가 그렇게 가망이 없을 정도로 어리석고 비효율적이지 않았다면, 이미 화성에 탐사선을 보내기 위해 전력을 쏟았을 것이라고도 말했다. 그는 NASA의 온갖 오류들을 이야기했으며, 베르너 폰 브라운이 공학적으로 잘못된 방향으로 이끌었다고 했다. 톰은 피아노 연주 실력이 뛰어났고 톰 레러의 '베르너 폰 브라운'("로켓이 올라가면, 어디로 내려올지 누가 알까, 내 알

바 아니지. 베르너 폰 브라운은 그렇게 말했네")이나 '원소'("안티몬, 비소, 알루미늄, 셀레늄이 있지. 수소와 산소와 질소와 레늄도 있다네")를 즐겨 불렀다. 그는 눈이 부실 정도로 빠르게 암산을 할 수 있었고, 그의 두뇌에는 온갖 자료들이 가득했다. 그가 암산한 것들 중에는 종조부인 짐이 찾지 못한 금광에 얼마나 많은 금이 있을지, 계획을 잘 짰을 때 화성 탐사선을 보내는 최소 비용이 얼마나 될지, 그 금을 팔아 얻은 돈이 탐사선을 보낼 수 있을 만큼 될지 같은 신나는 내용들도 들어 있었다.

톰의 책들은 내 앞에 신세계를 펼쳐주었다. 실버 공공 도서관에는 쥘 베른의 소설 몇 권 말고는 과학 소설이 거의 없었다. 하지만 톰의 집에는 과학 소설이 가득했다. 아이작 아시모프, 레이 브래드버리, 아서 클라크, 프레드 호일 같은 사람들의 명작들이었다. 내 독서 취향은 우주선, 로봇, 역사심리학 쪽으로 바뀌어 갔다. 톰과 나는 어느 소설이 설득력 있는 과학적 근거를 갖고 있는지, 어느 이야기가 환상에 불과한 것인지를 놓고 자주 토론을 벌이곤 했다. 이런 토론을 통해 나는 다양한 물리학 지식을 배웠고, 자연과학과 형이상학의 근본 문제들을 접하게 되었다. 우주여행을 다룬 소설은 상대성 이론과 쌍둥이 역설, 우주선의 동력원과 원자력의 장단점 같은 기나긴 논쟁으로 이어지곤 했다. 성간 우주에서 온 외계 침입자 이야기를 다룬 프레드 호일의 『검은 구름』은 화학과 살아 있다는 것이 어떤 의미인지에 관한 논의로 이어졌다. 아이작 아시모프의 『파운데이션』 삼부작은 예측한다는 것이 어떤 의미이며, 예측 가능한 것과 그렇지 않은 것이 무엇을 말하는가 하는 논쟁을 불러일으켰다.

톰은 우리 동네 스카우트의 군대식 체제에 적응할 수 없어서 대신 익스플로러 스카우트단을 맡기로 했다. 익스플로러 스카우트단은 고등학생들을 대상으로 했는데, 나는 나이가 어렸지만 가입해도 좋다는 허락을 받아서 익스플로러 제114지부에서 활발하게 활동했다. 우리는 배낭을 메고 멕시코 북부의 길라 황야와 수퍼스티션 산맥을 돌아다녔고, 자동차를 타고 알래스카와 유카탄 반도까지 여행을 하기도 했다. 친구들과 나는 톰의 집을 우리의 소굴로 삼았다. 그 사이에 우리 집안에는 몇 가지 큰 변화가 있었다. 아버지는 페루의 한 광산에서 더 좋은 대우를 해줄 테니 오라는 요청을 받았고, 부모님은 이사를 하기로 결정했다. 하지만 나는 갖은 수를 다 써서 부모님을 설득해 톰의 곁에 머물러도 좋다는 허락을 받아냈다. 이미 사실상 그와 함께 살고 있는 것이나 마찬가지였으니까.

그리고 오토바이의 시대가 왔다. 나는 신문 배달을 시작했는데, 제때 다 배달하려면 교통수단이 있어야 했다. 뉴멕시코에서는 열세 살이 되면 5마력 이하의 원동기 면허증을 딸 수 있었다. 그래서 톰은 나를 엘파소로 데려갔고, 우리는 1963년식 혼다 50 스포트컵을 샀다. 하지만 오토바이는 3주만에 고장이 났고, 우리는 톰의 주방에서 엔진을 분해했다. 크랭크실을 분리하려 하다가 벌어진 사건이 지금도 생생하게 기억난다. 볼트들을 빼낸 뒤 위쪽을 잡아 본체에서 떼어내려 했지만, 꿈쩍도 하지 않았다. 그래서 우리는 점점 더 세게 잡아당겼다. 그러자 뭔가 뚝 부러지는 소리가 크게 들렸다! 우리가 미처 보지 못했던 나사가 부러지는 소리였다. 그리고 수많은 작은 톱니바퀴와 스프링, 나사가 사방으로 온통 튀어나갔다. 우리는 그것들을 하나하나 주워 모은 다음, 다음 달 내내 톱니바퀴들의 톱니 모양을 자세히 살펴보고 베어링을 집어넣으면서 조립하기 위해 갖은 노력을 다했다. 그렇게 엔진을 조립했다가 분해하기를 반복한 끝에 마침내 부품들을 모두 제자리에 끼워 넣을 수 있었다. 엔진은 제대로 돌아갔고 그 오토바이는 몇 년 동안 문제없이 탈 수 있었다. 하지만 톰의 주방은 본래의 모습으로 돌아가지 못했다. 그는 오래 전에 오토바이를 구입했는데, 그 뒤 내 친구들 몇 명도 오토바이를 구입했다. 곧 톰의 집 마당은 오토바이들로 가득해졌고 주방에는 대개 분해되어 있는 오토바이가 놓여 있곤 했다.

우리는 전자공학에도 푹 빠졌다. 나는 오토바이의 배선을 만지작거리는 일로 시작해서 점점 더 복잡한 것들을 다루게 되었다. 톰은 아마추어 무선사이자 전자공학 전문가이기도 했다. 그는 온갖 장비들을 만들었고 우리가 원하는 전선과 땜납을 비롯한 재료들을 갖고 있었다. 그는 나와 내 친구들에게 전자공학의 기

초를 가르쳤고 우리가 직접 회로를 설계하도록 도와주었다. 우리는 오토바이의 전자 점화 장치와 가정용 도난 경보기를 만들었고, 팩스란 개념을 어느 누구도 들어본 적이 없는 시기에 팩스 장치의 원형이라고 할 장치를 만들기도 했다. 나는 신문 배달을 하러 아침 일찍 일어나야 했지만 늦잠을 자기 일쑤였다. 그래서 우리는 학교 종을 이용해 자명종을 만들었다. 이웃들은 물론, 죽은 사람까지 벌떡 일어나게 만들 정도로 크게 울리는 자명종이었다.

그리고 우리는 금광을 찾으러 돌아다니기도 했다. 텍사스 서부까지 장시간 차를 타고 가서 몇 시간 동안 산을 올라가야 광산에 도착했다. 정말 감질나게 하는 장소였다. 산 옆구리로 거의 직선을 이루면서 뻗어 내린 가파른 비탈에 굴러 떨어진 바위들이 쌓여 있었다. 자연적으로 쌓인 바위들처럼 보이지 않았다. 바닥에는 하천으로 이어져 있는 비좁은 길이 나 있던 흔적이 있었다. 그 길을 닦는 데 상당한 노동력이 들어갔을 것이 분명했으며, 길 한가운데 다 자란 나무들이 서 있을 정도로 오래된 길이었다. 이론은 이러했다. 스페인인들이 광산에서 캔 금광석을 자루에 담아 쌓인 바위들 위로 미끄러뜨려 아래로 보냈다. 그런 다음 광석들을 하천으로 운반해서, 잘게 부순 다음 체질을 해서 걸러냈다는 것이다. 우리는 스페인인들이 남긴 유물들이 있는지 조사했고(단 한 점도 찾아내지 못했다), 암석 표본들을 채집했고(광물 분석가는 채굴할 가치가 없는 것들이라고 말했다), 짐과 그의 친구들이 대공황 때 팠던 구멍들 어딘가에 있을지 모를 옛 갱도가 어디 있는지 추측하면서 산등성이를 돌아다녔다. 톰은 어떻게 하면 깊은 곳에 한데 모여 있을 금들을 발견할 수 있을지 온갖 생각들을 짜냈다. 거리가 멀어서 일반 금속 탐지기로는 탐지하지 못할 것이므로, 우리는 방사선, 강력한 자기장, 원격 조종을 통해 값싸게 구멍을 파는 방법들을 생각해 냈다. 그리고 물론 우리는 금을 발견하고 나면 어떻게 우리끼리 화성 탐사를 할 것인지를 생각하면서 많은 시간을 보냈다.

톰을 본받는 일이 언제나 쉬웠던 것은 아니다. 그는 겁이 날 정도로 높은 기준을 설정해 놓고 있었다. 나는 그 뒤로 세계 최고의 지성인들을 만나 보았지만, 지금도 톰의 지능이 최고 수준이었다고 생각하고 있다. 나는 그만큼 암산으로 복잡한 물리학 문제들을 풀 수 있는 사람을 아직까지 만나보지 못했다. 톰은 해석학적 방법의 대가였으며, 온갖 문제에 그 방법을 적용했다. 대학에 들어갈 나이가 되자, 나는 내 능력이 어떤지 알아볼 수 있는 수단은 물리학밖에 없다고 확신했다. 세상의 섭리를 더 깊이 이해할 수 있는 길은 그것밖에 없었다. 게다가 나는 진짜 물리학자들이 물리학을 전부 섭렵하겠다는 생각을 품고 있지 않다는 것을 알고 있었다. 그들은 모든 것에 관해 폭넓게 배우고 좀 더, 가능한 한 더 많이 알고 싶어 하는 것뿐이었다.

또 톰은 내게 과학이 그저 대학에 있는 과학자들이 하는 일에 불과한 것이 아니라고 가르쳤다. 과학은 보편적인 신념 체계이며, 일상적인 문제들을 해결하는 방법이기도 했다. 톰은 물리학에서 정치학에 이르기까지 모든 것을 과학자라는 입장에서 접근했으며, 누군가가 단지 이른바 전문가라는 이유로 그들에게 꿀릴 필요가 없다는 것을 보여주었다. 그는 내게 어느 것도 당연시하지 말고 모든 것에 의문을 제기하라고 격려했다. 그의 사고방식은 지극히 공상적인 이상주의자의 것과 같았다. 그 사고방식에 따르면 모든 것이 가능해 보였다. 그의 꿈은 나와 내 친구들 모두를 감화시켰고, 나로 하여금 살아가면서 닥친 수많은 난관들을 헤쳐나가도록 자극을 주었다.

나는 이따금 지금의 나를 만든 그 필연적인 운명과 무작위적 상황의 기묘한 혼합물을 생각하면서 감탄하곤 한다. 중요한 역사적 사건들은 한 개인의 자연적으로 전개되는 인생과 뒤얽혀서 장기적인 영향을 미칠 수 있다. 아돌프 히틀러가 아니었다면 우리는 제대 군인 보훈 혜택을 받지 못했을 것이고, 아버지는 아마 공학자가 되지 못했을 것이며, 우리는 실버 시티로 이사가지 못했을 것이다. 그리고 조지프 매카시 상원의원이 없었다면 톰은 결코 웨스턴 대학교에 직장을 구하지 않았을 것이다. 이 두 지독한 악당이 없었다면 우리는 결코 만나지 못했을 것이고, 나는 아마도 과학자가 아닌 다른 무언가가 되기로 결심했을지 모른다. 그러면 내가 어떻게 되었을지 누가 알랴?

Curious

과학은 자연과의 연애다

빌라야누르 라마찬드란 V. S. Ramachandran

빌라야누르 라마찬드란은 인도계 미국의 신경과학자로 샌디에이고 캘리포니아대학교의 심리학과 석좌교수이자 뇌인지연구소 소장이다. 인간 시지각의 신경메커니즘에서 환상 사지, 질병 인식 불능증, 카프그라 증후군 등 당시 널리 알려지기는 했지만 과학적 연구 대상이 아니라고 여겨지던 신경 이상 현상으로 연구를 확장해 인간 뇌의 메커니즘을 이해하는 데 중요한 기여를 했다고 평가받는다. 그는 팔이나 다리가 절단된 경우에도 상실된 사지의 존재와 고통을 생생하게 느끼는 환상 사지 통증을 지닌 환자를 치료하고 약화된 사지를 가진 뇌졸중 환자의 운동 제어를 회복하는 데 사용되는 거울 요법을 발명했다.

《뉴스위크》는 21세기 가장 주목해야 할 뛰어난 인물 100인 중 한 명으로 그를 선정했다. 또한 권위 있는 영국 BBC의 리스 강의에 의사이자 실험심리학자로서는 최초로 2003년에 초대되기도 했다. 그는 뇌의 기본적인 메커니즘에서부터 시지각과 같은 인지 그리고 예술과 같은 고차원 인식에 이르기까지 뇌에 대한 폭넓은 이해를 제공한다. 저서로 『명령하는 뇌, 착각하는 뇌』, 『라마찬드란 박사의 두뇌 실험실』, 『뇌는 어떻게 세상을 보는가』 등이 있다.

과학자에게 어울리는 가장 중요한 자질 하나를 꼽는다면 무엇일까? 사람들은 종종 '호기심'이라고 말하곤 하지만, 그것이 전부일 수 없다는 것은 분명하다. 누구나 어느 정도는 호기심을 갖고 있지만, 모두 과학자가 될 운명은 아니지 않는가. 나는 강박적이고, 열정적이고, 거의 병적일 정도로 호기심을 가져야 할 필요가 있다고 주장하곤 한다. 아니, 언젠가 피터 메더워가 말했듯이, "이해가 안 되면 몸이 불편해질" 필요가 있다. 호기심이 자신의 삶을 지배해야 한다.

과학은 자연과의 연애이다. 강박적인 성향, 격렬함, 열정적인 갈망 등 낭만적인 연애와 흔히 관련짓는 모든 특성을 지닌 연애 말이다. 그런데 이 갈망은 어디에서 나오는 것일까? 아마 어느 정도는 타고난 개성일 것이다. 하지만 더 중요한 것은 그것이 어린 시절의 인연에서 비롯된다는 사실이다. 나는 자신이 하는 일에 열정과 열광을 보이는 사람들 곁에 있는 것이 성공을 위한 최상의 공식임을 오래전에 깨달았다. 열정보다 더 전염성이 있는 것은 없기 때문이다. 이 점에서 나는 아주 운이 좋았다. 나는 4학년 때 방콕에 있는 영국인 학교를 다녔는데, 그곳에는 비범한 재능을 지닌 과학 교사들이 있었다. 바니트 선생님과 파나추라 선생님은 내가 화학물질들을 집으로 들고 가 실험을 할 수 있도록 해주었다. 또 마드라스의 스탠리 의대에서 내 생물학 지도 교수인 라오 박사는 자신이 수도원 정원에서 완두를 교배하는 수도사 그레고어 멘델인 척하곤 했다. 유전학을 창조했을 때의 흥분 상태를 우리에게 전달하기 위해서였다. 그리고 집안에서는 과학 정신이 충만한 삼촌들과 형 라비가 영향을 미쳤다. 형은 내게서 시와 문학, 특히 셰익스피어에 대한 열정을 싹 씻어버렸다. 과학은 우리 대다수가 깨닫고 있는 것보다도 시와 꽤 많은 공통점을 지니고 있다. 둘 다 서로 어울릴 것 같지 않은 개념들에서 공통점을 찾아내고, 세계를 어떤 낭만적인 관점에서 본다.

또 우리 부모님 같은 부모가 있는 것도 도움이 되었다. 부모님은 자연스러운 호기심을 억누르는 것이 아니라 자극하고, 끊임없이 더 나아지라고 격려해 주었다. 어머니는 내가 과학에 관심이 있다는 것을 알자 전 세계에서 조개껍데기들과 동물 표본들(작은 해마도 있었다)을 갖다주었고, 내가 계단 밑 창고에 화학 실험실을 꾸미는 것을 도와주었다. 내가 열한 살 때, 아버지는 카를 자이스 연구 현미경을 사다주었다. 더 중요한 사실은 부모님이 내 머릿속에 서로 양립할 수 없는 개념들을 심었다는 점이다(그리고 나는 이 책을 읽는 모든 부모들도 똑같이 하기를 권하고 싶다). 하나는 내가 선택된 존재, 그것도 최고의 존재라는 생각이었다. 그리고 다른 하나는 내가 아무리 해도 부모님이 보기에는 부족하다는 생각이었다. 이 둘의 조합은 아이를 성공한 사람으로 만들어줄 확실한 공식이다. 아마도 약간 신경질적인 성격이 되긴 하겠지만.

나는 열한 살 무렵부터 과학에 흥미를 느꼈다. 사교성이 부족한 외톨이였던 나는 자연과 함께할 때 늘 동료애를 느꼈다. 아마 과학이 전제적이고 정신을 마비시키는 온갖 관습들이 가득한 사회로부터 벗어나는 피신처였는지 모르겠다.

조개껍데기들을 모으든 지질 표본들을 모으든 간에, 나는 자연계가 나의 놀이터라고 느꼈다. 찰스 다윈, 조르주 퀴비에, 토머스 헨리 헉슬리, 리처드 오언, 장-프랑수아 샹폴리옹, 윌리엄 존스가 내 곁에 있는 나만의 평행 우주였다. 내게는 내가 아는 대다수 '진짜' 사람들보다 그들이 더 현실적이었다. 그리고 확실히 더 생생했다. 나만의 세계로 떠나는 이런 탈출은 고립되거나 기이하다기보다는 특별하고 특권적이라는 느낌을 갖게 해주었다. 그럼으로써 나는 대다수 사람이 정상 생활이라고 부르는 지루함과 단조로움, 평범함에서 벗어날 수 있었다(버트런드 러셀의 말이 떠오른다. "대다수에게 현실 생활이란 이상과 현실의 끊임없는 타협이지만, 순수 이성의 세계는 타협을 모르며, 실제 세계라는 지루한 유배에서 탈출할 수 있는 더 고귀한 충동들 중 적어도 하나를 허용한다").

* * * * *

학생들, 동료들, 기자들은 내게 왜, 그리고 언제부터 뇌에 관심을 갖게 되었는지 묻곤 한다. 누군가가 무언가에 지적으로 몰두하게 된 연원을 추적하기란 쉬운 일이 아니므로, 나는 전문가 또는 아마추어로서의 나를 언제나 매료시켜 온 것들을 목록으로 만드는 일에서 시작하고자 한다. 나는 고고학, 특히 고대 인도의 역사와 고고학과 예술을 연구하는 분야를 사랑한다. 나는 박사후 연구원인 에릭 앨츠쉴러와 함께 인더스 문자를 해독하려는 시도까지 했다. 예를 들어 이전의 연구들은 수메르어에서 0이라는 기호가 '염소'나 '양'을 의미하며, '우두'나 '아우두'라고 발음된다는 것을 밝혀냈다. 나는 남인도/드라비다(타밀)어에서 '염소'에 해당하는 단어가 아우두라는 사실에 깜짝 놀랐고, 기쁘게도 한 박물관의 인더스 인장 목록을 훑어보니, 정확히 똑같은 기호가 있는 봉인이 있었고, 그 봉인 바로 옆에 염소 그림이 있었다! 이것이 우연의 일치일 가능성은 적었다. 나는 이 세 거대한 문명들(수메르, 인더스, 드라비다)이 5,000년 전에 같은 말과 문자를 썼을 수도 있으며, 0이라는 기호가 인더스 언어에서 아우두라고 발음되며 '염소'를 뜻한다고 주장했다. 갑자기 오래전에 사라졌던 글자들이 내 삶에 뛰어들어 왔다! 에릭과 나는 신이 나서 일했다. 하지만 우리가 아직 인도학 권위자들에게 인정을 받지 못하고 있다는 말을 덧붙여야겠다.

나는 난초를 키우기 위해 계속 노력하고 있지만, 성공을 거두지 못하고 있다. 나는 인류학과 민족학을 사랑한다. 나는 고생물학에 푹 빠져 있으며 야외에서 화석들을 채집하고 있다. 가장 기억에 남는 일 중 하나는 멸종한 초식 포유동물인 오레오돈의 3천만 년 전의 머리뼈를 발견한 것이었다. 사우스다코타 주의 절벽에서 파냈다. 나는 그 뼈의 윤곽을 맨 처음 들여다본 인간이 나라는 것을 알았을 때의 기분을 지금도 기억하고 있다. 나는 비교해부학, 기형학(생물의 기형을 연구하는 학문), 자연사에 취미가 있다. 우리 귓속에 있는 작은 뼈들, 즉 우리 포유동물들이 소리를 증폭시키는 데 사용하는 뼈들이 원래 파충류의 턱뼈에서 진화한 것이라는 생각을 할 때면 언제나 온갖 상상에 빠져든다. 인도에서 십 대 시절을 보낼 때, 나는 복족동물(연체동물의 한 종류 - 편집자 주)의 분류에 관한 논문들을 썼다. 나는 무기화학에 열광했으며, 가끔 무슨 일이 벌어지는지 보기 위해 의미 없이 화학물질들을 뒤섞곤 했다. 불타고 있는 마그네슘 조각을 물속에 집어넣으면 H2O에서 산소를 추출하면서 계속 탔다.

또 식물학도 무척 좋아했다. 나는 무엇이 파리지옥의 입을 다물게 하고 소화 효소를 분비하도록 자극하는지 알아보기 위해 그 식물의 '입' 속에 갖가지 당과 아미노산을 넣어보았다. 그리고 식물에 물을 주는 것을 깜박했을 때, 식물 전체가 서서히 시드는 것이 아니라, 먼저 이파리 하나가 완전히 마른다는 것에 주목했다. 그것이 식물이 가능한 한 오래 몸속의 물을 보존하는 방법이 아닐까? 나는 곤충 채집에도 열을 올렸고, 인도 최고의 곤충학자가 되겠다는 꿈을 꾸기도 했다. 나는 개미들이 설탕과 마찬가지로 사카린도 모아서 쓰는지 알아보기 위해 개미들을 갖고 실험했다. 사카린 분자가 우리 혀의 맛봉오리를 속이듯이 그들의 맛봉오리도 속일까?

언뜻 보면 이런 다양한 주제들 사이에는 공통점이 전혀 없는 듯하다. 하지만 그것들은 모두 빅토리아 시대 사람들이 열중했던 것들이라는 공통점이 있다. 이런 깨달음은 내가 첨단 과학 시대의 시대착오적인 존재(아니면 대학원생들이 내 등 뒤에서 하는 말처럼, 오래된 화석) 같다는 느낌을 주곤 한다.

과학은 완전한 자유와 경제적 독립이 보장될 때 가장 번성한다. 부가 넘치고 학문에 아낌없는 지원이 이루어지는 시기에 과학이 절정에 달했다는 것은 전혀 놀랄 일이 아니다. 논리학과 기하학이 처음 출현한 곳인 고대 그리스가 그러했고, 정수 체계, 삼각법, 우리가 현재 알고 있는 많은 대수학이 탄생했던 때인 서기 5세기 경의 인도 굽타 왕조의 황금시대가 그러했고, 빅토리아 시대, 즉 다윈과 헨리 캐번디시 경 같은 신사 과학자들의 시대가 그러했다. 오늘날 우리에게는 종신 교수 체제와, 우리 중 많은 사람이 운 좋게 받는 국가 연구비가 있다. 하지만 불행히도 그런 것들은 이따금 선각자를 좌절시키고 아첨꾼에게 화답하는 결과를 낳곤 한다(셜록 홈스가 왓슨에게 말했듯이. "범재는 자기보다 더 뛰어난 존재가 있다는 것을 전혀 모르지. 천재를 인정하는 능력이 있어야 깨닫게 돼"). 그래서 대다수는 더 현실적이고, '안전한' 과제들로 연구비를 신청하고, 그 돈 중 일부를 더 모험적인 연구를 하는 데 쓰는 편법을 택한다.

하지만 나는 빅토리아풍 과학이 나와 많은 동료들에게 왜 그렇게 호소력을 지니고 있는지를 묻고 더 깊이 탐구하고 싶다. 어쨌거나 현대 과학이 대단한 성공을 거두었다는 점을 부정할 사람은 아무도 없을 것이다. 그런데도 내가 예전 방식에 매력을 느끼는 한 가지 이유는 갖가지 첨단 장치에 그저 불편함을 느끼기 때문일 수 있다. 나는 가공하지 않은 자료들과 결론 사이의 격차가 너무 크면 불편함을 느낀다. 자료를 주물러대고 싶은 거역할 수 없는 충동이 일어나기 때문이다. 이런 격차는 기술에 대한 강박증과도 어느 정도 관련이 있다. 현대의 많은 연구들은 문제 위주가 아니라 방법론과 수단 위주의 경향을 보이곤 한다. 그 결과 극단적으로 지루한 연구가 된다. 그것은 과학이 아니라 과학자 정신이라고 부르는 편이 더 낫다. 나는 "천재는 99퍼센트가 땀이다"라는 에디슨의 말(학생들에게 고역을 견뎌내라고 주문할 때 흔히 인용되곤 한다)과 반대로, 과학적 발견의 중요성과 영향이 그것에 투자한 시간과 노력에 반비례하는 것이 아닐까 하는 생각을 이따금 한다. 물론 언제나 그런 것은 아니지만, 그런 일이 놀라울 정도로 자주 일어난다는 것은 분명하다. 금세기의 가장 위대한 생물학적 발견인 DNA의 구조는 크릭과 왓슨이 철사와 플라스틱 조각으로 6개월도 걸리지 않아 만들어낸 것이다. 그렇다고 해서 실제 그 문제를 다루기에 앞서 틀림없이 장기간 지적 부화기를 거쳤으리라는 점을 부정하는 것은 아니다. 하지만 중요하거나 근본적인 과학적 문제가 반드시 사소한 것보다 해결하기 어려운 것일 이유는 없다는 점을 명심해야 한다. 어쨌든 자연은 우리에게 자신의 비밀을 감추기 위해 음모를 꾸미지는 않는다. 따라서 우리의 한정된 수명을 생각할 때, 중요한 문제에 초점을 맞추는 것이 최선이다.

빅토리아 시대에 과학은 큰 모험이었다. 완전히 새로운 세계들이 열려 있었다. 초기 탐험가들이 대형 유인원, 즉 인간이 되기 직전에 있는 생물들이 있다는 소문을 최초로 확인했을 때 얼마나 흥분했을지 상상해 보라. 또 앨프레드 러셀 월리스가 낙원의 새들을 처음 보았을 때 어떠했을지 상상해 보라. 참새와 목뼈의 수는 똑같은 데 기괴할 정도로 목이 긴 기린이라는 이상한 동물을 발견했을 때 어떠했을지 상상해 보라. 또한 다윈이 지름 30센티미터나 되는 꽃을 피우는 새로운 난초 종을 발견하고 그 꿀을 빨아먹을 수 있는 긴 주둥이를 가진 나방 종이 있을 것이라고 예측했을 때 어떠한 기분이었을지 상상해 보라. 그 예측은 나중에 옳았다는 것이 입증되었다. 아니면 인류학자들이 세계에서 가장 키가 큰 종족인 와투시족의 마을에서 150킬로미터밖에 떨어지지 않은 지역에 키가 120센티미터도 안 되는 피그미족이 사는 모습을 처음 보았을 때를 상상해 보라. 마이클 패러데이가 감아놓은 전선 한가운데로 자석을 움직였을 때 전류가 생긴다는 것을 알고 전기와 자기를 연관지었던 순간도 상상해 보라.

물론 착상과 마찬가지로 기술도 과학을 이끄는 것은 분명하다. 거품상자나 컴퓨터까지 생각할 필요 없이 그저 현미경이나 망원경을 떠올려 보라. 하지만 망원경 뒤에 놓인 눈도 마찬가지로 중요하다. 갈릴레오 이전에도 많은 사람이 망원경을 들여다보았지만, 망원경을 지상에 있는 대상들이 아니라 처음으로 하늘을 향해 들이댐으로써 세상을 바꾼 사람은 바로 그였다. 최근 20년 사이에 fMRI와 PET라는 경이로운 새로운 뇌 촬영 장치들이 등장함으로써, 망원경이 천문학에 했던 것과 같은 일을 뇌 연구에 할 수 있을 것이라는 희망을 주고 있다.

재미로 따지면 유아기 단계에 있는 과학 분야가 가장 재미있다. 그 분야에서는 호기심이 연구 방향을 이끌게 마련이며, 그런 연구는 그저 그런 일상적인 연구와는 차원이 다르다. 불행히도 입자물리학이나 분자생물학처럼 대단한 성공을 거둔 과학 분야에는 더 이상 그 말이 적용되지 않는다. 이제는 《사이언스》나 《네이처》에서 30명의 저자가 공동으로 쓴 논문도 흔히 볼 수 있다. 이런 '조립 라인' 접근 방식은 과학을 하는 기쁨의 상당 부분을 앗아가며, 그것이 바로 내가 낡은 방식의 게슈빈트 신경학에 본능적으로 더 끌리는 두 가지 이유 중 하나이다. 그 분야에서는 아직 최초의 원리들에서 도출되는 소박한 질문들을 할 수가 있다. 초등학생이 떠올릴 수 있는 단순한 질문이면서도 전문가들이 대답하기가 당혹스러울 정도로 어려운 종류의 질문들이다. 신경학 분야에서는 아직 패러데이식의, 즉 단지 '어설프게 건드려보는' 식의 연구를 해서 아주 폭넓은 의미를 함축한 놀라운 해답에 도달하는 것이 가능하다. 나와 많은 동료들은 거기에서 장-마르탱 샤르코, 존 헐링 잭슨, 헨리 헤드, 알렉산더 루리아, 쿠르트 골드스타인 같은 그 분야의 개척자들이 활동했던 황금시대를 부활시킬 수 있는 가능성을 본다.

내가 신경학을 택한 두 번째 이유는 훨씬 더 명백한 것이며, 마찬가지로 호기심과 관련이 있다. 인간인 우리는 다른 무엇보다도 자기 자신에 관해 더 궁금해하며, 신경학은 '우리가 누구인가'라는 문제의 핵심으로 곧장 파고드는 분야이다. 나는 의대에서 첫 환자를 진찰했던 약 10년 전부터 그 문제에 몰두해 왔다. 그는 낄낄 웃었다가 걷잡을 수 없이 울어대는 행동을 몇 초마다 되풀이하는 일종의 발작 증세인 거짓숨뇌마비를 보이는 사람이었다. 내게는 그의 행동이 인간의 정신 상태를 시시각각 재현하고 있는 것으로 비춰졌다. 그것이 즐거움 없는 기쁨과 악어의 눈물에 불과한 것일까? 아니면 그가 양극성 장애 환자처럼 정말로 기쁨과 슬픔을 교대로 느낄까? 단지 감정들이 바뀌는 시간이 압축된 것일까?

유명해지기를 바라는 마음에서 과학자의 삶을 시작하는 사람들도 많지만, 내 동료들과 마찬가지로 내게도 그런 허영심은 전혀 없다. 적어도 그런 생각들은 더 이상 내 마음속의 중앙 무대를 차지하지 않고 있다. 내가 확실히 알고 있는 두 가지가 있기 때문이다. 나는 예상했던 것보다도 과학에 더 재미를 느끼며, 내가 지각과 신경학 분야에서 해온 많은 실험들이 적어도 이 분야의 일부 동료들의 생각에 영향을 미쳐왔기 때문이다. 마지막으로 자신의 삶을 돌아볼 때 중요한 두 가지 질문이 있다. 내가 얼마나 많은 영향을 미쳤는가? 그리고 얼마나 재미있었는가?

사물들이 들려준 이야기

셰리 터클Sherry Turkle

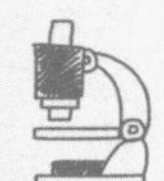

셰리 터클은 사회학자로 인간과 기술의 상호작용을 주로 연구하고 있다. 1980년대부터 테크놀로지가 더 이상 단순한 도구에 그치지 않고 우리 삶에 사회심리적으로 중요한 부분을 차지한다는 점을 강조하기 시작한 기술심리학 분야 선구자다. 기술은 우리가 무엇을 하느냐뿐 아니라 어떻게 생각하느냐와도 관련 있음을 주장하면서, 기술의 위험성과 더불어 심리 치유 방법으로서의 유용성도 검토하기 시작했다. 더불어 로봇 같은 관계 지향적 기술들의 산물이 인간 심리와 사회관계 등에 끼치는 영향력, 그리고 핸드폰 및 디지털 반려동물 같은 가상의 창조물로부터 받는 영향력의 주관적 측면을 분석하고 있다.

2012년에는 TED 인기 스피커로 강연했고, CNN, NBC, ABC, NPR 등에 게스트로 자주 출연하는 인기 학자이다. 뉴욕 브루클린에서 태어나 에이브러햄 링컨 고등학교를 수석 졸업하고 래드클리프 대학교를 다녔다. 프랑스에서 정신분석학과 대혁명의 관계를 연구하고, 하버드 대학교에서 석박사를 취득했다. 현재는 MIT 교수로서 주로 심리분석 및 인간과 기술 간의 인터랙션 연구를 진행하고 있다. 저서로는 『스크린 위의 삶』, 『외로워지는 사람들』, 『대화를 잃어버린 사람들』 등이 있다.

내 어머니 해리엇 보노위츠는 요염하고 매력적인 여성이었다. 사람들은 어머니가 여배우 로절린드 러셀 같다고 말했다. 내가 여덟 살 때 어머니는 내 의붓아버지와 함께 나를 포함한 세 아이를 키우면서 브루클린에 살고 있었다. 의붓아버지는 공무원이었는데 주말에는 식당에서 서빙하는 부업도 했다. 그 덕분에 우리는 교복을 사 입고 여름이면 로커웨이 해변에 있는 방갈로에서 지낼 수 있을 정도가 되었다. 어머니는 내심 집안의 경제 사정보다 화려한 무언가를 꿈꾸고 있었다. 교외에 마련한 집이 아니라 코파카바나에서 보내는 멋진 저녁을 꿈꾸었다. 어리긴 했어도, 나는 어머니가 나를 통해 그런 꿈을 성취할 가능성이 가장 높다고 판단했다는 것을 알았다. 나는 영리했고, 어머니가 퍼붓는 한없는 사랑 속에는 내가 무슨 일이든 잘할 수 있을 것이라는 가정이 들어 있었다. 내가 연기에 조금이라도 재능을 보였다면, 어머니는 무대 옆에서 내 대사를 읽어주는 극성 어머니가 되었을 것이다. 어쨌든 내가 음악이나 연극에 재능이 전혀 없었음에도, 어머니는 몇 년 동안 내가 가수가 될 것이라고 확신하고 있었다.

우리는 브루클린의 브라이튼비치 구역에서 살았다. 내 열 살 생일 때 식구들은 오션 파크웨이에 있는 고급 공연 식당인 엘레간테로 갔다. 여가수가 무대에 오르자, 어머니는 나를 쿡쿡 찌르면서 자세히 보라고 재촉했다. 어머니는 내가 가수를 보고 자극을 받을 것이라는 희망을 품고 있었다. 하지만 나는 어머니의 노력에도 별로 동요하지 않았던 것으로 기억한다. 그때 나는 강력한 개념으로 무장하고 있었다. 어떤 일을 잘하려면, 그 일을 사랑해야 한다는 것이다. 그 개념은 내가 가진 책, 즉 우리 집에 있는 어느 책에서 본 것이었다. 제목이 『나에게 맞는 직업을 고르는 법』이었던 것으로 기억하는데, 서론이 아주 특이했다. 망치, 목재, 공구를 사랑한다면 목수가 될 생각을 해보라는 것이었다. 화장과 높은 구두와 요염한 옷과 피아노를 사랑한다면(딱 우리 어머니였다!) 가수가 되는 것을 생각해 보라. 종이, 공책, 여러 색깔로 된 수첩, 세계 각국의 교과서를 사랑한다면(바로 나였다. 열 살 때에도 나는 그랬다!) 작가가 될 생각을 해보라. 어머니가 가수가 된 나를 상상하고 있는 동안, 나는 작가가 된 나를 상상하고 있었다.

'어떤 직업을 가졌을 때 마주치게 되는 대상들과 이어져 있다는 느낌을 받으면 그 일을 가장 잘 해낼 것'이라는 개념은 내 상상을 자극했다. 그 대상이 이성적으로, 또는 감성적으로 어떤 내용을 담고 있을까 하는 호기심을 불러일으켰다. 현재 민족지학자이자 심리학자로서, 나는 우리가 기술과 접했을 때 벌어지는 일들의 주관적인 측면을 연구한다. 즉 나는 우리 삶의 대상들의 인간적인 의미에 관심을 둔다. 나는 대상들이 그저 도구로서만 영향을 미치는 것이 아니라는 개념을 평생 간직해 왔다.

내가 갖고 있던 책에서 이 개념을 처음 접했다는 사실 자체가 특이한 일이었다. 우리 집에는 책이 거의 없었기 때문이다. 나만의 책장이 있긴 했다. 내 책장에는 세 종류의 책이 있었다. 첫 번째는 이디스 할머니가 권당 1달러를 주고 산 24권짜리 펑크 앤 워그널스 백과사전이었다. 그 책들은 할머니 동네 A&P 슈퍼마켓에 2주일에 한 권씩 나왔다. 두 번째는 나만의 보물인 낸시 드루 추리 소설들이었다. 내가 모은 책의 절반에 해당하는 그 책들은 단단히 묶인 채 우리 아파트의 소각장에 있던 것을 단짝인 헬렌과 함께 들고 온 것이었다. 우리 아파트에서는 그런 식으로 책들이 이 집 저 집으로 옮겨다녔다. 다른 집에 누가 사는지는 잘 알지 못했지만, 대개 가정환경이나 소득이 비슷했고 아이들에게 책을 사줄 만한 여유가 없었다. 책을 읽고 싶으면 집에서 삼십 분 거리에 있는 공공 도서관을 이용해야 했다. 그러니 헬렌과 나는 아주 귀중한 낸시 드루 전집을 발견했을 때 눈이 번쩍 뜨였다. 모두 열아홉 권이었다. 발견한 사람은 헬렌이었다. 헬렌은 즉시 나를 소각장으로 불렀고 헬렌이 열 권, 내가 아홉 권을 갖기로 했다.

소설에서 낸시는 사건을 해결할 때 대개 어떤 대상에 담긴 수수께끼를 해독하는 데 의지했다. 놋쇠로 가장자리를 보강한 트럭, 낡은 시계, 일기, 뒤틀린 양초 한 쌍, 이끼로 뒤덮인 저택 등이 그랬다. 갑자기 열리는 숨겨진 방이나 비밀 서랍도 그런 대상에 속했다. 이런 비밀 장소들이 현실적인 것일 때도 있었다. 낸시가 며칠 동안 애써 찾아다닌 끝에 발견한, 낸시의 능숙한 손재주를 필요로 하는 작은 문이 그랬다. 반면에 은유적인 것일 때도 있었다. 낸시가 뛰어난 머리로 어떤 대상을 며칠 동안 곰곰이 생각한 끝에 밝혀낸 비밀들이 그랬다.

나도 해독할 수수께끼의 대상을 찾아 동네를 들쑤시고 다녔다. 대상은 얼마든지 있었다. 하지만 낸시와 달리, 그 노력은 나를 영웅으로 만들어주지 않았다. 이웃들은 내가 엿보고 다닌다고 인상을 썼다. 어머니는 창피해 했다. 나는 어머니에게 더 이상 그런 행동을 하지 않겠다고 약속했다. 하지만 브루클린 바깥에서 해독할 수수께끼의 대상을 찾을 것이라고 스스로에게 약속했다. 사실 나는 그 일이 계기가 되어서 내가 무의식적으로 내 연구를 민족지학자처럼 해석하는 성향을 지니게 된 것이 아닐까 하는 생각을 이따금 하곤 한다. 즉 오래전에 어머니와 한 약속을 깨지 않으면서 낸시 드루처럼 추리 활동을 하고 있는 것이 아닐까?

내 책장에 있던 마지막 부류의 책들, 돌이켜보면 가장 소중했던 책들은 밀드레드 이모가 내게 물려준 두 권의 안내서였다. 하나는 『뉴 호라이즌스 월드 가이드: 팬아메리카의 89개국 여행

자료집』이었다. 그 책은 밀드레드 이모가 난생처음 해외여행을 가겠다며 스페인으로 가는 표를 예약했을 때 여행사에서 받은 것이었다. 독신 여성이자 '일하는 여성'이었던 이모는 당시 내가 알던 사람들 중에 미국이라는 땅덩어리 너머로, 아니 브루클린이라는 비좁은 세계 너머로 여행을 했던 최초의 인물이었다. 밀드레드 이모는 이국적이고 매력적이었다. 나도 이모처럼 일하는 여성이 되고 싶었다.

『뉴 호라이즌스』는 세계 모든 나라의 수도, 평균 기온, 정부 형태, 가장 좋은 호텔과 레스토랑, 주요 경관 등에 관한 정보를 담고 있었다. 나는 오랜 세월 동안 도시, 학교, 직장을 바꾸면서도 이모가 준 그 1953년 판 책을 계속 갖고 다녔지만, 결국 지하실에 물이 찼을 때 젖어서 버려야 했다. 그런데 지난여름에 매사추세츠 웰플릿의 벼룩시장에서 똑같은 책을 발견했다. 그 책을 발견하니 아주 기쁘고 안심이 되었다. 마치 잃어버렸던 무언가를 다시 찾은 기분이었다. 지금 그 책을 펼쳤을 때 가장 놀라운 점은 베트남에서 이란까지, 파키스탄에서 쿠바까지 모든 나라를 여행사를 통하면 쉽게 갈 수 있는 안전한 나라인 양 나와 있다는 것이다. 한 예로 캄보디아의 문화를 살펴보며 휴식을 취하는 휴가를 가고 싶다면, 그저 환전을 하고 어느 곳을 관광하고 어느 온천을 갈 것인지 이야기만 하면 된다는 식이었다. 『뉴 호라이즌스』는 푸에르토리코의 축제 음악, 프랑스 택시에서 팁을 주는 법, 그리스의 범선과 카누를 타는 방법 등을 다루었다. 하지만 그 책에서 더 중요한 것, 내게 중요했던 것은 이런 모든 것들을 보여주는 방식이 사실적이었다는 것이다. 그 책은 정보 이상의 것을 제공했다. 내게 마음껏 상상을 할 수 있도록 허락했다. 맨해튼까지 지하철을 타고 가는 것조차 못하던 시절에, 파리의 왼편 강둑은 내게 구체적인 현실로 다가왔다.

두 번째 안내서는 물론 『자신에게 맞는 직업을 고르는 법』이었다. 그 책은 엘레간테에서 어머니가 내 옆구리를 콕콕 찌를 때 흔들리지 말라고 조언해 주었다. 이 직업 안내서는 어느 고용 안내 기관에서 발행한 것인데, 찾아오는 사람에게 공짜로 나누어 주었다. 그렇게 해서 밀드레드 이모의 손에 들어갔던 것이다. 『뉴 호라이즌스』가 내게 방랑벽을 심어주었다면, 『맞는 직업을 고르는 법』은 사람들이 저마다 다르다는 인식과 내가 식구들과 다르다는 생각을 옹호할 최초의 전략을 알려주었다. 그 밖에도 그 책은 내게 사람들이 자신이 사랑하는 대상들과 어떻게 이어지는 것인지 호기심을 갖게 했다. 우리 아파트는 작았다. 할아버지 할머니는 화장대를 같이 썼다. 따라서 각자 물건을 올려놓을 수 있는 공간이 적었다. 할아버지 할머니는 올려놓을 물건을 어떻게 선택했을까?

어머니에게 브라우니 카메라가 있었지만, 우리는 사진을 그리 많이 찍지 않았다. 사진을 찍으려 하면, 필름이 너무 비싸다는 둥, 인화하는 데 돈이 많이 든다는 둥 말이 많았다. 그것은 우리 집안에서는 사진이 그저 사물이 아니라 특별한 사건이라는 뜻이었다. 또 식구들 사이에 각자 공평하게 사진을 찍자는 묵시적인 합의가 이루어져 있었다. 내가 사진을 찍을 차례가 되었을 때, 나는 내가 특별하게 여기는 대상들을 사진에 담았다. 열 살 때 찍은 한 사진에는 조부모의 집에서 할아버지의 의자에 앉아 있는 내 모습이 담겨 있다. 나는 할머니의 하얀 장갑을 끼고서 내가 가장 아끼는 물건 두 개를 들고 있다. 밀드레드 이모가 멕시코에서 가져온 작은 조각상과 프랑스에서 가져온 인형이다. 그 사진은 나를 가장 사랑하고 가르친 사람들을 상징하는 대상들과 내 이모가 가보았던 브루클린 너머의 세계를 상징하는 대상들을 담고 있다. 프랑스와 멕시코는 내가 처음으로 가볼 해외여행 목적지이자, 열 살 때 내 상상 속에 들어온 세계를 대표하는 지역이었고, 그 사진 속에는 나의 대상인 보물들과 관련된 환상들이 농축되어 있었다.

어머니가 엘레간테의 화려한 밤을 여는 무대 위의 내 모습을 꿈꾸었다면, 로버트 할아버지와 이디스 할머니는 내게 일종의 피신처가 되었다. 그분들은 나를 어떻게 키우겠다는 생각을 전혀 않았기 때문이었다. 그래서 그분들에게 가면 나는 나일 수 있었다. 내가 말할 수 있는 것은 조부모가 단지 내 사랑만을 원했고, 악의 어린 눈초리들로부터 나를 보호하고 싶어 했다는 것뿐이다.

어머니는 내가 두 살 때 이혼을 하고, 내가 다섯 살 때 재혼을 했다. 그동안 우리는 조부모의 침실이 하나뿐인 아파트에서 조부모, 그리고 밀드레드 이모와 함께 살았다. 나는 할아버지 침대와 할머니 침대 사이에 놓인 어린이 침대에서 잤고, 어머니와 이모는 거실에서 펼칠 수 있는 소파에서 잤다. 어머니와 내가 이사 간 후 이모는 그 소파를 독차지할 수 있었다.

이사를 간 뒤 나는 할아버지, 할머니와 이모를 무척 보고 싶어 해서 열세 살 무렵까지 매 주말 거의 할아버지 집에 가서 잤다. 내 주말 외박은 꽤 규칙적인 순서로 이루어졌다. 그 집에 가면 나는 텔레비전으로 페리 메이슨, 페리 코모, 재키 글리슨, 히트 퍼레이드를 보았다. 부엌에서는 할아버지와 함께 조립용 플라스틱 블록과 다른 건축 자재들을 이용해 복잡한 모형 집을 쌓곤 했다. 할아버지는 모형 집짓기를 좋아했다. 아주 능숙하기도 했고, 거기에 더해 다른 가족들에게 자신의 기획 능력과 심미안이 탁월하다는 것까지 보여줄 수 있었기 때문일 것이다. 주말마다 우리가 쌓는 블록 도시들은 할아버지의 풍부한 상상력을 보여주었다. 나도 그 플라스틱 블록을 아주 좋아했다. 즐거움을 줄 뿐 아니라 재능을 드러내고 북돋아 주는 단순하고 명쾌한 사물이었다.

조부모, 이모와 주말 외박을 할 때마다, 나는 블록 건물들을 서너 차례 짓고 부수고, 어른들과 텔레비전 프로그램을 몇 편 본

다음에 나만의 공간으로 갔다. 할아버지의 아파트는 좁았고, 가족 사진들과 이모와 어머니의 책, 교과서, 공책, 사진 등은 모두 천장 바로 밑까지 닿아 있는 주방 찬장에 보관되어 있었다. 식탁을 끌어다 놓고 그 위에 올라가야 이 보관소에 접근할 수 있었다. 그렇게 해도 좋다는 허락을 받고 나는 여섯 살 때부터 열네 살 무렵까지 그 일을 계속 되풀이했다. 주말마다 나는 식탁 위로 기어 올라가서 모든 책, 모든 상자를 끄집어냈다. 식구들은 내게 찬장에 있는 것들을 모두 꺼내 봐도 좋지만, 본 뒤에는 다시 집어넣어야 한다고 말했다. 내게 그 찬장은 무한한 차원과 무한한 깊이를 지닌 듯했다.

내 기억에는 찬장 안을 뒤져서 뭔가 새로운 것을 발견하지 못한 적이 한 번도 없었다. 열쇠고리 하나, 우편엽서 하나까지 모든 물건들은 낸시 드루가 그랬듯이 세심하고 꼼꼼한 관찰의 대상이 되었다. 찬장 안에는 어머니와 이모가 고등학교 때 썼던 공책들도 있었는데, 자세히 들여다보면 학창 시절엔 어떤 성격이었는지, 무엇에 관심이 있었는지를 새롭게 이해할 수 있었다. 데이트를 하거나 춤을 추고 있는 어머니의 사진들은 나의 정체를 파악하는 단서가 되었다. 내 친아버지는 내가 두 살 때 이후로 존재하지 않는 인물이 되었다. 떠난 쪽은 어머니였다. 식구들은 아버지 이야기를 절대 입에 올리지 않았다. 그 문제를 거론하는 것조차도 금기시했다. 나는 심지어 그 문제를 생각하는 것조차 허용되지 않는 듯한 기분을 느꼈다.

할머니와 할아버지, 이모는 이따금 부엌으로 와서 내가 자료를 수색하는 모습을 지켜보곤 했다. 그때 나는 내가 찾고 있는 것이 무엇인지 몰랐다. 나는 지켜보던 식구들도 그랬을 것이라고 생각한다. 비록 당시에는 깨닫지 못했지만, 내가 찾고 있던 것은 잃어버린 누군가였다. 나는 친아버지의 흔적을 찾고 있었던 것이다. 하지만 아버지가 남겼을지 모를 모든 자취들, 주소록, 수첩, 이런저런 글 같은 것은 모두 없애버린 상태였다. 모든 사진에는 아버지의 모습이 있던 부분이 잘리고 없었다. 한번은 몸은 그대로 있고 얼굴만 잘려나간 사진 한 장을 찾아냈다. 누구의 얼굴인지 묻지 못했지만, 그래도 나는 알았다. 그리고 그 사진에 관해 말하지 말아야 한다는 것도 알았다. 말하면 없어질지 모른다는 것도. 그것은 내 보물이었다. 비록 훼손되긴 했지만, 그 사진에는 사라진 퍼즐 조각들이 아주 많이 담겨 있었다. 그의 손이 어떻게 생겼는지와 그가 끈이 달린 신발을 신고 있다는 것과 그의 바지가 트위드 직물로 만들어졌다는 것.

다른 사람들의 시시콜콜한 이야기를 경청하게 되는 소질 같은 것이 있다면, 내 소질은 그 기억의 찬장이 지녔던 냄새와 촉감에서 태어났다. 내게 이어져 있다는 느낌을 갖게 한 곰팡내 나는 책들, 사진들, 고등학교 공책들을 발견한 곳이 바로 거기이다. 내가 수수께끼를 풀겠다고, 대상들을 문제의 핵심을 파고들 단서로

삼겠다고 결심한 곳이 바로 거기이다. 대상들이 모든 이야기를 다 말해줄 수 없을 때, 목소리가 더 이상 들리지 않게 되기 전에, 누군가가 사진에서 완전히 잘려나가기 전에, 내게 기꺼이 이야기를 할 사람을 찾자고 결심을 한 곳도 바로 거기이다.

Curious

드디어 진입했군

프리먼 다이슨Freeman J. Dyson

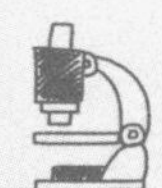

프리먼 다이슨은 영국의 물리학자이며 수학자, 미래학자다. 과학의 현재를 설명하면서 미래가 어떻게 펼쳐질 것인가를 상상하는 탁월한 능력을 발휘한 다이슨은 진화를 거친 인간의 새로운 종, 인류의 이주를 통한 우주 식민지 건설을 비롯하여 외계 문명의 가능성에 관한 독특한 이론을 내세웠고, 과학 기술의 급격한 발전이 인류와 지구에 미치는 영향을 파헤치는 일에 주력했다. 다방면의 호기심, 창조적 열정과 자유로운 사고를 겸비한 성찰적 과학철학자로서의 면모는 그로 하여금 대중에게 과학을 말하는 방법을 아는, 선천적인 이야기꾼으로서 남다른 역할을 가능케 했다고 평가된다.

윈체스터 칼리지를 졸업하고 케임브리지 대학교에서 학사를, 코넬 대학교에서 박사과정을 수료했다. 프린스턴 대학교를 비롯한 여러 학교에서 연구와 강의를 하는 한편, 프린스턴 고등학술연구소와 미국 국립 과학 아카데미 회원으로 활동했다. 이러한 활동을 토대로 그는 과학계의 동향이나 이론, 연구 프로젝트를 대중 강연과 자신의 책을 통해 일반인과 공유하는 것으로도 유명하다. 저서로는 『과학은 반역이다』, 『프리먼 다이슨의 의도된 실수』 등이 있다. 2020년에 세상을 떠났다.

나는 자연의 수수께끼를 이해하고 싶다는 욕구 때문에 과학자가 된 것이 아니었다. 나는 한자리에 앉아서 심오한 사색에 빠져드는 부류의 인간이 아니었다. 새로운 원소나 새로운 질병 치료법을 발견하겠다는 야심 같은 것을 지닌 적도 없었다. 내 마음은 언제나 수학 쪽에 가 있었다. 나는 그저 계산하는 것이 재미있었고, 숫자와 사람에 빠져 있었다. 과학은 흥미진진했다. 왜냐하면 계산할 수 있는 것들이 널려 있었으니까.

생생하게 기억나는 일화가 하나 있다. 몇 살 때인지 모르겠는데, 아기 침대에 누워 낮잠을 자고 있었을 만큼 어렸다는 것만 안다. 그 요람은 옆에 딱딱한 마호가니를 높이 덧대놓은 것이라서 기어나올 수가 없었다. 나는 별로 잠을 자고 싶지 않았기에, 계산을 하면서 시간을 보냈다.

나는 1에 2분의 1을 더하고, 거기에 4분의 1을 더하고, 다시 8분의 1을 더하고, 16분의 1을 더하는 계산을 계속했고, 그런 식으로 계속 더한다면 결국 2가 나오리라는 것을 발견했다. 이번에는 1에 3분의 1을 더하고, 9분의 1을 더하는 식으로 또 다른 계산을 계속해서, 이런 식으로 한없이 더한다면 1과 2분의 1이 된다는 것을 발견했다. 그다음에는 1에 4분의 1을 더하는 식으로 계산을 계속해 보았더니, 1과 3분의 1이 나왔다. 그렇게 해서 나는 무한 급수를 발견했다. 당시 아무한테도 이 이야기를 하지 않았던 것으로 기억한다. 그것은 그저 내가 즐기는 놀이에 불과했을 뿐이었으니까.

또 하나 기억나는 일은 1927년 여름에 일어난 완전 일식이었다. 당시 나는 세 살 반이었다. 아버지는 요크셔 기글스위크 지방에서는 해가 완전히 가려질 것이라고 말했다. 당시 우리는 기글스위크에서 남쪽으로 30킬로미터쯤 떨어진 윈체스터에 살았다. 나는 여동생과 함께 촛불 위에 갖다대 그을음을 묻힌 유리 조각으로 윈체스터에서 부분 일식을 관찰했다. 우리는 태양이 서서히 가려져 초승달처럼 되는 광경을 지켜보았다. 그때 나는 무척 화가 나 있었다. 기글스위크로 데려가 달라는 내 부탁을 아버지가 거절했기 때문이다. 나는 영국에서 언제 다시 완전 일식을 볼 수 있는지 물었다. 아버지가 대답했다. “1999년.” 계산을 해보니 다음번 완전 일식을 보려면 일흔다섯 살까지 살아 있어야 했다. 그러자 더욱더 화가 치밀었다.

어머니가 돌아가신 뒤에 나는 어머니가 남긴 서류들을 정리하다가 내가 어릴 때 썼던 메모들을 발견했다. 어머니는 그것들을 고스란히 보관하고 있었다. 그중에 '천문학'이라는 제목의 글이 있었는데, 각 행성에 대해 한 문장씩 써놓은 것이었다. 하나를 그대로 옮겨보면 이렇다. "수숭은 태양이 거의 앙상 압쪽에 있기 따문에 거이 볼 수가 없다." 그 종이의 맨 아래에 어머니가 이렇게 써놓았다. "프리먼이 다섯 살 반 때." 이 종이는 두 가지를 입증해 준다. 첫째, 내게 배우도록 보살피고 격려한 어머니가 있었다는 것이다. 둘째, 수성에 관해 틀린 글을 썼다는 사실은 내가 어른에게 들은 말을 그냥 옮겨적지 않았다는 것을 보여준다. 내 스스로 그런 생각을 해낸 것이 분명했다.

아버지는 음악가였고 어머니는 변호사였다. 두 분 다 과학자가 아니었다. 하지만 부모님은 A. N. 화이트헤드, 아서 에딩턴, 제임스 진스, 랜슬롯 호그벤, J. B. S. 홀데인 같은 사람들이 쓴 당시 인기 있던 과학 서적들을 읽었고, 내가 마음대로 꺼내 볼 수 있도록 서가에 놓아두었다.

그 해인 1931년, 소행성인 에로스가 예기치 않게 지구에 가까이 접근했다. 2001년에 니어 탐사선이 착륙했던 바로 그 소행성이다. 에로스는 주기적으로 우리에게 가까이 다가오는 소행성들 중 가장 크다. 1931년에는 에로스가 우리 행성과 충돌하면 대재앙이 닥칠 것이라는 이야기가 큰 화젯거리였다. 나는 아침 식탁에서 부모님이 그 이야기를 하는 것을 귀기울여 들었다. 아버지는 내게 왕실 천문학자인 프랭크 다이슨 경이 에로스를 관측하고 궤도를 정확히 계산하는 국제적인 활동을 이끌고 있다고 말해 주었다.

아버지는 그렇게 되면 지구와 태양 사이의 거리도 더 정확히 측정할 수 있을 것이기 때문에 중요하다고 말했다. 나는 궤도를 정확하게 계산한다는 생각에 마음이 혹했고, 나도 언젠가는 왕실 천문학자가 되어 궤도를 계산하는 일을 할 것이라고 생각했다. 어머니가 모아 두었던 것들 중에 내가 아홉 살 때 쓴 짧은 소설이 있다. 제목은 「필립 로버츠 경의 에로루나 충돌」이었는데, 에로스의 궤도를 계산하는 천문학자가 그 소행성이 달과 충돌한다는 것을 발견한다는 이야기였다. 그는 충돌이 10년 뒤에 일어날 것이라고 예측한다. 탐사대를 조직해서 달에 가서 충돌을 가까이에서 관측하기에 충분한 시간이다. 소설은 거기에서 중단되어 있다. 70년이 지난 뒤 다시 읽어보니, 필립 경이 관측이 아니라 계산을 통해 위대한 발견을 한다는 점이 흥미롭게 다가온다.

여덟 살 때 나는 당시의 영국 중산층 아이들이 으레 그러하듯이, 기숙학교에 들어갔다. 그 학교는 디킨스 소설에 나올 법한 열악한 곳이었지만, 그런 점을 상쇄시킬 만한 것이 하나 있었다. 바로 도서관이었다. 그곳은 내가 가학적인 학생들과 가학적인 교장을 피해 숨는 곳이 되었다. 도서관에는 당시 인기 있던 아동 백과사전인 『지식의 책』과 쥘 베른의 과학 소설들이 있었다. 나는 『헥토르 세르바다크』 같은 베른의 소설들을 탐독했다. 베른의 책은 처음에는 나를 어리둥절하게 만들었다. 허구라는 것을 몰랐기 때문이다. 나는 헥토르 세르바다크가 혜성에 올라타서 자기 고국을 기리기 위해 갈리아라고 이름을 붙인 새로운 행성을 방문했다는 이야기가 진짜라고 생각했다. 나는 『지식의 책』에 실린 행성들 목록에 갈리아가 없다는 것을 알고 의아해했다. 나중에 베른의 이야기들이 허구라는 것을 알고 나는 무척 실망했다. 그 뒤로 나는 『지식의 책』을 더 좋아하게 되었다. 믿을 수 있었으니까. 전자와 양성자로 이루어진 물질들에 관한 항목들도 읽었다. 그다음엔 전자와 전기와 전기 모터를 다룬 긴 항목을 읽었다. 하지만 양성자에는 그와 비슷한 항목들이 전혀 없었다. 나는 이유가 무엇인지 궁금해졌다. 왜 양성기와 양성자 모터는 없는 거지? 나는 몇몇 아이들과 몇몇 선생님에게 질문을 했지만, 아는 사람이 아무도 없었다. 그 학교는 주로 수학과 라틴어를 가르쳤다. 과학은 전혀 가르치지 않았다. 오히려 그 편이 나았을지 모른다. 나와 같은 부적응자들을 과학에 더 혹하게 만들었으니까. 나는 친구 몇 명을 끌어모아 과학 동아리를 조직했다. 우리는 과학 책들을 돌려보고 토론회를 열곤 했다.

열두 살 때 나는 윈체스터 칼리지로 전학을 갔다. 상류층 아이들이 다니는 사립 학교였는데, 아버지가 그곳에 음악과 수석 교사로 있었다. 그곳에서 나는 나와 같은 부류의 친구 세 명을 만나는 엄청난 행운을 얻었다. 제임스 라이트힐, 크리스토퍼와 마이클 롱게트히긴스 형제였다. 나중에 우리 넷은 모두 왕립학회 회원이 되었다. 제임스는 유체역학, 크리스토퍼는 이론화학, 마이클은 해양학 분야에서 각각 뛰어난 업적을 이루었다. 제임스와 나는 수학을 아주 좋아했고, 학교 도서관에 있는 수학책들을 금세 독파했다. 우리가 읽은 책 중에 에릭 템플 벨이 쓴 『수학자들』이 있었다. 위대한 수학자들의 일대기를 낭만적으로 쓴 모음집이었다. 벨은 캘리포니아 공과대학의 수학 교수였는데, 수학에 관한 권위 있는 글들을 쓰고, 감수성이 뛰어난 십 대 청소년들의 마음을 사로잡는 방법을 잘 아는 뛰어난 재능을 지닌 작가이기도 했다. 그의 책은 한 세대의 젊은이들을 수학 예찬자로 변신시켰다. 비록 그 책은 세세한 역사적인 부분에서는 오류가 많지만, 중요한 사항들에서는 옳다. 그는 수학자들을 결점과 약점을 지닌 진짜 인간으로 그리고 있으며("그들의 삶을 따라가다 보면, 수학자가 남들과 똑같이, 때로는 애처로울 정도로 더 인간적일 수 있다는 생각이 들 것이다"), 수학을 수많은 유형의 사람들이 함께 살아갈 수 있는 마법 왕국으로 묘사한다. 그 책이 젊은 독자들에게 하는 말은 이것이다. 그들도 할 수 있는데, 너라고 왜 못하겠어?

우리는 100년 전 파리의 최고 교육 기관인 에콜 폴리테크니크에서 학생들에게 가르쳤던 19세기의 유명한 교과서인 카미유 조르당의 세 권짜리 『해석 강의』를 함께 공부했다. 고등 수학의 입문서로 그보다 더 좋은 책은 찾아낼 수 없었을 것이다. 그 책은 윈체스터의 교사들이 알고 다루었던 것보다 훨씬 더 깊은 내용을 다루고 있었다.

윈체스터의 교사들은 현명하게도 우리가 스스로 공부하도록 놔두었다. 그들은 우리가 책임 의식을 갖고 주어진 자유를 활용할 것이라고 믿고서, 우리에게 많은 자유를 주었다. 윈체스터에서 보낸 마지막 해에 우리는 일주일에 7시간만 수업을 들었다. 그해 여름에 나는 처음으로 진짜 수학자를 만났다. 대니얼 페도라는 교사다. 그는 사우샘프턴 대학교의 강사였는데, 윈체스터 학교 당국은 일주일에 한 번 우리에게 개인 교습을 하라고 그를 고용했다. 페도와 함께 한 수업은 일종의 계시였다. 그는 연구 장학생으로 로마 대학교에서 공부했고, 프린스턴 고등연구소에도 있었다. 그는 수학계의 전설적인 인물들을 개인적으로 알고 있었고, 그들이 하고 있는 최신 연구 추세에도 해박했다. 그의 전공 분야는 기하학이었다. 그는 내게 프란체스코 세베리의 『대수 기하학』 독일어 번역판을 공부하라며 주었다.

페도와 나는 평생 친구가 되었고, 세베리의 책은 내가 가장 아끼는 재산 중 하나가 되었다. 나는 기하학자가 되진 않았지만, 페도로부터 수학을 과학이 아니라 예술로 보는 기하학적 취향을 습득했다. 나중에 페도는 미네소타 대학교의 교수이자 국제 수학계에서 기하학을 이끄는 대변인이 되었다.

페도와 만난 지 몇 달 뒤인 1941년 가을, 나는 케임브리지 대학교 트리니티 칼리지에 입학했다. 그곳에서 나는 하디를 비롯해 J. E. 리틀우드, 윌리엄 호지, 아브람 사모일로비치 베시코비치 같은 저명한 영국 수학자들의 강의를 들었다. 나는 베시코비치의 강의가 마음에 들었다. 그는 러시아에서 망명한 사람으로, 기하학과 집합론이 만나는 접점을 연구했다. 당시는 한창 전쟁 중이라 케임브리지에 학생이 거의 없었기에, 나는 베시코비치를 독차지할 수 있었다. 그는 내게 수학뿐 아니라 러시아어도 가르쳐주었다. 우리는 규칙적으로 긴 산책을 다녔고, 그럴 때 러시아어를 썼다. 베시코비치는 풀기가 불가능할 정도로 난해한 문제들을 냈지만, 어떻게 생각해야 하는지 가르쳐주었다. 그는 평면 점 집합의 기하학 분야에서 뛰어난 업적을 남겼는데, 그 기하학은 나중에 내 물리학 연구의 모형이 되었다.

학생으로 2년을 보내고 공군에서 통계학자로 2년을 보낸 뒤, 나는 스물한 살의 나이에 학계에 첫 직장을 구했다. 런던 대학교의 수학 강사 자리였다. 나는 유니버시티 칼리지 런던의 교수였던 정수론학자 해럴드 대븐포트의 비공식적인 학생 역할을 자청했다. 그래서 나는 정수론학자가 되었다. 베시코비치와 마찬가지로 대븐포트도 나의 스승이자 친구가 되어주었다. 그는 베시코비치가 내준 것보다 더 쉬운 문제들을 내주었다. 대븐포트의 문제들은 어려웠지만, 풀 수 없는 것들은 아니었다. 대븐포트는 학생의 능력을 헤아려서 어렵지만 그 학생이 풀 수 없을 정도로 어렵지는 않은 문제를 내놓을 줄 아는 보기 드문 인물이었다. 내가 수학자로서의 삶을 시작할 수 있었던 것은 그의 덕분이었다.

대븐포트 곁에서 연구를 하는 동안, 나는 수학에서 물리학으로 전공을 바꾸는 문제를 진지하게 생각하고 있었다. 나는 스미스 보고서인 『원자력: 미국 정부의 지원하의 군사적 목적의 원자력 활용 방안 개발에 관한 개괄적인 설명』을 읽었다. 그 보고서는 1945년 가을에 출간되었는데, 전쟁이 벌어지는 동안 원자로와 원자폭탄을 만든 물리학자들의 성과를 설명하고 있었다. 보고서는 과학과 과학자들의 모습을 생생하게 상세히 묘사하고 있었고, 나는 그 집단에 합류하고 싶은 욕망이 간절했다. 내가 하고 있는 수학은 정수론학자들로 이루어진 작은 공동체만 관심을 가질 뿐, 그 바깥에 있는 사람들은 아예 관심도 없었다. 심지어 현대 수학도 아니었다. 그 분야는 20세기가 아니라 19세기에 속해 있었다. 하지만 내가 현대 수학자가 되고 싶다면, 다시 학교로 돌아가서 현대적인 과목을 배워야 할 터였다. 그렇다면 대신에 물리학을 배우면 어떨까? 물리학에는 두 가지 큰 장점이 있었다. 첫째는 내가 난해한 퍼즐을 풀기보다는 중요한 무언가를 하게 된다는 것이었다. 둘째는 물리학이 내가 갈고닦은 능력에 딱 맞는다는 것이었다. 물리학에서 필요한 수학은 20세기 수학이 아니라 19세기 수학이었기 때문이다. 내 경우에는 물리학으로 돌아서는 것이 어려운 일이 아니었다. 그저 내게 풀 문제를 줄 대븐포트만큼 도움을 줄 수 있는 물리학자를 찾아가기만 하면 되었다.

대븐포트 곁에서 이룬 연구를 살펴본 트리니티 칼리지는 내게 케임브리지로 돌아와서 연구원으로 지낼 것을 권했다. 그 말은 내가 원하는 일을 자유롭게 할 수 있다는 의미였다. 나는 영국을 벗어나 세계를 돌아보고 싶었다. 나는 1년 동안 미국에서 지낼 수 있는 해크니스 특별 연구원 자리에 지원했고, 운 좋게 선발되었다. 나는 케임브리지의 캐번디시 연구소에서 우연히 제프리 테일러 경과 마주쳤다. 그는 유체역학자로서 전쟁 때 로스앨러모스에 있었다. 나는 그와 안면이 없었지만, 용기를 내어 그에게 미국 어디로 가면 좋겠냐고 물었다.

그는 주저하지 않고 말했다. "당연히 코넬 대학교로 가야지. 로스앨러모스에서 가장 뛰어난 인물들이 전쟁이 끝난 뒤에 모두 거기로 갔거든." 그는 로스앨러모스의 이론 분과를 이끌었던 한스 베테와 함께 일해보라고 말했다. 테일러는 베테를 잘 알았고, 추천장을 써주기로 했다. 나는 코넬에 관해 아는 것이 거의 없었지만, 테일러의 조언을 받아들여 코넬로 가서 베테 곁에 있기로 했다. 지내보니 베테는 대븐포트보다 더 뛰어난 사람이었다. 그는 풀기 어렵지만 불가능하지는 않은 문제를 내주었고, 나는 그 해답을 한 물리학 잡지에 발표했다. 그것으로 나는 확신을 갖게 되었다. 이제 진정으로 그 집단에 속하게 되었다고 느꼈다.

그 흐름 속에서 마지막으로 찾아온 행운은 리처드 파인먼과의 만남이었다. 당시 그는 코넬 대학교의 젊은 교수였지만, 아직 유명 인사는 아니었다. 나는 미국에 가기 전에 파인먼의 이름을 한 번도 들어보지 못했다. 그는 자신을 제외한 어느 누구도 이해하지 못하는 도표를 들고서, 기하학의 언어를 사용해서 물리학 전체를 바닥부터 다시 짓고 있었다. 나는 파인먼이 천재라는 것을 알아차렸고, 그의 언어를 이해하고 그것을 세상에 설명하는 것이 내 과제가 되었다. 나는 그렇게 했다. 나는 가능한 한 그와 많은 시간을 보냈다. 나는 그가 칠판에 도표를 그리는 것을 지켜보았고 그의 강의에 귀를 기울였다. 베시코비치처럼 그도 긴 산책을 하면서 온갖 이야기를 떠들어대곤 했다.

코넬에서 1년을 보내자, 나는 파인먼의 사고방식을 이해했고, 그것을 내가 영국에서 배웠던 구식 수학으로 번역했다. 나는 파인먼의 방법들이 어떤 식으로 작동하는지를 설명하는 논문을 두 편 발표했다. 내 논문들은 베스트셀러가 되었고, 파인먼의 언어는 전 세계 입자물리학자들의 표준 언어가 되었다. 스물다섯에 나는 유명한 물리학자가 된 것이다! 내가 주요 발표자로 참석한 미국 물리학회의 한 학회 때, 파인먼은 내게 이렇게 말했다. "좋아, 박사. 드디어 진입했군." 유년기는 그렇게 끝났다. 그리고 나는 이제 남은 평생을 한 숟가락 분량의 우아한 수학으로 엄청난 차이를 만들 수 있는 다양한 과학 영역에서 마음껏 문제들을 탐구할 자유를 얻었다.

산골 소년, 선행 인류를 발견하다

팀 화이트Tim White

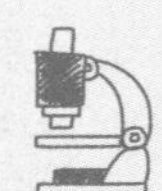

팀 화이트는 고인류학자로, 440만 년 전에 살았던 가장 오래된 인류인 아르디피테쿠스 라미두스를 발견한 발굴단을 이끌었다. 또한 오스트랄로피테쿠스 가르히의 화석을 발견하기도 했다. 초기 인류의 골격 생물학, 환경, 행동에 관한 새로운 자료를 얻을 수 있는 현장 조사에 중점을 둔 연구를 해왔다. 이러한 공로를 인정받아 2010년 《타임》이 선정한 '세계에서 가장 영향력 있는 100인' 중 한 명으로 선정되었다.

화이트는 1950년 8월 24일 캘리포니아주 로스앤젤레스 카운티에서 태어나 인근 샌버나디노 카운티의 레이크 애로헤드에서 자랐다. 리버사이드에 있는 캘리포니아 대학교에서 생물학과 인류학을 전공했고, 미시간 대학교에서 물리 인류학 박사 학위를 받았다. 그 후 1977년 UC 버클리의 인류학과와 통합 생물학과 교수로 인간 고생물학과 인간 골학에 대한 과정을 가르치다 2022년 봄에 은퇴했다. 저서로 『법의인류학자가 바라본 사람의 뼈』 등이 있다.

아이였을 때의 나를 아무리 조사해 보더라도, 나중에 내가 오랫동안 잊혀져 있던 조상들의 화석을 찾아 아프리카 사막을 탐사하는 일을 하게 될 것이라는 단서를 찾기는 어렵다. 내 부모님은 캘리포니아의 애로헤드 호수 옆 샌버너디노 산맥에 있는 작은 오두막에서 살았다. 그곳에서 1950년 8월에 내가 태어났다. 그 산속 오두막이 내 첫 집이었지만, 내 기억 속에 남아 있는 첫 집은 우리 식구가 그다음에 이사해서 살았던 18번 주립도로변에 있는 작은 정착촌인 스카이 포리스트에 있었다.

그 2차선 도로는 샌버너디노 산맥의 주요 단층 꼭대기를 따라 구불구불 뻗어 있었는데, 동네 사람들은 그 산맥을 '세계의 가장자리'라고 불렀다. 아버지는 처음에는 카운티의 도로과에서, 그다음에는 캘리포니아주의 도로과에서 인부로 일했다. 새집은 이전 집보다 훨씬 컸고 아이가 들쑤시고 다닐 신나는 것들도 훨씬 더 많았다. 집은 샌버너디노 국유림의 가장자리에 자리했는데, 도로 바로 아래쪽 가파른 산 중턱에 위태롭게 세워져 있었다.

집에서 차를 타고 한 시간가량 산 아래로 수백 미터를 내려가면 캘리포니아 남부의 인랜드 엠파이어가 나왔다. 당시 그 지역은 오렌지나무 과수원들로 유명했다. 과수원들은 끝이 보이지 않을 정도로 사방으로 멀리까지 뻗어 있었다. 맑은 날에 세계의 가장자리에 서 있으면, 로스앤젤레스 앞 태평양에 있는 샌타카탈리나 섬을 볼 수 있었다. 세월이 흘러 캘리포니아 남부는 사람들과 자동차로 가득해졌고, 맑은 날은 점점 더 볼 수 없게 되었다. 오렌지 과수원들은 사라졌다. 그리고 나는 성장했다.

나는 스카이 포리스트의 집에서 있었던 일들을 생생하게 기억하고 있다. 여섯 살 때, 섀도 산에 비행기가 추락하면서 산불이 났다. 산불은 우리의 작은 세계를 위협했다. 엄청나게 타오르는 불길과 불꽃들이 널름거리며 비탈 위 우리 집 쪽으로 올라오면서 수풀들을 태우며 냈던 매캐한 연기가 기억난다. 우리는 일주일 동안 피신해 있었다. 다행히 집은 무사했다. 우리는 다시 집으로 돌아왔지만, 몇 달 동안 불 냄새를 맡으며 살아야 했다.

숲 가장자리에 살고 있었으니, 온갖 놀라운 방식으로 눈앞에 펼쳐져 있는 자연 세계를 접할 수 있었다. 우리집 마당에는 우리가 기르던 닥스훈트뿐 아니라 다람쥐, 미국너구리, 비둘기, 푸른어치, 줄무늬다람쥐, 땅거북, 거북, 그리고 많은 뱀과 도마뱀이 있었다. 동생 스콧과 나는 이 녀석들을 길러보려고 시도했다. 뒷마당에는 늘 사육장과 동물 우리가 있었고, 우리의 반려동물들은

겨울이면 대부분 지하실에서 겨울잠을 잤다. 스콧과 나는 빔보라는 당나귀도 한 마리 키웠다. 한 이웃이 우리에게 빌려준 것이었다. 우리는 서부의 영웅 데이비드 크로킷이 쓰던 것과 같은 모자를 쓰고서 장난감 총을 든 채 빔보를 타고서 마당을 빙빙 돌곤 했다. 나중에 빔보가 방울뱀에 물려 죽었을 때는 정말 가슴이 아팠다. 가을이 되면 근처 사과 과수원에 가서 사과를 땄고, 이웃집에서 그 사과들을 모아 압착해서 사과 주스를 만들었다. 우리는 그 과수원의 사과나무들에 나 있는 곰 발톱 자국들을 보고 놀라곤 했다.

동생과 나는 추운 겨울에 휘몰아치는 폭풍의 소리에 귀를 기울이곤 했다. 바람은 소나무 숲 사이를 지나 골짜기 저 아래에 반짝거리는 불빛들 위로 흘러갔다. 겨울 폭풍들은 산맥 위에 눈을 두꺼운 담요처럼 쏟아놓았다. 썰매를 타기에 딱 좋은 조건이었다. 나는 작고 가벼웠던 덕분에 밤새 쌓여 단단해진 눈 위로 썰매를 끌고 맨 꼭대기까지 올라갈 수 있었다. 어느 날 아침에는 그렇게 꼭대기부터 썰매를 타고 내려오다가 길옆으로 너무 가까이 붙고 말았다. 그 아래쪽은 수직 비탈이었다. 나는 어린 참나무의 가늘긴 하지만 튼튼한 가지들을 가까스로 붙들고 멈춰설 수 있었다. 그 나무가 없었더라면, 그대로 내려가 수백 미터 아래 어딘가에 처박혔을 것이다. 나는 썰매를 빼앗길지도 모른다는 생각에 부모님에게 그 이야기를 절대로 하지 않았다.

스카이 포리스트에서는 시간이 금방금방 지나갔다. 노동절이 오면 관광객들과 휴양객들은 계곡에 있는 자기 집으로 돌아갔고, 곧이어 나도 몇 킬로미터 떨어진 초등학교에 가서 산속에서 일 년 내내 살아가는 몇 안 되는 아이들과 함께 공부를 했다. 현충일이 되면 관광객들과 휴양객들이 다시 모습을 드러냈다. 여름은 우리 식구에게는 힘든 시기였다. 아버지가 국지적인 홍수에 피해를 입는 주 도로들을 보수하기 위해 사막으로 떠나곤 했기 때문이다. 아버지는 한 번 나가면 2~3주쯤 후에 돌아왔다. 동생과 나는 아버지가 돌아오기를 애타게 기다렸다. 아버지는 돌아올 때면 늘 사막에서 무엇이든 가지고 왔기 때문이다. 죽은 것이든 아니면 살아 있는 것이든. 아버지가 가져오는 땅거북, 도마뱀, 기이한 식물들, 이상한 돌들은 내게 매혹적이지만 멀리 있는 세계를 알게 해주었다. 아버지는 꾸준히 일을 계속한 덕분에 도로 관리 부서에서 승진해서 중장비 기사가 되었다. 도로에서 일하다 보니, 아버지는 곳곳에 미개척지가 있다는 것을 알게 되었다. 산맥의 더 건조한 쪽인 북동쪽 비탈에는 산길과 비포장도로를 통해서만 갈 수 있는 개척되지 않은 국유림이 있었다. 주말이면 우리 식구들은 자연과 역사와 지리를 탐사하기 위해 차를 몰고 그곳으로 떠나곤 했다. 나는 그 여행을 통해 이런저런 것들을 배웠다.

아버지는 언제나 캘리포니아의 역사에 관심이 많았다. 샌버너디노 산맥의 역사는 그리 깊지는 않았지만 다채로웠다. 그곳에는 맨 처음 아메리카 원주민들이 발을 디뎠고, 그다음 스페인 선교사들과 목동들, 모르몬교 정착민들, 벌목꾼과 광부들이 왔다. 각 거주자들은 자신의 자취를 남겨놓았다. 개척자들은 정착민이 되었고, 정착민은 개발업자가 되었다. 제재소의 시끄러운 소리가 잠잠해지자, 개발업자들은 댐을 건설해서 빅베어와 리틀베어에 호수들을 만들었다(애로헤드 호). 그들은 스콧과 내가 성장할 무렵에는 골프장과 컨트리클럽을 만들었다.

아이에 불과했음에도 나는 이런 역사에 흥미를 느꼈다. 매주 나는 더 많은 증거를 찾으러 가자고 부모님을 졸라댔다. 우리는 모하비 사막과 태평양으로 여행을 떠나곤 했다. 스카이 포리스트에서 4년을 지낸 뒤, 우리는 애로헤드에 더 가까이 있는 곳으로 이사했다. 시더글렌에 새로 지은 집이었다. 이제 우리 식구들의 생활은 호수를 중심으로 이루어졌다. 우리는 바깥에 엔진이 달린 작은 보트를 갖고 있었고, 수면이 유리처럼 잔잔해지는 여름날 저녁이면 수상스키를 탔다. 그렇지 않은 날에는 덜 즐겁긴 하지만 부수입을 올릴 수 있는 일을 하며 시간을 보냈다. 호수에 자란 잡초를 잘라내는 일이었다. 부유한 여름 휴양객들이 돈을 주면서 부두와 연안에 있는 수초들을 없애달라고 했기 때문에 우리는 돈을 벌 수 있었다. 아버지는 커다란 낫을 들고 물속으로 들어가서 수초의 밑동을 잘라냈다. 잘린 수초들이 물 위에 뜨면, 나는 갈퀴와 쇠스랑으로 축축하고 차갑고 가재가 여기저기 달라붙은 그 엄청난 수초들을 모아 모래밭 위에 쌓았다. 그런 다음 다른 곳에 갖다버렸다. 겨울에도 돈을 벌 기회가 있었다. 아버지가 도로 위에 쌓인 눈을 치우는 일을 하러 간 동안, 동생과 나는 돈을 받고 사람들의 집 앞 차도에 쌓인 눈을 치우거나, 여행객들의 차에 체인을 감는 일을 했다. 휴양지에 오는 사람들은 버뮤다 반바지만 입고 장갑을 준비하지 않은 채 올 때가 종종 있었기 때문이다. 번 돈을 쓸 곳이 그리 많지 않았으므로, 우리는 그 돈을 대부분 저축했다. 대학에 갈 때 쓰겠다는 생각을 한 것은 아니었다. 당시 우리에게 대학은 먼 나라의 일이었다.

여름 주말에 관광객들의 쾌속정들 때문에 수상스키를 탈 만한 상황이 못 되면, 우리는 보트를 타고 호수를 가로질러 북쪽 연안으로 가곤 했다. 그곳에는 사람들이 북적거리지 않는 모래밭이 펼쳐져 있었다. 동생이 수영을 하고 부모님이 일광욕을 하는 동안, 나는 바위에 붙어 있는 도마뱀을 잡거나, 트랜지스터 라디오로 LA 다저스 야구팀의 경기를 듣거나, 책을 읽었다. 내가 즐겨 읽은 것은 할머니가 준 타임라이프 출판사의 자연사를 다룬 책들이었다. 그 글과 사진은 내 흥미를 끌던 주변의 자연 세계를 이해할 수 있도록 해주었다. 나는 그중 두 권을 종이가 너덜너덜해질 정도로 읽고 또 읽었다. 한 권은 『진화』였고, 다른 한 권은 『초기 인류』였다. 후자는 클라크 하월이 쓴 것이었는데, 세월이 흐른 뒤 나는 버클리에서 그를 만날 수 있었다. 『진화』는 내가 주변에서 보는 자연 세계를 지배하는 원리들을 설명했다. 차 안으로 갖고 들어오자마자 동생의 무릎에 오줌을 쌌던 사막의 땅거북을 비롯한 모든 것들이 이 다윈주의 설명을 통하자 이해가 되었다. 그리고 『초기 인류』는 석기들이 어떻게 만들어졌으며, 선사시대의 유적과 유물이 어떻게 보존되고 발굴되었는지, 과거에 사라진 수많은 세계들을 어떻게 발견할 수 있는지를 알려주었다. 아버지가 빅베어 근처 볼드윈 호에서 도로를 확장하다가 발견한 선사시대의 간석기 그릇을 집으로 가져왔을 때 대단히 흥분했던 일이 기억난다. 나는 그런 것들을 더 많이 찾을 수 있게 그곳에 데려가 달라고 졸라댔다.

내가 아홉 살 때, 메리 리키가 올두바이 골짜기에서 머리뼈를 하나 발견했다. 《내셔널 지오그래픽》은 그 발견과 후속 발견 소식을 우리 거실까지 전해주었다. 물론 그것들을 내 경력과 관련짓는 것은 무리가 있다. 어린 시절 나는 고고학보다는 야구와 살아 있는 파충류들에 더 관심이 많았다. 그 나이 또래의 다른 아이들과 마찬가지로, 나도 공룡에 푹 빠져 있었다. 지금과 달리 당시에는 어린이의 눈높이에 맞춘 공룡 책들이 많지 않았지만, 그 점은 별문제가 아니었다. 나는 책에서 공룡 이야기를 읽기보다는 공룡 화석을 직접 발견하고 싶어 했다. 불행히도 샌버너디노 산맥은 주로 화성암으로 이루어져 있으며, 자전거로 갈 수 있을 만한 거리 내에서는 화석이 전혀 없었다. 어느 주말, 나는 부모님을 졸라서 '화석층'을 찾으러 바스토 근처의 모하비 사막으로 가자고 했다. 식구들 중 내가 정확히 무엇을 하고 있는지 아는 사람은 아무도 없었다. 동생은 사막에 있는 내내 부루퉁해 있었고, 빈손으로 집으로 돌아오니 기분은 더 울적했다.

우리는 그랜드캐니언으로 가족 여행을 떠나곤 했고, 샌버너디노 산맥의 오지에서 야영도 했다. 우리는 딥크릭을 따라 퓨마를 추적하기도 했고, 하천에서 비버들이 댐을 만드는 모습도 지켜보았다. 하지만 산맥에 이런 자연 세계는 점점 줄어들고 정착하는 사람들이 계속 늘어나고 있었다. 국유림 바깥쪽에서는 무분별하게 개발이 이루어지고 있었다. 수많은 집들과 그 집들을 잇는 수많은 도로들이 새로 생겼다. 점점 더 많은 사람이 산맥 지역으로 이사했다. 아버지는 도로 현장 주임이 되었고, 이윽고 인랜드 엠파이어에서 콜로라도 강까지 넓은 지역을 관리하는 감독이 되었다.

중학교 때 나는 학교 상담 교사를 만나 내 장래 직업 문제를 논의했다. 나는 공룡을 발견하고 싶다고 말했다. 상담 교사는 물론이고 어머니도 그 말을 진지하게 고려하지 않았고, 상담 교사는 더 현실적인 대안으로 해양생물학이 어떻겠냐고 조언했다. 우리 집안에서 대학을 나온 사람은 아무도 없었다. 학교 교사들은 우리 산맥 출신 중에서 캘리포니아 대학교를 제대로 졸업한 사람이 거의 없다는 점을 끊임없이 상기시켰다. 아무튼 나는 드디어 리버사이드에 있는 캘리포니아 대학교에 들어갔다. 그러나 낙제 가능성을 염두에 두고 있었다. 그런 상황에서 1학년 때 화학과 물리학에서 C학점을 받고 나니 놀랍고 대단히 기뻤다. 3학년이 되었을 때, 나는 공부를 더 잘할 수 있다는 판단이 섰다.

내가 고고학에 관한 책들을 읽고 더 많이 이해하기 시작한 것은 고등학생 때였다. 미개척지는 그런 관심사를 추구하기에 딱 맞는 장소였다. 그곳에서 고고학 조사가 이루어진 적은 한 번도 없었다. 샌버너디노 카운티 박물관은 록 캠프 또는 인디언 록스라고 불리는 곳을 발굴하는 중이었다. 선사시대에 계절 야영지로 쓰였던 그곳에서는 막자사발과 조개무지가 발견되었다. 나는 그곳 발굴에 참여했던 친구와 함께, 다른 유적지들을 찾아 딥크릭 유역 탐사에 나섰다. 우리는 수십 곳의 유적지를 찾아냈고, 상당한 양의 유물들을 모았다. 나중에 우리는 꼼꼼히 적은 기록들과 함께 그 유물들을 카운티 박물관에 기증했다. 나는 독학으로 지형도 읽는 법, 석기를 구분하고 만드는 법, 험한 곳을 우회하는 법을 배웠다. 그리고 여기저기 다니면서 수많은 뱀을 잡아 자루에 쑤셔넣었다.

1968년 캘리포니아 대학교에 들어갈 때 나는 막연히 나중에 해양생물학 분야에서 직장을 구하자고 생각하고 있었다. 그 계획은 결코 실현되지 못했다. 바다로 나가고 싶어한 사람은 사실 동생 스콧이었다. 결국 동생은 하와이로 이사했고, 지금도 그곳 지구 최대의 바다 한가운데에서 살고 있다. 반면에 내 마음은 여전히 사막에 가 있었다. 아버지는 졸업 선물로 1966년식 중고 쉐보레 트럭을 사주셨다. 나는 아직도 그 트럭을 갖고 있다. 그 트럭 덕분에 나는 훨씬 더 넓은 지역을 돌아다닐 수 있게 되었다. 이제 새로운 유적과 방울뱀을 찾아 모하비 사막 깊숙이 들어갈 수 있었다. 발견한 뱀들을 기숙사 방에서 키우다가 하마터면 대학에서 쫓겨날 뻔한 적도 있다. 대학교에서는 생물학을 전공했는데 주로 육상 야외 생물학에 중점을 두었고, 캘리포니아 남부에서 야외 생물학의 상징이 된 인물인 윌버 메이휴 교수에게서 지도를 받았다.

나는 대학 4년 내내 고고학에도 계속 관심을 갖고 있었지만, 3학년 때가 되어서야 인류학 과목을 들었다. 하지만 첫 수업시간에 수업을 듣다가 그냥 밖으로 나오고 말았다. 한 대학원생이 가르치던 고고학 개론 시간이었는데, 그는 교과서에서 배운 현장 분류 체계를 상세히 설명하는 일에 열을 올리고 있었다. 나는 실제 고고학 발굴 현장이 그런 식으로 분류되지 않는다는 것을 이미 어느 정도 알고 있었기에, 강사에게 그렇게 말했다. 그가 고압적인 태도를 취하는 순간 나는 내 책들을 챙겼고, 그의 시간을 빼앗아서 미안하다고 말하곤 교실 밖으로 나왔다. 강사는 눈살을 찌푸렸고 몇몇 학생들은 웃음을 지었다. 나는 체질인류학과 고고학 현장 작업과 척추동물 고생물학에 관한 경험을 더 쌓은 뒤(주로 책을 통해서) 인류학을 부전공으로 택했다. 나는 줄곧 캘리포니아 대학교를 다니다가 미시간 대학교로 가서 1977년 박사 학위를 받았다. 그런 다음 버클리에서 시간 강사로 시작해서, 결국 교수가 되었다.

부모님의 말에 따르면 나는 아이였을 때 늘 뭔가 재미있는 일이 없을까 돌아다녔으며, 혼자서도 잘 다녔다고 한다. 나는 야외로 나가서 암석에서 방울뱀까지, 땅돼지에서 얼룩말까지 자연 세계의 모든 것을 배우는 데 열심이었다. 거대한 산이라고 생각했던 세계는 내가 자랄수록 서서히 작아지고 파악할 수 있는 것이 되어갔다.

그렇다면 무엇이 그 아이에게 과학자의 삶을 선택하도록 한 것일까? 그것은 자유였다. 내 부모님은 내게 결코 어떤 분야의 직업을 가지라고 강요한 적이 없었다. 내게 그런 자유를 준 부모님께 아무리 감사를 드려도 모자랄 것이다. 나는 부모님에게 회의주의(부모님은 종교의 독단적인 태도에 단호하게 맞섰다)와 역사적 및 자연적인 것들에 관한 취향과 호기심을 물려받았다. 그 아이가 산속에서 자랄 기회를 갖게 된 것은 오로지 내 부모님이 젊었고, 더 흥미로운 삶을 추구하는 모험을 기꺼이 감행한 덕분이었다. 나는 두 분의 삶에 슬쩍 편승하는 특권을 누린 승객이자 세상에서 가장 운 좋은 아이였다.

지금 그 산맥에 다시 가보면, 내가 아이였을 때 알았던 세계의 상당 부분은 이미 사라지고 없다. 어린 시절에 살던 숲이 우거진 산비탈은 지금 휴가 때나 찾는 저택들로 뒤덮여 있다. 야생 생물들은 대부분 사라졌고 황량한 곳이 되었다. 나는 대다수 아이들은 기본적으로 거의 같은 방식으로 세계의 공간적, 문화적, 시간적 차원들이 확대되어 가는 양상을 경험한다고 생각한다. 하지만 개척자들이 살았던 시대보다는 살기가 더 쉬웠고, 지금보다는 자연이 더 푸르렀던 시대에 산속에서 살았던 것이 내게는 행운이었다.

신비로운 여인

리 스몰린 Lee Smolin

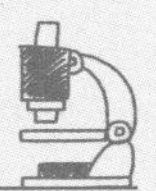

리 스몰린은 미국의 이론물리학자다. 양자중력 연구의 권위자로 특별히 고리 양자중력 연구와 변형된 특수 상대성 이론 연구에 크게 이바지하였으며, 우주적 자연선택이라는 개념을 제안하여 우주론 연구에도 기여했다. 그 외에도 양자역학의 기초인 양자장 이론, 이론생물학, 과학철학, 경제학 등을 연구했다. 2008년과 2015년 두 차례에 걸쳐 《프로스펙트》와 《포린 폴리시》에서 함께 뽑은 '21세기 가장 영향력 있는 대중 지성 100인'에 이름을 올렸다.

뉴욕에서 태어나 고등학교를 자퇴했고, 이데오플라스토스라는 록밴드의 일원으로 활동했으며, 지하신문을 발행했다. 햄프셔 대학교에서 공부하고 하버드 대학교에서 이론물리학 박사학위를 받은 후 예일 대학교, 시러큐스 대학교, 펜실베이니아 주립대학교에서 교수로 재직했다. 현재는 캐나다 워털루에 위치한 페리미터 이론물리학 연구소의 창립 멤버이자 수석교수, 워털루 대학교 물리학과 겸임교수이자 토론토 대학교 대학원 철학과 교수이며, 미국 물리학회와 캐나다 왕립학회 회원이다. 저서로는 『양자 중력의 세 가지 길』, 『아인슈타인처럼 양자역학하기』, 『리 스몰린의 시간의 물리학』 등이 있다.

어른은 자신의 성장 과정이 이러저러했다고 믿는데, 그 믿음은 상당 부분이 개인적인 신화다. 그 뒤에는 자신의 부모가 관련된 드라마가 있다. 내 부모님은 예술가가 되고 싶어 했다. 어머니는 성공해서 극작가가 되었지만, 눈물겨운 노력이 있었다. 아버지는 건축가나 조각가가 되고 싶어 했지만, 공학자가 되었다. 아버지든 어머니든 간에 내게 무엇을 하라고 말한 적은 없지만, 창조적인 삶을 살아야 한다는 것과, 인생에서 창조적으로 성취한 것이 성공이나 안정의 다른 어떤 평범한 척도들보다 더 중요하다는 인식이 어떤 식으로든 어린 나이의 내게 전해졌다. 그 결과 나는 십 대 때 테니스 경기를 하든, 어른이 되어서 요트 경기를 하든, 반에서 최고 학생이 된다거나 초끈 이론 같은 경쟁이 치열한 분야에서 일하게 되든 간에 내 쪽에서 늘 경쟁을 피해왔다. 나는 뭔가 창조적이고 영속적인 일을 하는 것이야말로 가장 중요하다고 보았다. 그것을 제외하면, 내게는 인상적인 교사보다는 인상적인 여성이 언제나 더 중요했다.

가장 어렸을 때의 기억들 중에서는 프랭크 로이드 라이트의 구겐하임 미술관이 지어지는 광경을 보기 위해 아버지와 함께 센트럴 파크를 가로질러 산책을 하곤 하던 풍경이 떠오른다. 또 그보다 몇 년 뒤에 아버지와 함께 상대성 이론을 다룬 인기 있는 책을 읽고, 기차와 랜턴 그림들을 그렸던 것도 기억난다. 뉴욕시에 살던 아이로서는 아주 운 좋게도 나는 영재들을 위한 초등학교에 입학했다. 그런데 내가 5학년 학기 중일 때 우리 집은 신시내티로 이사했다. 새로운 선생님은 내게 수학책을 주면서 어디까지 배웠는지 말해보라고 했다. 나는 그 책에 나온 것들을 모두 알고 있었지만, 그렇게 말하기가 왠지 두려웠다. 그래서 나는 잠시 수학 기초반에 편입되었다. 하지만 결국 빠져나왔다.

이 무렵에 나는 어머니에게 우주의 배후에 있는 목적이 무엇인지 이해하고 싶다고 말했다. 어머니는 그것이 박사 학위 논문에 딱 맞는 주제일 것이라고 말했다. 나는 한 친구와 함께 우주의 의미를 토론할 모임을 만드는 문제를 논의했다. 나는 몇 가지 안을 갖고 있었고(지금은 기억나지 않는다) 우리는 그것들을 놓고 논쟁을 벌였다. 하지만 다른 친구들을 더 끌어들이는 데는 실패했다.

부모님은 '하고 싶은 대로 하라'는 태도를 보였다. 부모님은 너무 위험하지 않은 한 내가 관심을 가진 것은 거의 무엇이든 뒷받침한다는 방침을 유지했다. 나는 좋은 성적을 받으라는 압력을 전혀 받지 않았고, 성적은 들쭉날쭉했다. 하지만 부모님은 내가 무엇을 하든 격려했다. 내가 로큰롤 밴드를 결성했을 때, 부모님은 거실에서 벌어지는 연습을 꾹 참아냈고, 이웃들이 경찰을 불렀을 때 나를 옹호했다. 열두 살 때 아버지는 나를 차에 태우고 드라이브를 했다. 돌아온 우리는 집 앞에 차를 세운 채 앉아서 이야기를 나누었다. 아버지는 내게 무엇을 기대하고 있는지 알아듣기 쉽게 말했다. 마약을 하지 말 것, 과음도 하지 말 것, 여자아이를 임신시키지 말 것. 이런 것들만 멀리한다면 그걸로 좋다. 나는 그 말을 지켰다. 잔디를 깎는 일을 둘러싼 격론은 예외였다. 나는 풀들이 자연적으로 자랄 권리가 있다고 주장하려 애썼다. 그것 말고는 부모님의 기대를 충실히 따랐다.

과학에는 그다지 흥미가 없었던 것으로 기억한다. 7학년 때 여름 과학 보충 프로그램에 참석한 적이 있었다. 나는 자석, 전선, 화학물질 등 온갖 흔한 물건들을 갖고 실험을 했지만, 사실 그중에 깊은 인상을 준 것은 없다. 나는 살면서 무언가를 고치거나 어떻게 작동하는지 보기 위해 뜯어본 적이 한 번도 없다. 그럼에도 내가 과학자가 된 것은 모든 일을 가능하게 하는 두 정신적 스승 덕분이었다. 한 명은 자비에 대학교의 수학자인 윌리엄 라킨이었다. 그는 우리 집안과 잘 아는 사람이었다. 그는 컴퓨터가 커다란 방들을 가득 채울 정도의 크기였을 때, 그리고 열 살짜리 소년이 프로그램을 짤 수 있을 것이라는 생각을 아무도 못 하던 시절에,

내게 자기 학과의 컴퓨터를 갖고 놀도록 해주었다. 그때 프로그램을 짠 덕에 나는 신시내티 중심가에서 열린 전국 교사 대회에 나와 강연을 해달라는 초청을 받았다. 한 신문에 작은 양복을 입고 연단에 서서, 간단한 프로그램을 포트란 언어로 짜는 방법을 교사들에게 말하고 있는 내 모습이 실렸다.

윌리엄 라킨과 나는 실제로 내가 전혀 특별한 아이가 아니라는 사실을 알고 있었다. 나는 그저 전형적인 열 살짜리 아이도 컴퓨터 프로그램을 짤 수 있다는 것을 보여주려는 의도로 나간 것뿐이었다. 하지만 한 퍼즐을 푸는 프로그램을 짜려고 애쓰다가 그것이 왜 작동하지 않는지 이해할 수 없는 상황이 벌어졌을 때, 나는 무척 감정이 상했다. 그 퍼즐은 종이에서 연필을 떼거나 한 번 그은 곳으로 다시 돌아가지 않고 한 번에 특정 그림을 그리는 것이었다. 나는 컴퓨터 센터에서 일하는 한 대학생에게 그 프로그램을 보여주었다. 그는 낄낄 웃더니, 위상학 개념을 이용해서 해답이 없음을 증명하는 방법을 설명했다. 나는 그런 가능성까지 프로그램에 포함시켜야 한다는 생각을 전혀 하지 못했다. 그 뒤로 지금까지 나는 퍼즐 풀기를 싫어한다.

윌리엄 라킨이 내게 준 가장 큰 선물은 미적분을 일찍 배울 수 있도록 준비를 시켜놓았다는 점이었다. 9학년 때 고등학교는 내게 칼리지 교과 과정으로 이어지는 상위 과정을 밟기 위한 시험에서 수학과 영어 점수가 안 좋게 나왔다고 알려왔다.

그들은 내게 어느 한쪽을 택해야 한다고 말했다. 둘 다 하는 것은 내게 너무나 어렵다고 보았다. 나는 영어를 택하기로 했다. 작가나 음악가가 되겠다는 생각을 하고 있었으니까. 그러자 부모님이 그 이야기를 윌리엄 라킨에게 한 것이 분명했다. 그는 우리 집으로 와서 내게 한 가지 제안을 했다. 내가 앞으로 2년 동안 고등학교 수학 시간에 배울 미적분 예비 과정을 여름에 자기 대학에서 수강을 한다면, 그리고 제대로 배운다면, 자신이 고등학교 쪽을 설득해서 다음 해에 내가 미적분을 듣도록 해주겠다는 것이었다.

나는 고등학교와 시험을 중시하는 태도에 대한 반항심에 불타서 그의 제안을 받아들였다. 나는 수학에 그다지 관심이 없었지만, 그들이 틀렸다는 것을 증명하기 위해 열심히 공부를 했고 결국 성공했다. 나는 반항아였다. 그 전 해에 나는 히피이자 반전 운동가이자 선동 전문가인 제리 루빈의 신시내티 방문 일정을 짜는 일에 참여했다. 루빈은 나와 같은 고등학교를 나왔고, 《룩》 잡지에 실리고 있는 자신의 이야기를 배경으로 삼아 의기양양하게 귀환하고 싶어 했다. 나는 몇몇 친구들과 함께 동네 공원에서 음악회를 개최했다. 루빈은 그곳에서 수천 명의 사람들 앞에서 연설을 했다. 《룩》은 우리를 "소외된 자들의 핵심"이라고 칭했다. 그 일로 나는 고등학교에서 물리학을 수강하지 못했다. 물리 교사는 정치적으로 극우 성향을 지닌 성질이 불같은 사람이었는데,

내게 미적분을 일찍 배우도록 한 것이 실수였으며, 내가 수학을 얼마나 잘하든 간에 자기 물리학 수업에 나를 받아들이지 않겠다고 말했다.

그 해의 어느 날 아침, 아버지가 상상력이 풍부한 위대한 건축가이자 지오데식 돔의 발명자인, 벅민스터 풀러가 중심가에서 열리는 한 학회에서 연설을 할 예정이라는 신문 기사를 읽어주었다. 벅민스터 풀러의 나이는 칠십 대였다. 아버지는 내게 벅민스터 풀러에게 내 고등학교에 와서 강연을 해달라고 초청하면 어떻겠냐고 제안했다. 나는 학회가 열리는 호텔에 전화를 해서 메시지를 남긴 뒤 학교로 갔다. 얼마 지나지 않아 교장실에서 나를 불렀다. 교장실로 가니 교장이 손바닥으로 송화기를 막은 채 들고 있었다. "풀러라는 녀석이 전화를 해서, 여기에서 강연을 할 테니 너보고 정오에 데리러 오라고 하는구나. 그 녀석이 누구냐? 설마 제리 루빈 같은 녀석은 아니겠지?" 나는 영어 선생님에게 교장에게 벅민스터 풀러가 누구인지 설명해달라고 했다. 그 뒤 전교생이 소집되었다. 나는 친구 한 명과 함께 중심가로 차를 몰고 가서 풀러를 모셔왔다. 학교로 갈 때, 그는 우리에게 자신이 세 개의 시계를 차고 있다는 것을 보여주었다. 하나는 자신이 어제 있었던 시간대를, 하나는 오늘의 시간대를, 나머지 하나는 내일 있을 시간대를 가리킨다는 것이었다. 풀러는 모인 학생들에게 자신을 소개한 뒤에, 무대 뒤로 가서 접는 의자를 하나 들고 오더니 그것을 무대 앞쪽 중앙에 놓고 앉아 눈을 감았다. 그리고 무려 일곱 시간 동안 연설을 했다. 연설이 끝났을 때 남아 있는 사람은 열 명 남짓밖에 안 되었다. 하지만 나는 건축가가 되고 싶어졌다.

곧 내 방은 지오데식 돔과 다른 기이한 건축물들의 모형으로 가득 찼다. 그해 여름 나는 지오데식 돔 수영장 덮개를 제작해주겠다고 광고하면서 돌아다녔다. 다행히 사겠다는 사람이 아무도 없었다. 실제로 나는 그것을 어떻게 조립해야 하는지 알지 못했다. 하지만 혹시 누군가 구입했을 때 무너지지 않도록 하는 방법이 없을까 궁금해서, 윌리엄 라킨에게 구조 계산을 하는 방법을 물어보았다. 그는 텐서 해석이라는 것이 있다고 말했다. 다행히 내 수학 실력은 그 분야의 책들을 읽을 수 있을 정도는 되었다. 그다음에는 지오데식 돔을 공이 아닌 다른 모양을 토대로 해서 만들 수는 없을까 하는 궁금증이 일었다. 윌리엄 라킨은 내게 컴퓨터를 써서 모든 굽은 표면을 토대로 지오데식 돔을 만드는 방법을 계산하는 프로그램을 짜도록 했다. 나는 지금까지도 내 연구 공책에 지오데식 돔처럼 보이는 양자 시공간 도표들을 그리고 있다.

그해에 나는 대안 고등학교를 설립하고 싶어 하는 교사 모임의 회의에 참석하곤 했다. 나는 열의가 있었고, 부모님은 내가 그곳으로 전학해서 마지막 학년을 다니도록 허락했다. 그 새로운 실험 학교가 내 여자 친구의 집 바로 건너편에 있다는 점도 마음에 들었다. 첫 주에 교사들은 자신의 철학을 설명했다. 누구든지 자신이 원하는 지식이 있는 공동체로 가야 한다는 것이다. 나는 그 문제를 잠시 생각하다가 내가 원하는 지식이 대학에 있다는 것을 깨달았다. 그래서 나는 어머니가 가르치고 있는 대학의 수업을 듣기 시작했다. 나는 문학과 고등 수학 과목들을 들었다. 곧 나는 내가 대학에서 수업을 듣고 있는 동안(어머니가 교수였으므로, 나는 공짜로 수업을 들었다) 부모님이 고등학교에 학비를 내고 있는 게 어처구니가 없다고 생각했다. 그래서 고등학교를 중퇴했다.

11학년 때 나는 매사추세츠 애머스트에 있는 햄프셔 칼리지에 지원했다가 떨어진 적이 있었다. 학생들이 스스로 자신의 학업 계획을 짤 수 있는 곳이어서, 나는 그곳에 또다시 지원했다. 그러자 학교는 내가 이미 떨어진 적이 있기 때문에 내 지원서를 보지도 않을 것이라고 했다. 하지만 나는 내가 가고 싶은 대학은 햄프셔뿐이라고 말하면서 재고해달라고 끈덕지게 요구했다. 결국 그들은 완강하던 태도를 누그러뜨렸고, 나는 면접을 볼 수 있었다. 고등학교를 중퇴했음에도, 건축에 대한 열정 덕분에 나는 합격했다.

그해 봄 늦게 나는 오랫동안 사귀었던 여자 친구와 헤어졌다. 그리고 이웃에 사는 새로운 여자아이와 사랑에 빠졌다. 어느 따스한 봄날 저녁 나는 그녀의 집으로 갔다. 하지만 그녀는 친구들과 나가고 없었다. 집으로 돌아온 나는 공공 도서관에서 빌린

아인슈타인의 저서를 집어들었다. 나는 아인슈타인에게 호기심을 느꼈다. 굽은 표면을 토대로 건축물을 설계하는 데 필요한 수학이 그가 시간과 공간의 곡면을 묘사하는 데 사용했던 바로 그것이었기 때문이다. 그날 저녁 나는 현관에 앉아서, 「자전적 비망록」이라는 제목의 그의 글을 읽었다. 나는 잠시 읽다가 일어나 책을 들고 동네를 천천히 걸으면서 인도 가로등 밑에 앉아 한 대목을 되풀이해서 읽기를 몇 차례 거듭했다. 혹시나 여자 친구와 마주쳤으면 하는 바람도 있었다. 그녀를 만나지는 못했지만, 그 사이에 나는 아인슈타인의 뒤를 잇는 일에 내 평생을 바치겠다는 결정을 내렸다. 그의 사상 중에 내게 깊이 와 닿았던 것 하나는 과학자가 됨으로써 일상생활의 고통과 불확실성을 초월할 수 있다는 것이었다. 자연의 법칙들을 이해함으로써 눈앞의 일에만 몰두하는 인간의 삶보다 더 영구적이고 아름다운 세계와 연결된다는 것이다. 그런 한편으로 나는 내가 물리학을 할 수 있다는 것을 어렴풋하게나마 이해하고 있었다. 나는 물리학자를 만난 적도 없었고 물리학 수업을 들은 적도 없었지만, 아인슈타인의 책을 읽으면서 그쪽 일을 내가 할 수 있다는 것을 어렴풋이 이해했다. 아인슈타인은 그 글에서 풀리지 않은 두 가지 큰 문제가 있다고 썼다. 하나는 양자역학이 무슨 의미인가 하는 것이었고 다른 하나는 양자역학과 일반 상대성이 어떤 관계에 있는가 하는 것이었다. 나는 그날 저녁에 그 문제들을 연구하겠다고 결심했다. 그리고 실제로 나는 그 뒤로 그것들을 연구해 왔다.

다음 날 나는 부모님께 건축가 대신 물리학자가 되겠다고 말했고, 물리학자가 될 방법을 고민하기 시작했다. 신시내티 대학교의 봄 학기가 시작되고 있었기에, 나는 일반 상대성 대학원 과목을 신청했다. 내가 최초로 들은 물리학 수업인 셈이다. 또 나는 MIT의 대학 편람을 신청해서, 내가 이론물리학자가 되기 위해 공부해야 하는 과목들과 책들을 죽 옮겨 적었다. 나는 MIT에 지원했다. 하지만 복안도 하나 갖고 있었다. 학사 과정의 책들을 독학으로 공부한 다음 대학원에 지원한다는 것이었다. 나는 독학에는 2년이 걸릴 것이며, 그러면 대학 수업료로 들어갈 많은 돈을 절약할 수 있다고 생각했다. 얼마 지나지 않아 나는 여자 친구와 다시 화해했다. 그녀는 햄프셔 대학으로 전학 신청을 한 상태였다. 우리는 차를 몰고 매사추세츠로 갔고, 그녀는 면접을 보았다. 그 뒤에는 내 면접을 위해 함께 MIT로 갈 예정이었다. 그녀가 면접을 보는 동안, 나는 혹시나 물리학자를 만날 수 있을까 해서 과학동 쪽으로 걸어갔다. 그곳에 막 임용된 허버트 번스틴이라는 젊은 교수가 있었다. 나는 그에게 내 관심 사항을 이야기했고, 그는 아무것도 모르는 척 시치미를 떼면서 내게 일반 상대성 이론을 설명해 보라고 했다.

우리는 서너 시간 동안 이야기를 나누었고, 나는 그가 스승으로 삼을 만한 사람이라는 것을 깨달았다. 굳이 MIT까지 갈 필요가 없게 된 셈이었다. 집으로 돌아오니, 번스틴 교수가 상대성 이론에 관한 수많은 질문들을 손으로 직접 써서 보낸 긴 편지가 와 있었다.

그래서 그해 가을에 나는 햄프셔 대학에 가서, 허버트 번스틴 밑에서 공부를 시작했다. 그가 없었더라면 나는 결코 과학자가 되지 못했을 것이다. 그의 앞에서 부끄러움을 느낀 나는 수학과 물리학을 그저 말로 떠드는 데 그치지 않고 계산을 할 수 있는 능력을 갖추기 위해 부지런히 공부했다. 그런 훈련이 없었더라면, 내 인생은 전혀 달라졌을 것이다. 아마 MIT의 지하실을 방황하면서 컴퓨터와 노닥거리고 통신망을 해킹하는 이름 모를 영혼들 중 하나가 되었을 것이다.

번스틴은 내가 들어야 할 과목의 채점을 내게 맡겼다. 그것은 내가 다른 학생들보다 먼저 모든 문제들을 풀어서 그에게 보여야 한다는 것을 의미했다. 그가 내가 애써 푼 답들을 채점하고 나면, 내가 다른 학생들의 답을 채점했다. 그는 나를 아주 혹독하게 다루었다. 그는 밤 2시 정각에 전화를 걸어 온갖 욕설을 퍼부으면서 소리를 질러댔다. 내가 풀어놓은 답을 보고 대단히 실망했다는 표현이었다. 그런 다음 아침 7시 정각에 다시 전화를 걸어 이렇게 말하곤 했다. "한 시간 내로 연구실로 와서 8번과 10번 문제를 어떻게 푸는지 보여봐." 2년 뒤 대학원에 가고 싶다고 그에게 말하자, 그는 칠판에 문제 하나를 적고는 풀어보라고 했다. 문제를 풀자 그는 그만하면 대학원에 가도 되겠다고 말했다. 나는 그가 왜 나만 그렇게 못살게 구는지, 격려나 도움 같은 것을 전혀 주지 않는지 도무지 이해가 안 되었다. 그 뒤로도 오랫동안 나는 그가 무서웠다. 지금은 사이가 돈독하지만, 그렇게 되기까지 꽤 오래 걸렸다.

하버드 대학원에 들어갈 무렵에, 나는 양자론과 상대성의 관계에 관한 아인슈타인의 질문에 대답할 연구 과제에 이미 착수한 상태였다. 하버드는 가차 없고 현실적인 곳이었지만, 내가 양자 중력 연구를 할 수 있도록 해주었다. 그곳에 그 분야의 학자가 아무도 없었음에도 말이다(당시에는 다른 곳에도 드물었다).

그 뒤로는 알게 모르게 운이 트여왔다. 나는 양자 중력 연구를 포기하고 더 유행하고 있는 입자론 분야를 택하는 것이 나을 것이라는 경고를 여러 차례 받았지만, 내 연구 방향을 꿋꿋이 유지했다. 그래도 이럭저럭 늘 좋은 자리를 얻었다. 돌이켜보면 십대 초반에서 현재에 이르기까지 내 인생은 주로 정서적인 측면에 좌우되어 왔고, 경력보다는 개인적인 관계와 애착을 갖는 것들에 더 초점을 맞춰왔다는 것을 알 수 있다. 나는 언제나 내가 원하는 연구를 했다. 아인슈타인의 글에서 본 그 두 문제를 계속 추구했다. 나는 경력에 도움이 될 것이라는 이유로 연구 과제를 택한 적이 한 번도 없다. 다른 사람들이 어떻게 생각하든 개의치 않기 때문이 아니었다. 대다수 사람들과 마찬가지로 나도 승인과 인정을 받고 싶었다. 하지만 나는 남들의 연구 과제에 얼마나 기여했는지 여부가 아니라, 내 자신의 생각을 인정받고 싶었다. 어느 교수 자리에 누구를 뽑을지 결정할 때 추세와 유행이 중요하다는 것을 알고 있는 지금 생각해 보면, 내 경력이 계속 쌓여왔다는 사실이 놀랍고 고맙기까지 하다.

그렇다면 나는 왜 과학자가 되었을까? 나는 일관성이 있으면서 우주에서의 내 위치를 이해할 수 있게 해줄 세계관을 꼭 갖고 싶다는 마음이 내가 과학을 하고자 하는 근본 이유라고 믿는다. 이유는 잘 모르겠지만 나는 우주 전체부터 나 자신까지, 혹은 적어도 나와 같은 존재들에 이르기까지 일관되게 적용되는 신념 체계가 있어야만 마음 편히 살아갈 수 있다는 기분이 든다. 나는 이 생각을 본질적으로 받아들일 수 없는 것이라고 보는 사람들이 있으리라는 것을 안다. 하지만 누군가 내게 왜 양자 중력을 평생 연구했는지 묻는다면, 양자론과 상대성 이론의 균열이 나라는 존재와 그 삶이 짧고 한정될 것이라는 불편한 사실을 일관성 있는 기본 틀 속에서 이해하는 데 장애가 되기 때문이라고 답하련다.

이 말이 왠지 신비주의적으로 들릴 수도 있다. 하지만 내 평생에 신비주의적 경험을 한 것은 딱 한 번뿐이었다. 열일곱 살 때였다. 대학에 들어가기 전 여름이었는데, 나는 로스앤젤레스의 친척집에 머물면서 용돈을 벌기 위해 판금 공장에서 실습생으로 일하고 있었다. 그런 한편으로 책을 읽으면서 기초 물리학, 즉 역학을 독학하고 있었다. 어느 날 저녁 공부를 하다가 숙모 집 근처의 버려진 들판으로 산책을 나갔다. 나는 외로웠고 로스앤젤레스에서 여자 친구를 사귈 방법이 없을까 고민하고 있었다. 나는 갑자기 어떤 강렬한 감정에 사로잡혀 땅에 주저앉았다. 어디에서 들려오는지 모를 내면의 소리가 들렸다. 나를 둘러싼 세계와 깊이 완전히 연결된 듯한 느낌이었다. 아주 긴 시간이 흐른 듯했다. 나는 불가사의한 행복과 평안을 맛보았다.

나는 그 감정이 아직 남아 있는 상태에서, 일어나서 들판을 빠져나와 집으로 걸었다. 길을 건너는 데 차 한 대가 속도를 늦추더니 멈춰 섰다. 나보다 몇 살 연상인 듯한 아름다운 여성이 창문을 내리더니, 오늘 밤 할 일 있냐고 물었다. 나는 너무 당혹스러워서 대답을 하지 못했다. 그녀는 다시 물었고, 잠시 나를 뚫어지게 쳐다보다가 그냥 가버렸다. 나는 남은 여름 내내 그녀와 그 경험을 생각했다. 어느 쪽도 손에 쥐지 못한 무능력을 한탄하면서 말이다. 그 뒤로 나는 세계와 하나가 된 느낌을 다시 접할 수 있기를, 아니 적어도 차를 탄 낯선 아름다운 여성을 만나기를 바라면서 숲과 들판을 걷곤 했다. 지금까지 둘 다 다시 경험하지 못하고 있지만 말이다.

Curious

나를 나이게 한 것은 고독이었다

주디스 리치 해리스Judith Rich Harris

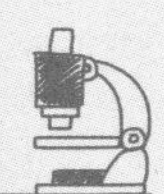

주디스 리치 해리스는 미국의 심리학자이자 작가이다. 부모가 아동 발달에 가장 중요한 요인이라는 믿음을 비판하고 그것을 반박하는 증거들을 제시한 책 『양육 가설』의 저자로 유명하다. 해리스의 특징은 기존 심리학의 반박이나 새로운 주장을 전개함에 있어 다양하고 깊이 있는 학문의 스펙트럼을 활용한다는 것이다. 사회생물학, 진화심리학, 인지과학, 역사학, 범죄학은 물론 곤충학까지 넘나드는 연구는 그녀의 주장을 견고히 뒷받침한다.

해리스는 자신의 신체라는 역경을 이겨낸 인물이기도 하다. 그녀는 자가 면역 질환으로 평생 고통받았고 집밖을 나가기 어려웠다. 그럼에도 인터넷, 이메일, 책과 학술지 등을 자신의 연구 재료로 삼아 연구를 계속했다.

1998년 출판된 그녀의 책 『양육 가설』은 퓰리처상 논픽션 부분 최종후보에 오를 만큼 센세이셔널했다. 양육 과정에서 부모의 역할이 결정적이라던 기존의 견해를 반박하며 오히려 또래 집단과 유전이 아이의 성격 형성에 더 큰 영향을 미친다고 주장했던 것이다. 저서로는 큰 논쟁을 불러일으킨 『양육 가설』과 『개성의 탄생』이 있다. 2018년 세상을 떠났다.

내가 어린 시절을 어떻게 보냈는지는 거의 기록이 남아 있지 않다. 우리 집은 이사를 자주 다녀서, 그다지 중요하지 않은 종이 나부랭이들은 다 버렸으니까. 따라서 내가 어린 시절을 어떻게 기억하고 있든 간에 반박할 수도 입증할 수도 없을 것이다.

기억의 가변성(스티븐 핑커의 글을 참조하기를)은 자서전들을 좀 에누리해서 보아야 하는 첫 번째 이유가 된다. 드루 길핀 파우스트라는 이름의 역사가는 이렇게 간파했다. “우리는 자신의 삶을 구성하는 이야기들, 무작위적이고 불연속적인 듯이 보이곤 하는 경험들에 목적과 의미를 부과하는 이야기들을 통해 스스로를 창조한다.” 심리학자 엘리자베스 로프터스가 한 말도 있다. “기억은 매일 새롭게 탄생되는 창조적인 사건이다. 당신은 자신의 마음속에서 사건들을 매번 재구성할 때마다 빈 구멍들을 메운다.” 당신은 현재의 관점에 비춰서 그것들을 채우며, 현재의 관점은 사건이 일어났을 당시에 취한 관점과 다를 수 있다.

자서전들을 너무 진지하게 받아들이지 말아야 할 두 번째 이유는 사람들이 자기 문화의 렌즈를 통해 과거와 현재의 사건들을 보기 때문이다. 경험들에 의미를 부여하는 그 이야기들은 자기 시대와 장소가 지닌 문화적 신화의 산물이다. 발달심리학자 제롬 캐건은 좋은 사례를 제시했다. 그는 1998년에 펴낸 『세 가지 유혹적인 개념들』에서 앨리스 제임스(헨리 제임스와 윌리엄 제임스의 여동생)와 작가인 존 치버의 자전적인 글들을 대조했다. 둘 다 우울증에 걸려 있었지만, 19세기 후반기에 글을 쓴 앨리스 제임스는 "동시대인들의 대다수가 그랬듯이, 자신이 신경질적이고 음울한 감정을 물려받았다고 믿었다." 반면에 20세기 후반기에 글을 쓴 치버는 "자신의 우울증이 어린 시절의 경험들, 즉 식구들과의 갈등이라는 자신이 상상한 갈등들 때문이라고 가정했다."

제임스와 치버를 대비시켜 보면, 사람들이 자신이 왜 그런 행동을 하는지 반드시 아는 것은 아니며, 대부분은 그 문화가 인정한 설명을 그냥 받아들인다는 것을 알 수 있다. 역설적으로 이 교훈을 내놓은 저자 자신은 그 교훈을 깨닫지 못했다. 내가 『양육가설』에서 문화적으로 승인된 설명에 의문을 제기하고 증거들이 그것을 뒷받침하지 않는다고 말했을 때, 내 결론이 틀렸다고 단호하게 주장한 사람이 바로 캐건이었다(1998년 《보스턴 글로브》에 썼다). 그 결론들이 자신이 읽은 '자전적 회고록들'과 들어맞지 않기 때문이라는 것이었다.

자전적 회고록들을 에누리해서 보아야 하는 마지막 이유는 정신의 활동 방식과 관련이 있다. 스티븐 핑커는 자신의 책에서 이렇게 설명했다. "정신은 모듈들, 즉 정신 기관들로 조직되어 있으며, 각 모듈은 세계와의 상호 작용들 중 한 분야만을 맡도록 특수하게 설계되어 있다." 이런 정신 기관들 중에는 사람들의 이름과 얼굴과 뚜렷한 특징들을 기록하는 일을 전담한 기관과 같이 의식이 쉽게 접근할 수 있는 수준에서 활동하는 것들도 있지만, 대부분은 그렇지 않다. 의식보다 더 아래 단계에서 활동하는 정신 메커니즘들은 자신의 활동을 보여주는 뚜렷한 흔적을 기억에 남기지 않는다.

우리가 왜 그런 식으로 행동했는지 모르는 이유는 정신 메커니즘들 중 일부가 자신들이 무엇을 하고 있는지를 우리가 알지 못하도록 하는 일을 맡고 있기 때문이다. 우리는 기억에 암호로 새겨진 것들만을 회상할 수 있다. 내 기억은 다른 모든 이들의 기억과 마찬가지로 신뢰할 수 없다. 이 글의 나머지 부분(그리고 이 책의 다른 글들)을 읽을 때 그 점을 명심하라.

* * * * *

자서전 작가들은 대개 부모를 선하거나 나쁘거나, 도움을 주거나 상처를 주는 존재로 묘사한다. 그 중간에 속한 부모는 그리 많지 않은 듯하다. 내 부모님은 그 중간에 속한 분들이었다. 두 분은 지식인이 아니었다. 두 분은 대체로 평범한 사람들이었다. 어머니는 고등학교 때 성적이 좋았지만, 집안에서는 어머니를 대학까지 보낼 여력이 없었다. 아버지의 집안은 경제적으로는 더 나은 편이었지만, 아버지는 성적이 형편없었다. 아버지는 할아버지가 돌아가시자 고등학교를 중퇴했다.

할아버지는 악성 빈혈이라는 자가 면역 질환으로 사망했다. 아버지도 자가 면역 질환을 지니고 있었다. 강직성 척추염이라는 척추에 영향을 끼치는 관절염의 일종이었다. 아버지는 어른이 된 뒤 거의 평생을 직업 없이 지냈다. 아버지는 기이할 정도로 병약했고, 종종 통증을 호소했다. 남동생을 포함해서 우리 네 식구는 아버지가 받는 장애 보험과 조부모가 현명하게 투자를 해서 물려준 유산으로 살았다. 우리가 애리조나와 동부 해안 사이를 이리저리 옮겨 다니며 이사를 거듭했던 것도 아버지의 건강 때문이었다. 열세 살 때까지 내가 이사 다닌 집은 일곱 곳이었고, 다닌 학교는 여덟 곳이나 되었다. 맨 처음 다닌 보육 학교에서는 쫓겨났다. 말을 안 듣는다는 이유에서였다.

나는 활달하고 고집이 셌으며, 당시 여자아이들이 지니고 있어야 한다고 여겨지는 품성들이 부족했다. 얌전함, 매력, 보조개 같은 것들 말이다. 더군다나 나는 언제나 반에서 가장 어리고 가장 작은 아이에 속했고, 안경을 낀 몇 안 되는 축에 속했다. 나는 일찌감치 읽는 법을 배웠기에 부모님이 나를 유치원에 넣자 그곳에서는 내가 나이가 어리고 사교성이 부족했음에도 나를 초등학교 1학년 반으로 옮겼다. 그렇지만 학교생활은 별문제가 없었다. 여러 차례 이사를 다닌 끝에 뉴욕 욘커스에서 4학년이 된 나는 따돌림을 당하게 되었다. 반 아이들은 아무도 내게 말을 걸지 않았다. 욘커스에서 산 4년 동안 나는 유배자로 있었다.

나는 독서를 통해 위안을 찾았다. 부모님은 달갑지 않게 생각했다. "눈 버린다니까!" 부모님은 그렇게 말했다. 내가 좋아하는 책 중에 『작은 아씨들』이 있었다. 당연히 나는 어린 작가인 조를 나와 동일시했다. 하지만 작가가 되고 싶다는 열망이 솟구친 적은 한 번도 없었다. 자연학자라면 또 모를까.

나는 야생 생물들에게 관심이 많았지만, 그것으로 직업을 얻을 수 있음을 깨달은 것은 한참 뒤였다. 내가 자라서(자랄 수 있다면) 되고 싶었던 것은 아내이자 어머니였다. 나는 인형과 반려동물을 돌보았다. 부모님은 내가 반려동물을 마음껏 키울 수 있도록 허락했다. 나는 온갖 종류의 반려동물을 키웠다. 남들도 키우는 개와 고양이는 물론이고, 도마뱀, 뿔도마뱀, 거북, 토끼, 캥거루쥐, 햄스터, 애완용 쥐, 앵무, 개똥지빠귀 새끼까지 키웠다. 애리조나 대학교에 다닐 때에는 동물학과 실험실 조수로 일했는데, 한번은 보아뱀을 집으로 데려온 적도 있다.

유배자 생활은 열두 살 때 가족이 애리조나로 다시 이사하면서 끝이 났다. 그와 함께 내 학업 성적도 극적이라고 할 정도로 좋아졌다. 투손에 있는 새 학교로 간 첫날 생물학 시험이 있었다. 부모님이 대개 학기 중간에 이사를 했기 때문에, 나는 무슨 시험이든 제대로 본 적이 없었다. 하지만 그 선생님은 어쨌든 시험을 보라고 말했다. 시험이 끝나자 아이들이 어땠냐고 물어왔다. 내가 점수가 매겨진 시험지를 보여주자, 아이들은 감탄을 내질렀다. "와, 너 천재구나!" 그렇게 해서 나는 우등생이 되었고, 학교의 머리 좋은 아이들과 어울리기 시작했다. 고등학교에서는 문학가 집단에 속하게 되었다. 교내 신문과 잡지의 편집자들이 내 친구가 되었다. 나는 그 잡지에 유머 한 토막을 연재했고, 신문 기사의 제목을 맡아서 썼다.

하지만 투손 고등학교의 문학자 집단에 속했던 것이 내가 작가 쪽으로 진로를 바꾸게 된 이유는 아니었다. 이유는 건강 때문이었다. 앞서 말했듯이, 우리 집안에는 자가 면역 질환이 유전되고 있었다. 태어날 때부터 내 면역계는 제멋대로 움직였다. 내가 이럭저럭 65년 동안 생명을 연장시킬 수 있었던 것은 그 병의 지속 기간이 짧았다는 점과 현대 의학과 외과 수술 덕분이다.

이 병의 초기 증상은 아주 다양하고 정체를 파악하기 어렵다. 아기였을 때는 온몸에 두드러기가 돋았고, 조금 더 커서는 이유 없이 열이 나고 관절 부위가 아팠다. 흔한 바이러스가 유행을 할 때면, 나는 누구보다도 먼저 어김없이 감염되곤 했다. 사춘기 때에는 매일 갑상샘 호르몬 주사를 맞아야 했다. 당시에는 자가 면역성 갑상샘 질환이라는 것이 알려져 있지 않았지만, 운 좋게도 그 병의 증상인 갑상샘 기능 저하증이 발견되어 치료할 수 있었다.

내 인생에서 가장 건강했던 시기는 사춘기 말에서 성년기 초까지였다. 대학을 졸업한 뒤, 나는 하버드의 심리학과 대학원에 진학했다. 하버드 대학교가 내가 심리학에 중요한 기여를 할 가능성이 없다면서 나를 쫓아냈을 때, 나는 동료 대학원생 한 명과 결혼을 했다. 우리는 딸 둘을 키웠다. 막내 아이가 학교에 진학할 나이가 되었을 때, 나는 뉴저지 머리힐에 있는 벨 연구소에서 시간제 연구 보조원 일을 구했다. 내가 대학원에 다시 들어갈까 생각하기 시작할 무렵, 면역계에 심각한 손상이 발생하기 시작했다. 먼저 등의 관절 부위에 이상이 생기더니, 나중에는 온갖 장기들에 영향이 미쳤다. 등은 견디기 힘들 정도로 아파왔다. 나는 아버지가 그토록 괴팍스러웠던 이유를 처음으로 이해했다. 편하게 앉아 있을 수도, 오랫동안 서 있을 수도 없었기 때문에, 나는 많은 시간을 침대에 누워서 보냈다. 텔레비전을 보고, 소설책을 읽고, 단어 퍼즐을 풀고 만들어보면서 시간을 보냈다. 무슨 짓을 하든 얼마 지나면 곧 지겨워졌다.

그러던 중 럿거스 대학교의 심리학 조교수로 있던 친구 매릴린 쇼가 나에게 더 나은 일을 해보라고 했다. 그녀는 한 학술지에 논문을 제출했다가 거절당한 적이 있었다. 그녀는 문장력이 좀 더 좋았더라면 자신의 논문이 실릴 가능성이 더 높았을 것이라고 생각했다. 그리고 내게 "너는 글재주가 있잖아"라고 말하며 그 논문을 편집하는 일을 맡아달라고 제안했다. 예전에 그녀가 개를 돌봐줄 집을 찾는 광고를 쓰는 것을 도와준 적이 있었는데, 그때 일을 염두에 두고 한 말이었다. 사람의 인생 행로란 우연한 사건으로 얼마든지 바뀔 수 있다. 내 경우에는 개 광고가 그랬다. 내가 썼던 가장 짧은 글 말이다.

매릴린이 보낸 소포에는 논문 원고뿐 아니라, 그 논문의 토대가 되는 자료들도 있었다. 인간을 대상으로 시각 탐색이라는 정보 처리 과정을 조사한 실험 자료였다. 곧 나는 그 논문을 그저 보기 좋게 다듬는 것 이상으로 수정할 필요가 있다는 것을 깨달았다. 자료에 대한 설명이 있어야 했다. 더 정확히 말하면, 새로운 수학 모형이 필요했다. 매릴린이 실험으로 검증하고자 했던 기존의 시각 탐색 모형들 중 어느 것도 그녀의 자료와 산뜻하게 들어맞지 않았다.

매릴린의 자료라는 풍부한 광맥을 계속 파고들다 보니, 어느새 나는 과학자가 되어 있었다. 나는 작은 휴대용 계산기를 두들겨 숫자들을 계산하고, 내 모형을 세부적으로 다듬으면서 즐겁게 일 년을 보냈다. 그 모형에는 내가 하버드에서 배운 얼마 안 되는 것들 중 하나인, 나중에 유용하다는 것이 입증된 거듭제곱함수가 포함되어 있었다. 그때쯤 나는 B. F. 스키너의 '행동 법칙들'이 반려견과 반려묘에게는 잘 들어맞을지 몰라도, 아이를 키우는 데에는 별 쓸모가 없다는 것을 발견했다.

모형이 다듬어지면서, 논문도 다듬어졌다. 나는 원고를 고치고 또 고쳤다. 마침내 최종 원고가 한 학술지에 실렸다. 보조 저자로 내 이름도 함께 실렸다. 나는 침대에서 연구비 신청서를 작성했고, 매릴린은 그 모형에 예측되어 있는 사항들을 검증하는 데 필요한 연구비를 지원받았다. 예측들은 멋지게 들어맞았다. 하지만 매릴린은 두 번째 논문이 출간될 때까지 살지 못했다. 그녀는 1983년 자궁암으로 세상을 떠나고 말았다.

그때쯤 나는 이미 작가가 되어 있었다. 그것도 매릴린 덕분이었다. 그녀는 심리학개론 교과서의 한 장을 써달라는 부탁을 받은 상태였는데, 나보고 그것을 쓰라고 떠넘겼다. 그것을 쓰고 나니, 그 교과서의 출판사가 내게 뇌와 신경계에 관한 장을 써달라고 부탁했다. 일을 마치니, 이번에는 발달심리학 교과서의 공저자가 되어달라고 했다. 내가 전혀 모르는 분야였지만, 나는 그렇게 하겠다고 대답했고 배우면서 써나갔다. 『아동』의 첫 판은 침대에서 스프링으로 묶은 공책을 허벅지로 받치고 썼다. 그것을 큰딸이 타자로 쳤다.

몇 년 동안 나는 『아동』을 쓰고 개정했지만(그 책은 제3판까지 나왔다), 그 당시 나는 과학자가 아니라 단지 작가였을 뿐이었다. 대학생 교과서를 쓸 때는 독창성 같은 것이 거의 필요가 없다. 내가 한 일은 명성 있는 권위자들이 한 말을 앵무새처럼 옮긴 것뿐이었다. 그 당시에 나는 그들의 말을 믿었다.

그러다가 그들의 말을 더 이상 믿지 않게 되면서, 나는 다시 과학자가 되었다. 인간의 발달을 생물학적인 관점에서 바라보는 새로운 교과서를 쓰기 위해 다양한 심리학 분야의 책들을 폭넓게 읽기 시작한 지 일 년이 지났을 때였다. 내가 읽은 문헌들 중에는 행동유전학과 진화심리학 분야의 선구적인 논문들도 몇 편 들어 있긴 했지만, 머릿속에 번개가 번쩍 친 것은 더 틀에 박힌 논문을 읽고 있을 때였다. 청소년의 비행을 다룬 논문이었다.

그 깨달음(『양육 가설』 12장에 상세히 적혀 있다)은 유년기에 대한 내 관점을 바꿔놓았다. 그 깨달음은 내가 발달심리학 분야에서 읽은 거의 모든 것들과 내가 쓴 거의 모든 것들에 의문을 품게 했다. 새로운 인격 발달 이론이 필요하다는 생각이 들었다.

나는 교과서를 쓰는 일을 포기했다. 9개월 뒤 나는 《사이콜로지컬 리뷰》에 논문을 제출했다. 내 논문은 기존의 인격 발달 이론들을 반박하는 증거들과 새로운 이론을 담고 있었다. 그 논문은 1995년 《사이콜로지컬 리뷰》에 실렸고, 상까지 받았다. 이후 나는 책 『양육 가설』을 쓰는 일에 착수했다.

지금 나는 인격의 진화를 다룬 새 책을 쓰고 있는 중이다. 비록 건강이 호전된 것은 아니지만, 지금은 몇 시간 정도는 편안히 앉아 있을 수 있다. 스프링으로 묶은 공책은 이미 오래전에 컴퓨터로 대체되었다. 내 잡다한 증상들은 각기 다양한 장기들에 영향을 미칠 수 있는 두 가지 자가 면역 질환인 '루푸스와 전신경화증의 복합 증상'이라는 진단을 받았다. 수많은 세월 동안 내 관절, 피부, 혈액, 내분비계, 소화계, 중추신경계는 온갖 말썽을 일으켜 왔다. 지금 내 면역계는 심장과 폐를 주요 표적으로 삼고 있다.

* * * * *

나를 과학자이자 작가로 만들어준 것은 무엇이었을까? 유전적 요인들이 관여했다는 것은 분명하다. 나는 독서를 사랑하고 권위에 코웃음을 치는 성향을 지니고 태어난 듯하다. 하지만 환경 요인들 중에서는 무엇이 영향을 미친 것일까?

부모님은 아니다. 부모님은 내 '역할 모델'이 아니었으며, 나는 부모님이 원하는 딸이 되지 못했다. 부모님은 내가 다른 여성들을 더 닮았으면 하고 바랐을 것이다. 선생님도 아니다. 유치원부터 대학원에 이르기까지 내게 중요한 영향을 미친 교사는 단 한 명도 없었다.

진짜 요인은 동년배 사람들과의 상호 작용이었다. 내 이론에 따르면, 인간은 진화 역사를 거친 결과, 자신과 비슷한 사람들끼리 무리(아이들에게는 또래 집단)를 이루고 자신의 행동을 집단의 행동에 맞추려는 동기를 타고난다. 사회화라고 불리는 이 과정을 통해 아이들은 또래들과 점점 더 비슷한 행동을 하게 된다.

하지만 그와 동시에 작용하는 또 다른 과정이 있다. 아이들을 또래들과 다르게 만드는 과정이다. 즉 집단 내에서 일어나는 분화 과정이다. 한 집단의 구성원들은 지위가 각기 다르다. 즉 다른 구성원들을 통해 각기 다른 역할을 맡게 된다. 그럼으로써 구성원들 사이에 개성의 차이가 확대된다.

아주 기이한 일이지만, 나는 집단에 소속되려는 동기가 결핍되어 있는 듯하다. 그것이 어릴 때 4년 동안 유배자로 산 결과일까? 아니면 원래 그렇게 태어난 것일까? 아무튼 간에 모성 본능과 성적 충동이 그렇듯이, 타고난 동기의 크기는 사람마다 다르다.

아마 내가 욘커스의 아이들에게 따돌림을 당한 이유는 그들의 기준에 순응하려는 동기가 부족했기 때문일 것이다. 내가 하버드에서 쫓겨난 이유도 그것 때문일지 모른다. 양쪽에서 쫓겨난 것은 장기적으로 볼 때 유익한 결과를 가져왔다. 4년 동안 유배자로 살지 않았더라면, 나는 부모님의 꿈을 충족시키고 다른 여성들과 아주 비슷하게 변했을지도 모른다. 그리고 하버드에서 쫓겨나지 않았더라면, 정통파의 닫힌 문에 논쟁의 팻말을 못질하고 있는 이단자가 되었을 것이다. 그런데 내 망치를 찾아내는 데 왜 그렇게 오래 걸린 것일까?

내 자전적인 이야기에서 독특한 점은 창의성이 최고조에 달했던 시기가 집에 홀로 있을 때였다는 점이다. 현재의 과학은 대개 협동 작업이다. 대다수 과학자들과 사상가들은 다른 사람들과 생각을 주고받을 수 있는 곳에서 성공을 거둔다. 하지만 내가 학계의 과학자들 및 사상가들과 이메일을 주고받기 시작한 것은 《피지콜로지컬 리뷰》에 논문이 실리고 난 뒤부터였다. 그때까지 나는 홀로 날고 있었다. 심지어 지금도 내가 개인적으로 이메일을 주고받는 동료는 몇 명 되지 않는다.

대학과 대학원 때 내 또래 학생들이 미친 영향은 대개 부정적인 것이었던 듯하다. 하버드가 내게 내렸던 평가에 의문을 품기 시작한 것은 오랜 세월이 흐른 뒤였다. 아마 내가 과학자로서 중요한 기여를 하지 못할 것이라는 의구심을 갖게 된 것은 또래들이 내 역할을 규정하는 방식 때문이었는지도 모른다. 비록 중학교 때 '수재'라는 꼬리표를 달고 있었지만, 또래들이 더 영리해지면서 나는 그 꼬리표를 떼어야 했다. 문제는 내가 뭔가 중요한 일을 해낼 만한 사람으로 보이지 않았다는 점이었다. 나는 몸집이 작았고 외모도 어려 보였다. 사람들은 내 머리를 쓰다듬고 싶어했다. 그들은 나를 진지하게 받아들이지 않았다.

하지만 홀로 일하고 글을 통해서만 다른 사람들과 의사소통을 할 때에는 외모 같은 것은 중요하지 않다. 결국 나를 나이게 한 것은 고독이었다.

큐리어스

초판 1쇄 발행 2024년 5월 16일

지은이 리처드 도킨스 외 25인
엮은이 존 브록만
옮긴이 이한음
펴낸이 김선준

편집이사 서선행
책임편집 오시정
편집3팀 최한솔, 최구영
마케팅팀 권두리, 이진규, 신동빈
홍보팀 조아란, 장태수, 이은정, 유준상, 권희, 박미정, 박지훈
디자인 김세민 **일러스트** 그림요정더최광렬
경영관리 송현주, 권송이

펴낸곳 페이지2북스
출판등록 2019년 4월 25일 제 2019-000129호
주소 서울시 영등포구 여의대로 108 파크원타워1, 28층
전화 070)4203-7755 **팩스** 070)4170-4865
이메일 page2books@naver.com
종이 월드페이퍼 **인쇄** 더블비 **제본** 책공감

ISBN 979-11-6985-081-0 (03400)